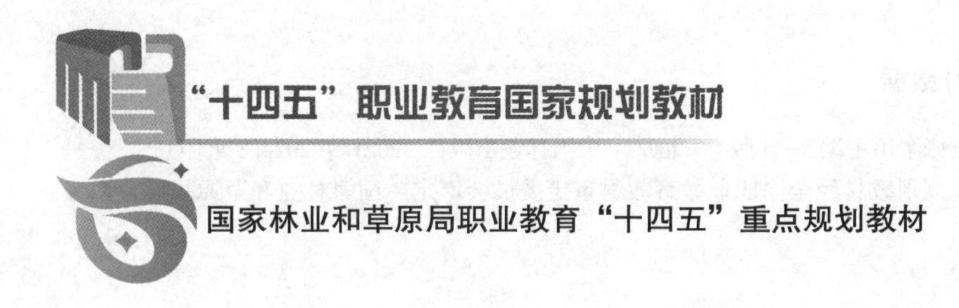

森林营造技术

（第3版）

陶　涛　张余田　主编

中国林業出版社
CFPH China Forestry Publishing House

图书在版编目(CIP)数据

森林营造技术 / 陶涛，张余田主编．- 3 版．- 北京：中国林业出版社，2021.9(2024.8 重印)
“十二五”职业教育国家规划教材经全国职业教育教材审定委员会审定　国家林业和草原局职业教育“十四五”规划教材
ISBN 978-7-5219-1231-9

Ⅰ.①森…　Ⅱ.①陶…　②张…　Ⅲ.①造林-高等职业教育-教材　Ⅳ.①S725

中国版本图书馆 CIP 数据核字(2021)第 115099 号

责任编辑：高兴荣　　**责任校对**：田夏青
电话：(010)83143611　　**传真**：(010)83143516

出版发行　中国林业出版社(100009　北京市西城区德内大街刘海胡同 7 号)
E-mail：jiaocaipublic@163.com
http：//www.forestry.gov.cn/lycb.html
印　刷　北京中科印刷有限公司
版　次　2007 年 3 月第 1 版
2015 年 6 月第 2 版
2021 年 9 月第 3 版
印　次　2024 年 8 月第 5 次印刷
开　本　787mm×1092mm　1/16
印　张　17.75
字　数　420 千字
定　价　48.00 元

数字资源

《森林营造技术》(第3版)
编写人员

主　　编：陶　涛　张余田

副 主 编：张梅春

编　　者：(按姓氏笔画排序)

田　霄　辽宁生态工程职业学院

付丽娇　山西林业职业技术学院

冯立新　广西生态工程职业技术学院

杨　繁　湖北生态工程职业技术学院

吴高潮　杨凌职业技术学院

张玉芹　甘肃林业职业技术学院

张志兰　云南林业职业技术学院

张余田　安徽林业职业技术学院

张梅春　辽宁生态工程职业学院

陶　涛　安徽林业职业技术学院

傅成杰　福建林业职业技术学院

《森林营造技术》(第2版)
编写人员

主　　编：张余田

副 主 编：张梅春　黄云玲　刘晓春

编写人员：(按姓氏笔画排序)

冯立新　吉国强　刘　芳　刘晓春　孙德祥　张玉芹

张余田　张梅春　陶　涛　黄云玲　章承林

《森林营造技术》(第1版)
编写人员

主　　编：张余田

副 主 编：刘晓春

编写人员：(按姓氏笔画排序)

刘晓春　孙德祥　苏付保　张余田　罗广元　陶　涛

黄云玲　雷庆锋

第3版前言

伴随2021年全国职业教育大会的召开，习近平总书记强调，在全面建设社会主义现代化国家新征程中，职业教育前途广阔、大有可为。要坚持党的领导，坚持正确办学方向，坚持立德树人，优化职业教育类型定位，深化产教融合、校企合作，深入推进育人方式、办学模式、管理体制、保障机制改革，稳步发展职业本科教育，建设一批高水平职业院校和专业，推动职普融通，增强职业教育适应性，加快构建现代职业教育体系，培养更多高素质技术技能人才、能工巧匠、大国工匠。

《森林营造技术》(第3版)是在第2版的基础上修订编写的。该教材紧扣林业技术专业人才培养目标和人才培养规格，与就业职业岗位群的知识能力结构相配套，以能力培养为主线，强化实践技能训练，以适应森林营造技术对应的职业岗位任职的要求。新版教材对接新标准、新技术、新设备等，对教材内容进行了更新、补充和完善。对教材内容进行了删减和调整，部分内容作为数字资源，以减少纸版教材篇幅。

教材按照“项目导向、任务驱动”的原则，通过岗位能力分析，提炼典型工作任务，将典型工作任务转化为学生学习性工作任务。以学习性工作任务为载体，将原课程的知识点、技能点，进行重构、增删、整合。本教材内容编排上主要依据“林木种苗工”“造林更新工”职业岗位的工作任务确定，做到课程内容与职业标准对接，教学内容以工作任务为依托，教学活动以学生为主体，使学生在真实的工作情境中完成森林营造的实际任务，学习专业知识和技能，同时结合深化“三教”改革，“岗课赛证”综合育人，提升教育质量。

“森林营造技术”系高职高专院校林业技术专业核心课程之一。本教材主要包括绪论、森林营造基本技能、主要林种营造和主要树种造林、森林营造项目实例、附录等内容。绪论是引入课程，介绍课程概述、森林营造基本概念和基本理论，掌握和了解学习内容、学习目的和学习方法；模块1，主要是森林营造基本技能训练，包括造林作业设计、造林施工、营造林工程项目管理与监理等方面的内容，以任务驱动为导向进行教学，注重基础知识介绍和基本技能训练；模块2，以我国南北方林业生态工程建设为背景，介绍了主要林种营造技术以及我国各区域主要树种造林技术。二者紧密联系，相辅相成，互为补充，形成有机整体，因我国地域辽阔，树种多样，自然条件差异较大的原因，加上学时和篇幅的限制，针对模块2，各学校可结合当地实际情况选用相关林种、树种进行教学。模块3，提供有3个教学案例，附录包括《我国造林分区及主要造林树种》《我国主要造林树种适生条件表》，供各校在教学中参考使用。

本教材由陶涛、张余田任主编，陶涛负责统稿；张梅春任副主编。具体编写分工如下：绪论0.1、任务2.5，以及国外松造林技术、水杉造林技术由陶涛编写；绪论0.2、任务3.1、3.2、4.6，以及项目7由田霄编写；项目1和项目6，以及杉木造林技术、乌桕造林技术由傅成杰编写；任务2.1、2.3、2.4、4.3，以及栎类造林技术、樟树造林技术、黄连木造林技术由张志兰编写；任务2.2、4.4，以及樟子松造林技术、油松造林技术、核桃造林技术由张玉芹编写；任务3.3、4.2，以及杨树造林技术、文冠果造林技术由付丽娇编写；马尾松造林技术由张余田编写；红松造林技术、落叶松造林技术、侧柏造林技术、水曲柳造林技术、刺槐造林技术由张梅春编写；泡桐造林技术、紫穗槐造林技术由吴高潮编写；任务4.1、4.5，以及桉树造林技术、毛竹造林技术、银杏造林技术由冯立新编写；项目8，以及板栗造林技术、油茶造林技术、油桐造林技术由杨繁编写。

本教材在编写过程中，得到了众多同行院校的支持，并提供很多方便，在此表示衷心感谢。另外，本教材借鉴参考了众多教材、科技图书、文献等资料，在此特向有关作者表示由衷的感谢和敬意！

由于编者水平有限，错误和遗漏之处在所难免，欢迎不吝赐教，以便进一步修订完善。

编　者
2021年8月

第2版前言

为适应高职高专教育教学改革新形势的需要，根据国家教育部有关指示精神，全国林业职业教育教学指导委员会组织编写了高职高专林业技术专业“十二五”规划系列教材，并被列为“十二五”职业教育国家级规划立项教材，其中包括了《森林营造技术》(第2版)。《森林营造技术》(第2版)是在第1版的基础上修订编写的。该教材紧扣林业技术专业人才培养目标和人才培养规格，与就业职业岗位群的知识能力结构相配套，以能力培养为主线，强化实践技能训练，以适应森林营造技术对应的职业岗位任职的要求。

教材按照“项目导向、任务驱动”的原则，通过岗位能力分析，提炼典型工作任务，将典型工作任务转化为学生学习性工作任务。以学习性工作任务为载体，将原课程的知识点、技能点，进行重构、增删、整合。本教材内容编排上主要依据“造林更新工”、“营造林工程监理员”职业岗位的工作任务确定，做到课程内容与职业标准对接，教学内容以工作任务为依托，教学活动以学生为主体，使学生在真实的工作情境中完成森林营造的实际任务，学习专业知识和技能，充分体现“做中学”“做中教”“教、学、做”一体化的“工学结合”特色。

《森林营造技术》(第2版)系高职高专院校林业技术专业核心课程之一。本书主要内容有森林营造基本技能训练、主要林种营造和主要树种造林2个模块。模块1，主要是森林营造基本技能训练，包括造林作业设计、造林施工、营造林工程项目管理与监理等方面的内容，以任务驱动为导向进行教学，注重基础知识介绍和基本技能训练；模块2，以我国南北方林业生态工程建设为背景，介绍了主要林种营造技术以及我国各区域主要树种造林技术。二者紧密联系，相辅相成，互为补充，形成有机整体，因我国地域辽阔，树种多样，自然条件差异较大的原因，加上学时和篇幅的限制，针对模块2，各校可结合当地实际情况选用相关林种、树种进行教学。另外，本教材模块3还附有2个案例供各校在教学中参考使用。

《森林营造技术》(第2版)由张余田任主编，负责统稿；张梅春、黄云玲、刘晓春任副主编。具体编写分工如下：课程导入、幼林抚育管理、马尾松造林技术、国外松造林技术、栎类造林技术由张余田编写；造林检查验收、营造林工程项目管理、薪炭(生物质能源)林营造、油松造林技术、落叶松造林技术、侧柏造林技术、刺槐造林技术、案例7由张梅春编写；造林作业设计、杉木造林技术、乌桕造林技术、案例6由黄云玲编写；农田牧场防护林营造、红松造林技术、水曲柳造林技术由刘晓春编写；板栗造林技术、油茶造林技术、油桐造林技术由章承林编写；植苗造林、大树移植、水杉造林技术、杨树造林技术、樟树造林技术由陶涛编写；苗木准备、防风固沙林营造、油松造林技术、樟子松造林技术、核桃造林技术由张玉芹编写；造林地整理、水土保持林营造、黄连木造林技术由刘芳编写；沿海防护林营造、桉树造林技术、毛竹造林技术、银杏造林技术由冯立新编写；营造林工程项目监理、文冠果造林技术由吉国强编写；泡桐造林技术、紫穗槐造林技术由孙德祥编写。另外，本教材在编写过程中参考引用了一些文献中的图表等，在此一并致谢！

由于编者水平有限，错误和遗漏之处在所难免，欢迎不吝赐教，以便进一步修订完善。

编　者

2014 年 5 月

第1版前言

森林是陆地生态系统的主体，在维护整个地球的生态环境中具有极其重要的作用。森林资源的过度消耗和破坏，导致生态环境恶化已成为威胁全人类的生存和发展的重大问题。当前全世界普遍关心的气候变暖、生态环境恶化、生物多样性锐减等环境问题，都和森林有着密切的关系。同时，森林也生产木材及其他林产品，满足人们生活和生产需要，是与人类关系紧密的非常重要的自然资源。我国是人口大国，也是少林国家。随着国民经济建设的发展和人民生活水平的提高，社会对木材等林产品的需求量越来越大，人们对环境质量的要求越来越高，我国的生态环境形势也非常严峻。大力开展营造林事业、对我国经济可持续发展、国土生态安全和建设社会主义新农村具有极其重要的意义。

森林营造与培育工作始终是林业工作的核心内容，它在发展森林、保护森林、充分发挥森林的生态效益、经济效益和社会效益方面具有不可替代的重要作用。近年来，我国正式确立了“林业可持续发展”的指导思想，把建设山川秀美的宏伟目标列为中国现代化建设的重大战略任务，对改善生态环境建设空前重视，着力建立以森林植被为主体，林草结合的国土生态安全体系，大力保护、培育和合理利用森林资源，实现林业跨越式发展，使林业更好地为国民经济和社会发展服务。

目前，我国林业生产力布局出战略性调整，实施“东扩、西治、南用、北休”区域发展战略，林业建设的目标是：到 2020 年、使森林覆盖率达到 23.4%，重点地区的生态问题基本解决，全国的生态环境明显改善，林业产业实力显著增强；到 2030 年，森林覆盖率达到 24% 以上，长江、黄河中上游和三北风沙干旱区生态治理大见成效，全国生态环境明显改善，林业产业结构趋于合理，基本建立起林业两大体系。到 2050 年，全国适宜绿化的地方全部植树种草，适宜治理的水土流失、风沙侵蚀、台风、盐碱等生态环境脆弱地区基本完成生物治理，全国森林覆盖率达到并稳定在 26% 以上，基本实现山川秀美的目标，木材自给自足，生态环境步入良性循环，林业经济发展水平跻身世界中等发达国家水平，建立比较完备的森林生态体系和比较发达的林业产业体系。

为了顺利实现上述发展目标，更好地开展森林营造与培育工作，为我国林业建设，尤其是林业生产第一线提供更多更好的实用人才，做好科技支撑，目前全国已有多所高等农林职业技术学院开设了林业技术专业。因而，为适应高职林业技术专业教学的需要，亟需编写出一套合适的教材。

根据国家林业局林业职业教育指导委员会组织审定的高职高专林业技术专业《〈森林营造技术〉理论实训一体化指导性教学大纲》，我们编写了《森林营造技术》教材。该教材是高职高专院校林业技术专业核心课程之一。本教材的编写依据了该课程的特点和当前高等林业职业技术院校的实际，吸收了近年来林业方面科研成果。本教材紧扣林业技术专业人才培养目标和人才培养规格，与就业职业岗位群的知识能力结构相配套，以能力培养为主线，强化实践技能培训，实行理论实训一体化，围绕实训项目讲理论，突出高职教育的特点。实训项目，可操作性强。理论知识以够用为度，与高职层次相适应，对培养实用型人才及高素质劳动者有一定指导意义。

本教材体系编排遵循了理论联系实际，森林营造工作的阶段性及在实际中综合应用的源则。每单元由理论知识、技能训练和阅读与练习构成，三者相辅相成，有机融合，特别是在阅读与练习中，既有反映本单元内容研究前沿的综述或小结，又有供学生巩固知识强化技能的思考与练习。此外，每单元均有教学目标，以引导学生学习。

另外，我国幅员辽阔，自然条件差异较大，造林树种又很多，但由于学时和篇幅的限制无法全部编入，各校可结合当地实际情况，选用相关树种进行讲授，并适时补充新的，在使用时有关内容的顺序可作必要的调整。

本教材文字通俗，简明易懂，深浅难易适度，供高职院校林业技术专业使用，也适用于农林高职学校相关专业、职业高中以及基层农林科技人员学习或参考。

本教材由张余田任主编，刘晓春任副主编。其中：绪论、第4单元，以及板栗、杜仲檫树、油桐、栎类、乌桕、紫穗槐由张余田编写，并负责全书统稿；第1单元、第5单元第1节、第6单元第1节，以及杉木、马尾松、国外松、云南松、桉树、木麻黄、相思、樟树、银杏由苏付保编写；第2单元、第6单元第2节，以及红松、水曲柳由刘晓春编写；第3单元、第6单元第3节，以及华山松、泡桐、核桃、花椒由孙德祥编写；第7单元、第5单元第2节，以及油松、落叶松、樟子松、侧柏由雷庆锋编写；第8单元、第5单元第3节和第4节、第6单元第6节，以及刺槐、沙棘、柠条由罗广元编写；第5单元第5节和第6节，以及龙眼、荔枝、毛竹、油茶由黄云龄编写；第6单元第4节和第5节，以及杨树、水杉、柿树由陶涛编写。

在教材编写过程中，安徽林业职业技术学院、福建林业职业技术学院、杨凌职业技术学院、甘肃林业职业技术学院等院校给予了大力支持，并提供许多方便，在此表示衷心感谢。

由于编者水平有限，虽经反复修改，错误和遗漏之处在所难免，诚盼广大读者及时指正。

编　者

2004年5月

目录

绪 论

0.1 “森林营造技术”课程概述

0.1.1 课程性质

“森林营造技术”属于造林学(森林培育学)的范畴，是高等职业院校林业技术专业的核心专业课程之一，是讲授人工林营造和培育的基本理论和技术的一门应用性课程，属于栽培学和森林培育的范畴。在生产实践中，其是从造林设计、造林施工、幼林管理直至幼林郁闭的整个过程中按既定培育目标和客观自然规律所进行的综合性生产活动，是实现降碳、减污、扩绿、增长、推进生态优先、绿水青山的重要手段，是实现“双碳”的重要途径。

0.1.2 课程内容

“森林营造技术”的主要内容涉及造林地立地条件调查、立地类型划分、树种选择、结构配置、造林施工、幼林抚育、工程管理等方面的知识和技术，主要包括造林作业设计；造林地整理、苗木准备、植苗造林、大树移植、幼林抚育管理等造林施工技术；营造林工程项目管理与监理；主要林种营造和主要树种造林技术等5方面的内容。

0.1.3 课程特点

“森林营造技术”是服务于和服从于森林培育的，具有较强的综合性、地域性与实践性的特点。

0.1.3.1 综合性

“森林营造技术”是把以树木为主体的生物群落作为生产经营对象，它的活动必须建立在生物群落与生态环境相协调统一的基础上。对以树木为主体的生物体及其群落的本质和系统的认识，以及对生态环境本质和系统的认识，是人工林营造技术必需的基础知识。以植物学、植物生理学、遗传育种学、植物病理学、昆虫学等学科为代表的生命科学，以及以气象学、土壤学、生态学等学科为代表的环境科学，是为森林培育提供基础理论和知识的主要源泉。因此，本课程综合性强，它是以上述有关学科的理论和技术为其基础，学好“森林营造技术”的前提是必须学好森林植物、森林环境、林木种苗生产及林业有害生物控制等相关课程。

0.1.3.2 地域性

我国地大物博，具有鲜明的地域特色，“森林营造林技术”的生产活动离不开具体的特定的地点、条件和环境。一个特定区域的开发和治理，一个特定林区的经营(包括培育)和发展，要有一套适宜该区域的特定自然环境和社会经济状况的综合措施。如果忽略了这一特点，而在一个具体地点盲目、简单地套用其他地方的现成的某项技术措施，往往会造成不良后果。因此，要善于对具体情况及具体问题进行具体分析，是森林营造技术重要特点和难点的体现。

0.1.3.3 季节性

“森林营造技术”具有较强的季节性。每种植物的生长都有年生长发育规律，随着季节的变换，植物由生长发育、开花结实、休眠，再到生长发育不断地进行循环往复。季节不同，森林营造工作重点不同。春季随着气温的升高，大地开始复苏，植物开始生长，此时是进行造林和种苗生产的较佳时期；夏季是植物开始快速营养生长的时期，也是森林抚育较佳时期；秋季是植物结实和进行物质转化时期，也是进行种子生产、造林整地、造林和森林抚育的时期；冬季大部分树木进入休眠，是造林整地的主要时期。因此，森林营造工作必须结合季节特点，实施各项有针对性的森林营造技术。

0.1.3.4 实践性

“森林营造技术”具有较强的实践性，为应用性课程，与其他课程相比较，其理论性、趣味性和逻辑性方面表现不强。通过本课程的学习，要求我们了解和掌握人工林营造的基本知识和技能，能解决实际工作中遇到的有关森林营造方面的各种问题，包括立地条件分析和立地条件类型划分，造林树种的选择，适地适树的途径、标准，密度效应及种植点的配置，种间关系及相互作用形式，造林整地，造林方法，具体林种营造和树种造林技术等，同时能够掌握造林作业设计、造林工程项目的管理及监理的方法、步骤和技术要点，并能组织、管理和指导生产施工等，为从事森林培育工作奠定良好的基础。我们应当明白，所有这些知识和技能都必须通过大量的实践来获得并被掌握，而不仅仅是通过纯理论学习或逻辑推理得到的。另外，大量的生产实践还丰富了我们的感性认识，进一步增强了从事森林培育工作的各种技能。因此，我们必须十分重视实践性教学。

0.1.4 课程学习方法

“森林营造技术”是林业工作者，特别是基层林业技术人员必备的基本知识，它既是一门课程，也是一项技能，具有较强的综合性、地域性和实践性。因此，作为一门课程，课堂学习是学习理论知识的主要形式。在课堂上要集中精力听课，把握教学目标，掌握学习重点，抓住学习难点；积极参与教学互动，提高沟通交流能力；必须循序渐进，虚心请教，多观察，多分析，勤思考，善于综合运用有关课程的知识，做到理论联系实际，通过各种实践环节的学习和钻研、领悟，掌握其技能。同时，还要在应用和创新中不断提高自己的水平。

在学习中要把握好3个环节。第一是通读，通读教材，对每个学习任务的学习内容有一个全面的了解，把握每个学习任务内部各部分的联系。第二是精读，仔细研究重点内容，对要点进行归纳总结，增强系统性和条理性。精读环节需要有2~3个重复，通过反复精读熟悉每个学习任务的各个环节，掌握学习要点。第三是实践，反复进行实践操作，巩固每个学习任务的理论知识，掌握操作技术要领和规程，并能熟练地进行操作。

另外，还可通过互联网来丰富“森林营造”方面的理论知识和技术。

0.2 森林营造基本概念和理论

0.2.1 人工林概述

第九次全国森林资源清查(2014—2018年)结果显示：我国林地面积3.2369×10^8 hm^2，森林面积2.1822×10^8 hm^2，森林蓄积量176×10^8 m^3，森林覆盖率22.96%，占世界森林覆盖率的71.75%；人工林保存面积7.954×10^4 hm^2，人工林蓄积量33.88×10^8 m^3，人工林面积继续保持世界首位。与第八次全国森林资源清查结果相比，我国的森林资源有了较大的增长，但我国仍是森林资源严重不足的国家，尤其是人均占有森林资源的量很低：人均森林面积不足世界人均占有量的1/3；人均森林蓄积量只有世界人均占有量的1/6。从总体上看，我国的森林资源和生态环境与快速发展的国民经济及生态文明建设的需求存在尖锐的矛盾，森林资源的增长依然不能满足社会对林业多样化需求的增加，生态问题依然是制约我国可持续发展最突出的问题之一，生态产品依然是当今社会最短缺的产品之一，生态差距依然是我国与发达国家之间的最主要差距之一。因此，在全社会高度重视生态文明的今天，既要提高森林的生态功能，要尽可能地多供应木材和其他林产品，大力营造各类人工林，扩大森林资源，不仅是林业部门，而且也是全社会的主要任务之一。

0.2.2 人工林种类

人工林是通过人工造林或人工更新形成的森林。造林是在无林地、疏林地、灌木林地、迹地和林冠下通过人工或天然方式营建森林的过程，是在造林地上进行的播种造林、植苗造林和分殖造林的总称，包括人工造林和人工更新。

人工造林是在宜林的荒山、荒地及其他无林地上通过人工植树或播种营造森林的过程。人工更新是在各种森林迹地(采伐迹地、火烧迹地)或林冠下、林中空地上通过人工植树或播种恢复森林的过程。

根据造林目的和人工林所产生的效益，可把森林划分为不同的种类（简称林种）。林种不同，其造林措施也各有特点。《中华人民共和国森林法》（以下简称《森林法》）将森林划分为5大类，即防护林、用材林、经济林、能源林及特种用途林。在分类经营中，常把防护林和特种用途林归为生态公益林，用材林、经济林和能源林合称为商品林。

0.2.2.1　防护林

防护林是以发挥防风固沙、护农护牧、涵养水源、保持水土、净化大气等防护效益为主要目的的森林、林木和灌木丛。根据其作用的不同，可细分为：水源涵养林、水土保持林、防风固沙林、农田防护林、牧场防护林、护岸林、护路林等。防护林对于保护和改善生态环境，保护水利、交通设备，增加农业、牧业、工业收益均具有重要的作用。各种防护林应本着因地制宜、因害设防的原则进行合理配置，形成防护体系，以更有效地发挥防护效益。

0.2.2.2　用材林

用材林是以生产木材、竹材为主要目的的森林和林木。按照生产木材的用途和规格，用材林可分为一般用材林（生产大、中径材）和专用用材林（矿柱林、纤维林等）。目前，森林的生态效益受到全社会的高度重视，社会对林产品的需求日趋多样化，今后林种结构调整的结果必然是减少用材林的比例。在此前提下，要缓解木材供需的突出矛盾，用材林经营必须走集约化道路，提高经营水平，尤其是要在立地条件较好的地方大力营造速生丰产用材林，增加木材产量，提高木材质量，以满足我国经济建设和人民生活的需要。同时，随着用材林质量的提高，对保护和改善生态环境将起到更大、更好的作用。

0.2.2.3　经济林

经济林是以生产木材以外的林产品为主要目的的林木。我国地域辽阔，自然条件优越，经济林产品丰富多样，如果品、食用油料、饮料、调料、药材及橡胶、树脂、栓皮等工业原料。经济林具有收益早、收获期长、利于开展多种经营等特点，是发展山区经济的重要途径，在产业结构调整中占有重要的地位，可促进农村商品经济的发展，增加林农的经济收入。

0.2.2.4　能源林

能源林是以生产燃料和其他生物质能源为主要目的林木。以利用林木所含油脂为主，将其转化为生物柴油或其他化工替代产品的能源林称为“油料能源林”；以利用林木木质为主，将其转化为固体、液体、气体燃料或直接发电的能源林称为“木质能源林”。能源是经济社会发展和人类文明进步的重要物质基础。随着我国经济社会快速发展，石油对外依存度逐年加大，能源安全问题越来越突出，大力发展可再生能源是我国能源战略的重要内容，是实现能源可持续发展的必由之路。能源林是一种能再生的生物质能源，是世界公认的洁净能源，有利于环境保护和经济可持续发展。在能源较为缺乏的地区，适当发展燃料型能源林不仅能解决燃料，而且能提高森林覆盖率，起到防风固沙、保持水土、调节气候、改善生态环境等多种作用。我国林业生物质资源丰富，拥有种类繁多的能源树种，林业生物质能发展前景非常广阔。

0.2.2.5 特种用途林

特种用途林是以国防、环境保护、科学实验、保护生物多样性、生产繁殖材料等为主要目的森林和林木。包括国防林、实验林、母树林、风景林、环境保护林、名胜古迹和革命纪念地的林木，以自然保护区的森林等。

林种划分是相对的，每一个林种的功能都不是单一的，都兼有其他方面的效益。此外，根据社会对森林生态和经济的两大需求，按照森林多种功能主导利用原则，相应地将森林、林木、林地区划为生态公益林和商品林两个不同森林类别，分别按照各自特点与规律运营的一种经营管理体制和经营模式。

生态公益林是为维护和创造优良生态环境，保持生态平衡，保护生物多样性等满足人类社会的生态需求和可持续发展为主体功能，主要是提供公益性、社会性产品或服务的森林、林木、林地。商品林以生产木(竹)材和提供其他林特产品，获得最大经济产出等满足人类社会的经济需求为主体功能的森林、林地、林木，主要是提供能进入市场流通的经济产品。

实施林业分类经营，可以从根本上转变林业经济体制和经济增长方式，实现市场经济条件下的森林资源合理配置，较好地解决林业作为物质生产部门和公益事业部门双重功能的矛盾，满足社会对森林不同功能的多样性需求。

0.2.3 人工林特点

根据森林的起源不同，将森林分为人工林和天然林。天然林包括原始林和天然次生林，它们是在自然环境中植被自行演替形成的森林群落。人工林是在人们有意识地干预下形成和发育的森林群落，更能体现人类对森林的需求。人们可以通过适地适树、选育良种、培育壮苗、密度管理、抚育管理、病虫害防治等集约经营措施，促使人工林达到速生、丰产、优质的目的。

天然林的成材年限都比较长，北方100~120年，南方40~50年。培育人工林可以大大缩短成材年限。据调查，我国东北地区的红松、落叶松人工林的成材年限比同等条件林地天然林缩短2~3个龄级。南方各地的杉木、马尾松、湿地松人工林，20~30年可成材利用，桉树、杨树人工林6~10年即可采伐利用。

我国东北的红松天然林平均生长量为2~4 $m^3/(hm^2 \cdot 年)$，华北山地的次生林(山杨林、油松林等)平均生长量3~5 $m^3/(hm^2 \cdot 年)$，南方山地的马尾松天然林平均生长量为5~7 $m^3/(hm^2 \cdot 年)$，西南地区的云南松天然林平均生长量为4~5 $m^3/(hm^2 \cdot 年)$，西南高山地带的云杉、冷杉天然林平均生长量为2~3 $m^3/(hm^2 \cdot 年)$。集约经营的人工林可达5~10 $m^3/(hm^2 \cdot 年)$，桉树、杨树的人工林甚至可达到20~30 $m^3/(hm^2 \cdot 年)$或更高。在相同的立地条件下，同树种人工林的生长量比天然林高5~10倍。

一般较好的天然林达到成熟年龄时，单位面积蓄积量200~300 m^3/hm^2，而较好的人工林单位面积蓄积量可达300~400 m^3/hm^2，福建南平溪后的杉木丰产林甚至超过1000 m^3/hm^2。

在人工林的培育过程中，人们通过选择树种可使人工林的树干通直；通过控制林分结构使林木个体生长均匀，木材规格大小较一致；通过修枝、抹芽和适当密植等措施减少节疤。通过这些措施，使得人工林在速生、丰产的同时，能提供优质的木材。

相比天然林，集约经营的人工林具有生长快、产量高、质量好的特点，更能体现人类对森林的需求。因此，为了更好地发挥森林的经济效益、生态效益和社会效益，更好地满足人类社会对森林不同功能的多样性需求，应大力提倡营造人工林。

值得注意的是，人工林的这些优良的特点，只有在培育措施符合客观自然规律的基础上，通过集约经营才能实现。

0.2.4 人工林结构

人工林结构是指组成林分的林木群体各组成成分的空间和时间分布格局，即组成林分的树种、比例、密度、配置、林层、根系等在时间和空间上一定的水平分布和垂直分布状况。人工林并不是许多林木简单的组合，而是具有一定结构的林分群体。人工林的群体结构可以事先人为设计和在培育中进行调控，合理的群体结构是提高人工林生产率的重要手段，是人工林速生丰产优质的重要条件。

人工林结构包括水平结构和垂直结构两类。林分密度和种植点配置决定林分水平结构，树种组成和年龄决定林分垂直结构。树种组成是指构成林分的树种成分及其所占的比例。根据树种组成的不同，可将人工林分为纯林和混交林。由一种树种组成，或虽由多种树种组成，但主要树种的株数或断面积或蓄积量占总株数或总断面积或总蓄积量80%(不含)以上的森林称为纯林。由两种或两种以上树种组成，其中主要树种的株数或断面积或蓄积量，占总株数或总断面积或总蓄积量的65%(含)以下的森林称为混交林。

用材林理想的结构应是林木分布均匀、密度适中、复层林冠、种间协调的群体结构。这样，既能保证林分中的个体充分地生长发育，又能最大限度地利用造林地的营养空间，获取更多的物质和能量，发挥林分最大的生产潜力，达到速生、丰产、优质的目的。

0.2.5 适地适树

适地适树是指将树木栽在最适宜其生长的地方，使造林树种的生态学特性与造林地的立地条件相适应，以充分发挥造林地的生产潜力，达到该立地在当前的技术经济和管理的条件下可能达到的高产水平或高效益。适地适树是造林工作的一项基本原则。造林实践中要在适地适树的基础上，选择最适宜当地的优良种源。

0.2.5.1 标准和途径

(1)适地适树的标准

适地适树虽然只是相对的概念，但衡量是否达到适地适树应该有一个客观标准。这个标准主要根据造林的目的要求来确定。对于用材林来说，应达到成活、成林、成材，并对自然灾害有一定的抗御能力，林分有一定的稳定性。从成材这一要求出发，还应当有一个数量标准，即在一定年限内达到一定的产量指标。

衡量适地适树的数量标准主要有两个：一个是平均材积生长量；另一个是某树种在各

种立地条件下的立地指数。

①平均材积生长量。即以一个树种在一定的立地条件和密度范围内，采用一定的经营技术，在达到成熟收获时的平均材积生长量作为衡量标准，达到一定的标准即为适地适树，否则，就没有达到适地适树。例如，闽北杉木中心产区若以每年生长 0.7 m^3 作为衡量标准，则Ⅲ类地已不适于栽培杉木(表 0-1)。

表 0-1　闽北地区杉木生长过程

立地类型	15 年生		20 年生				25 年生			
	树高(m)	胸径(cm)	树高(m)	胸径(cm)	蓄积量(m^3/亩*)	生长量(m^3/亩)	树高(m)	胸径(m)	蓄积量(m^3/亩)	生长量(m^3/亩)
Ⅰ	14.00	16.90	16.8	19.9	26.67	1.33	18.7	21.8	34.05	1.36
Ⅱ	11.80	13.50	14.1	16.0	17.77	0.89	15.5	17.5	23.00	0.92
Ⅲ	8.50	11.00	10.4	13.1	11.40	0.57	11.5	14.2	15.04	0.60

②立地指数。立地指数能够较好地反映立地性能与树种生长之间的关系。通过调查了解树种在各种立地条件下的立地指数，尤其是把不同树种在同一立地条件下的立地指数进行比较，就可以较客观地评价树种选择是否做到适地适树。例如，在基准年龄为 25 年的杉木成熟林，立地指数小于 10 的立地条件就不适于杉木生长。营造杉木速生丰产林，造林地的立地指数须达 14 及以上(表 0-2)。

表 0-2　浙江省开化县低山丘陵杉木高生长预测表　m

黑土层厚 / 树高(m) / 坡形坡位	土层厚度											
	>80 cm				60～80 cm				<60 cm			
	>12	8～12	5～8	<5	>12	8～12	5～8	<5	>12	8～12	5～8	<5
山岙	14.0	13.5	12.5	12.0	12.0	11.5	10.5	10.0	11.0	10.1	9.5	8.5
山腰平地	13.5	13.0	12.0	11.0	11.0	11.0	10.0	9.0	10.5	9.5	9.0	8.0
山脚	13.0	12.0	11.5	10.5	10.5	10.0	9.0	8.5	10.0	9.0	8.0	7.5
山腰凸坡	9.5	9.0	8.0	7.5	7.5	7.0	6.0	5.5	6.5	6.0	5.0	4.5
山顶	8.5	7.5	7.0	6.0	6.0	6.0	4.5	4.0	5.5	4.5	4.0	3.0

用立地指数作为判断适地适树的指标也有缺陷，因为它不能直接说明人工林的产量水平。由于不同树种的树高和胸径与形数的关系不一样，单位面积上可容纳的株数也不同，不同树种立地指数与产量的关系是不同的。

(2)适地适树的途径

适地适树的途径可以归纳为 3 个方面。

①选树适地或选地适树。根据某种造林地的立地条件选择适合的造林树种，如在干旱地选择耐旱树种；或者是确定了某一个造林树种后选择适合的造林地，如给喜水肥的树种选水肥条件好的造林地。

---

* 1 亩≈667 m^2，下同。

②改树适地。在地、树之间某些方面不太适应的情况下，通过选种、引种驯化、育种等方法改变树种的某些特性，使它们能够适应当地环境条件。如通过育种措施增强树种的耐寒性、耐旱性或抗盐性，以适应寒冷、干旱或盐渍化的造林地上生长。

③改地适树。在造林地上，通过整地、施肥、灌溉、混交、间种等措施改变造林地的环境状况，使其适应原来不太生长的需要。如通过排灌洗盐，使一些不太抗盐的速生杨树品种能在盐碱地上顺利生长。

以上 3 条途径中，第 1 条途径是基础，第 2 ~ 3 条途径是补充，只有在第 1 条途径的基础上，辅以第 2 或第 3 条途径，才能取得良好的效果。因为，改变树种的特性不是一朝一夕的事，而且难度较大；而人们改变造林地环境条件的程度是非常有限的，即使能有很大改变，也要考虑投入与产出的关系，讲究投资效益。

0.2.5.2 方法和步骤

(1) 了解造林地特性

适地适树是造林的基本原则，要做到适地适树必须了解造林地的特性。确定合理的造林密度，选用有效的整地方法，拟定正确的抚育采伐等一系列营林措施都必须以充分了解造林地的特性为基础。生产中通过立地分类，将造林地划分成若干种反映当地实际环境条件的立地条件类型，分立地类型归纳、描述各立地类型的地形特点、土壤特点、植被特点，以此掌握造林地的特性。

(2) 了解造林树种特性

树种特性包括生物学特性和生态学特性。根据造林目的选择树种时考虑的是生物学特性，适地适树考虑的是树种的生态学特性。

自然界中树种千千万万，不同树种的生态特性是不一样的，适应范围也不相同，有的树种适应范围广，而另一些树种的适应范围较窄。例如，落叶松、樟子松、桉树、马尾松、刺槐、杨树、泡桐、檫树喜光，而云杉、冷杉、棕榈、青冈栎耐阴；桉树、杉木、马尾松、樟树、油茶、毛竹喜温暖，而樟子松、油松、文冠果耐寒冷；杉木、檫木、泡桐、毛竹喜肥，而马尾松、刺槐、臭椿耐瘠薄；多数树种在微酸性及中性土壤上生长较好，而桉树、油茶、马尾松、茶树喜酸性土，柏木、光桐喜钙质土；多数树种不耐盐碱，而柽柳、柳树、胡杨、刺槐、乌桕、紫穗槐等树种较耐盐碱。由于每个树种都有一定的生态要求和适应范围，只有在其最适宜的生态环境中才能生长良好。因此，选择树种不仅要了解其生物学特性，还必须了解其生态学特性。了解树种生态学特性的方法有以下 2 种：

①文献法。通过查阅现有的文献资料，摸清造林树种对上述生态因子的要求。

②调查分析法。在无文献资料可查的情况下，通过对树种分布区内不同地点生态因子和树木生长情况的调查和分析，摸清造林树种的生态要求。

(3) 分析地树关系，确定适生树种

在深刻认识“地”和“树”特性的基础上，分析地与树之间的关系是否协调，即分析树种的生态特性与造林地的立地条件是否相一致。

①分析树种对气候因子的要求。气候是限制树种分布的重要因素，一般各树种自然分布的中心是该树种生长最适宜的地区，在生长量、繁殖力、干形、抗性、寿命等方面都比

较良好。相反，在越接近其分布区边缘则生长越差。在气候条件中，影响林木生长的最重要因子是气温(平均温度、最高及最低温度、有效积温等)和降水量(年降水量及其分布规律等)。此外，日照、空气湿度、风等因子也有一定影响。选择树种应逐项分析树种对上述气候因子的要求与造林地区的相应气候因子是否相符合。

②分析树种对土壤因子的要求。在同一气候带内，土壤与树木生长的关系极为密切，树种不同，对土壤条件的要求也不同。在土壤条件中影响树种选择的主要因素是土壤的养分、水分、酸碱度及盐渍化程度等。选择树种应逐项分析树种对上述土壤因子的要求与造林地的相应土壤因子是否相符合。

③分析树种对地形因子的要求。海拔、坡向、坡度、坡位和小地形不同，温度、风、降水、湿度、日照时间、土壤水分和养分等也不同。选择树种应逐项分析树种对上述地形因子的要求与造林地的相应地形因子是否相符合。

在分析树种对土壤因子和地形因子的要求时，不应是不同造林地块相比较，应是不同立地类型相比较。这样，划分立地类型才有实际意义，才能提高工作效率。

(4)确定适地适树方案

通过地树分析，在一个经营单位内，同一种立地条件可能有几个适宜树种，同一个树种也可能适用于几种立地条件，不同树种的适应性大小和经济价值、生态价值也有较大差异，应将造林目的与适地适树的要求结合起来综合考虑，确定适地适树的方案，即确定确定主要造林树种、次要造林树种，并确定发展的比例。

主要造林树种应是最适生、最高产、经济价值最大的树种；而次要造林树种则是那些经济价值很高但要求条件过于苛刻，或适应性很强但经济价值稍低的树种，或其他能适应特殊立地条件的树种。

每个经营单位根据经营方针、林种比例及立地条件特点，选定主要造林树种。必须注意，在一个经营单位内，树种不能太单调，要把速生树种和珍贵树种、针叶树种和阔叶树种、对立地条件要求严格的树种和广域性树种适当地搭配起来，确定各树种适宜的发展比例，这样既能发挥多种立地条件的综合生产潜力，又能满足经济社会发展多方面的要求，并发挥良好的生态效益。

0.2.6 提高人工林生产力的途径与措施

目前，我国森林的生产力水平偏低，与国内外高产人工林生产力水平有一定的差异，提高我国人工林生产力水平是一项长期的艰巨任务。在人工林培育中，应当采取科学合理的集约经营措施，充分挖掘人工林的生产潜力。

0.2.6.1 途径

(1)选用适当造林方法

造林方法有植苗造林、播种造林和分殖造林3种。植苗造林是最主要的造林方法。营造高生产力人工林，除个别情况可播种造林或分殖造林外，应强调植苗造林。大苗、大穴、深栽即“两大一深”栽植法是国内外营造速生丰产林的基本经验。大坑深栽，可以增强蓄水、保墒能力，提高幼林成活率；同时，可以扩大根系分布层次，增加根系吸收面积，增强抗旱、抗风能力，提高林木生长量。飞播造林虽是高度机械化措施，但从造林技术的角度来看是很粗放的，不能满足高生产力人工林的要求，只能作为边远地区大面积荒山荒地的一般造林措施。

(2)改良树种遗传品质

这是一条非常重要的途径。人工林的集约培育与农作物栽培有许多共性，培育人工林所用的树种也应像农作物一样，应通过育种来提高其遗传品质，包括速生性、丰产性、优质性、抗逆性等，以便于在培育中推广应用。为了提高人工林的生产力，从简单地从优良母树上采种到建立各种水平的良种基地(采种母树林、各种种子园)采种，从传统的杂交育种到基因工程的应用，从一般的培育实生壮苗造林到工厂化无性繁殖苗木造林，各个层次的技术都要用上，不同的情况下采用不同层次的适用技术。

(3)控制林分结构

林分结构状况是协调树木个体生长和林木群体发展的重要手段，也是充分利用光能及土地水分养分资源并使之合理循环运转的重要手段，对人工林生产力的形成具有重大的作用。合理控制群体结构，能使林分充分、合理、有效地利用光照、温度、水分、养分、CO_2 等生活因子，既能保证林木个体得到充分发育的空间，又能最大限度地利用营养空间，是发挥林分最大的生产潜力的重要保障。

(4)选择和调控立地

不是所有的土地都适于培育森林，也不是所有的造林地都适于培育高生产力的森林。因此，在人工林培育中选择立地和调控立地应当有机地结合起来。

培育人工林，应根据所培育树种的生态要求选择适宜的造林地，为了培育高生产力的森林必须根据高生产力的必需条件选择自然条件较好的造林地。

在生产实际中，符合高生产力所需条件要求的造林地毕竟不多，许多造林地可能具备树木生长发育的基本条件，但在某些方面存在缺陷，如土壤不够深厚、偏旱或过湿、土壤中缺乏某种必要元素或酸碱度偏离适宜区间等，要求采取一定措施来改善立地性能，使之能具备高产的条件。这些措施包括整地、施肥、灌溉或排水洗盐以及生物改良等。随着科技的进步和发展，人们对立地调控的能力越来越强，可供选择的余地也越来越大，但森林培育中如何应用关键在于如何对待生态和经济的制约。森林生产力的提高有生态制约因素，如不引起水土流失，不影响流域水质，保持土壤肥力的可持续发展，以及保护生物多样性等。森林生产力的提高也有经济制约因素，包括人力消耗因素、能源消耗因素、经济成本因素、林产品竞争力因素等。因此，在森林培育中一般不提倡高耗(人力、物质、能源)集约的立地调控措施，而倡导顺应自然的、经济的有利于生态平衡的、可持续的培育技术。

0.2.6.2 措施

为了提高造林成效和人工林的生产力，根据人工林生长发育的客观规律，在总结森林营造正反两方面经验和教训的基础上，我国提出了适地适树、细致整地、良种壮苗、合理结构、科学种植、抚育保护6项造林基本技术措施。

造林树种繁多，造林地条件差异大，在这种情况下，如果不注意适地适树，树木不能生存或生长不良，将会造成不可弥补的损失。因此，适地适树应当作为林木速生丰产优质和充分发挥人工林多种效益的基础，列为造林技术措施的首要一项。在此基础上，应从林木个体的遗传特性、林分群体的结构和外界条件 3 个方面着手。

①遗传特性。从树木个体的遗传特性开始，选育良种，培育壮苗。良种壮苗具有较强的生理机能和抗逆能力，较优的干材品质，因而也就具备了高生产力的潜在能力。有了良种壮苗，还必须科学细致地种植，使良种壮苗成为现实的优良林木。否则，栽不活，长不好，良种壮苗也发挥不了作用。

②林分群体的结构。从调控林分群体结构着手，使之形成合理的群体结构。林分由许多树木个体组成，必须有一定的密度、配置形式、树种搭配、年龄结构等，形成合理的群体结构，才能更充分利用光能和地力，增强对外界不良环境的抵抗能力，使之不但具有较高的群体产量，而且具有良好的生态效益。

③外界条件。选择和调控立地，创造良好的外界环境条件，使树木的生产潜力发挥出来。为此，要选择生长环境良好的造林地，并通过细致整地、抚育保护措施进一步改善造林地的环境，以保证高生产力人工林的培育目标成为现实。

自测题

一、名词解释

1. 人工造林；2. 人工更新；3. 人工林；4. 林种；5. 适地适树；6. 人工林结构。

二、填空题

1.“森林营造技术”课程是高职高专林业技术专业的(　　　　)专业课程之一，它是森林经营活动的(　　　　)部分和不可或缺的(　　　　)环节。

2. 该课程具有(　　　　)、(　　　　)与(　　　　)的特点，它以生态学原理和方法为基础，肩负着林产品物质生产和生态环境建设的双重任务。

3.“森林营造技术”既是一门(　　　　)，也是一项(　　　　)。故学习方法上必须坚持理论和实践相结合。

4. 我国《森林法》将森林划分为(　　　　)、(　　　　)、(　　　　)、(　　　　)和(　　　　)5 大类林种。

5. 造林有(　　　　)、(　　　　)、(　　　　)、(　　　　)、(　　　　)和(　　　　)6 项技术措施。

三、选择题

1. 风景林属(　　)。

A. 用材林　　B. 防护林　　C. 经济林　　D. 特用林

2. 自然保护区的森林属于(　　)。

A. 用材林　　B. 防护林　　C. 经济林　　D. 特用林

3. 适地适树的主要途径是(　　)。

A. 选地适树或选树适地　　　　　　　　B. 改地适树
C. 改树适地　　　　　　　　　　　　　D. A + B + C

四、判断题

1. 与天然林相比，我国的人工林普遍生长快、产量高和林分稳定。（　）
2. 我国森林的现实生产力水平较高。（　）
3. 营造高生产力的森林应普遍采用播种造林。（　）
4. 适地适树是森林营造过程中必须遵循的基本原则。（　）
5. 合理的人工林结构应是既能充分地利用造林地的环境条件，又保证每株树木都得到充足的生长空间。（　）

五、简答题

1. 联系实际谈谈学习“森林营造技术”课程的重要性。
2. “森林营造技术”课程有何特点？谈谈如何才能学好“森林营造技术”？
3. 简述提高人工林生产力的途径与措施。
4. 简述如何做到适地适树。

模块1

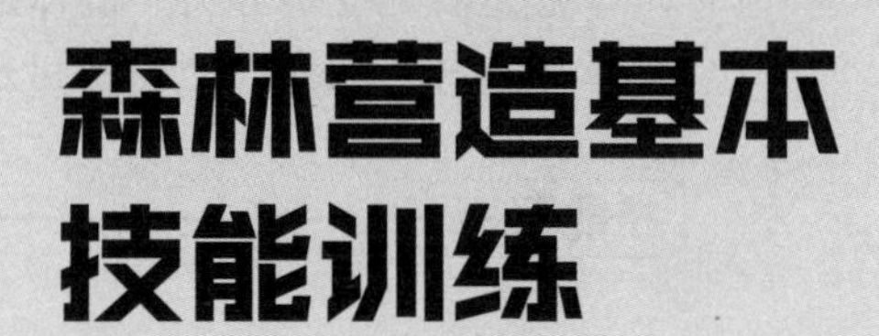

项目1 造林作业设计

知识目标

1. 熟悉造林地种类、造林树种选择、人工林结构的基本知识。
2. 掌握造林地立地分类、造林密度确定、混交林营造的技术方法。
3. 掌握造林作业设计的程序和方法。

技能目标

1. 会进行造林作业区的调查和造林地立地分类。
2. 会造林作业技术设计。
3. 会编制造林作业设计成果。
4. 通过方案实施培养学生自主学习、组织协调和团队协作能力，独立分析和解决造林作业设计的生产实际问题能力。

任务1.1 造林作业设计准备

任务描述

造林作业设计是林业工程建设中不可缺少的重要环节。本任务以植树造林的实际工作任务为载体，以学习小组为单位，依据营造林技术规程和造林作业设计技术规程，完成一定造林作业区的测绘，造林地立地调查和立地分类任务。本任务实施宜在学院实习林场造林作业区开展。

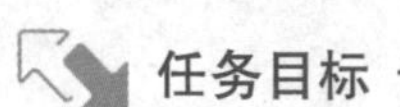

1. 会准备造林作业设计所需各类工具材料。

2. 会正确进行造林作业区测绘。
3. 会正确进行造林作业区的立地调查和分类。
4. 能独立分析和解决实际问题，能吃苦耐劳，能合理分工并团结协作。

知识链接

1.1.1 造林作业设计概述

1.1.1.1 造林作业设计的意义

造林作业设计是指为完成栽植树木的地块预先编制出的工作方案、计划，绘制的图件，是指导造林施工与验收的主要依据，是加强造林工程监理、体现适地适树科学原理、发挥立地最大生产潜力、提高造林绿化质量的重要手段。因此，开展造林作业设计，是提高造林绿化成效的一项基础性工作，应高度重视，精心组织，切实抓紧抓好。

1.1.1.2 造林作业设计的依据和任务

①依据。造林任务量已落实到小班的总体设计或其他造林作业设计规范性文件；造林年度计划任务。

②任务。落实年度造林作业任务，对每个作业区做出具体技术规定，指导施工。

1.1.1.3 造林作业设计的编制单元

造林作业设计以造林作业区为单元编制。造林作业区原则上为一个小班。当小班面积过大时，可划分为 2 ~ 3 个细班，每个细班为一个造林作业区。细班的编号可在小班编号后加①、②、③等予以区分。当相邻或相近的数个小班其立地条件、经营方向、树种选择一致，而数个小班的总面积不大时，也可合并为一个造林作业区。

1.1.2 造林地

1.1.2.1 造林地种类

造林地是实施造林作业的地段，也称宜林地。经过林业区划后的同一分区范围内，虽然大气候和地貌类型基本一致，但不同的造林地之间在小气候、地形、土壤、水文、生物等方面仍有较大的差异，为做到适地适树，需要对造林地进行调查和立地分类，以便分类设计，科学造林，提高造林成效。根据造林地环境状况的差异性将造林地划分为以下 4 大类。

(1)荒山荒地

没有生长过森林植被，或森林植被在多年前遭破坏，已被荒山植被更替，土壤失去了森林土壤的湿润、疏松、多根穴等特性的造林地，称为荒山荒地。根据植被的不同，荒山荒地又可划分为草坡、灌丛地、竹丛地和荒地。

①草坡。这类造林地草类占优势，大多是多年生的以禾本科杂草为代表的根茎性杂草，其繁殖力强，对幼树的竞争作用很强。在造林过程中应采取有效的措施加以消灭。但荒草植被一般不妨碍种植点的配置，因而可以均匀地植树造林。

②灌丛地。是指灌木覆盖度占总盖度的50%以上的荒坡地。灌丛地的立地条件一般比草坡好。一方面灌木侧根发达、萌芽性强、生长繁茂，与幼树的竞争作用更强，需进行较大规格的整地；另一方面又可利用林地上原来的灌木保持水土，改良土壤，给幼树侧方遮阴。所以应根据幼树和灌木坡的具体情况，确定合理的整地和造林方式。

③竹丛地。是指小竹丛生的造林地。小竹再生能力极强，鞭根盘结土壤并能迅速蔓延，造林相当困难，必须砍倒后再经全面炼山及连续几年在抽笋成竹时全面砍除，削弱其生长势。同时，造林初期还要增加密度，促使幼林早日郁闭，抑制小竹生长。

④荒地。是指多为不便于农业利用的土壤。如冲刷地、沙地、盐碱地、低湿地、沼泽地、河滩地、海涂等。在这些地区造林都比较困难，如冲刷地土壤干旱瘠薄，沙地干瘠且沙粒流动，盐碱地含盐量高，低湿地、沼泽地、河滩地、海涂地下水位过高等，需要经过土壤改良或采用特殊的整地造林措施。

(2)农耕地、四旁地及撂荒地

①农耕地。是指营造农田防护林及林农间作地的造林地。农耕地一般平坦、裸露、土厚、条件较好。但农耕地耕作层下往往存在较为坚实的犁底层，对林木根系的生长不利，如不采取适当措施，易使林木形成浅根系，容易发病及风倒。造林时最好采用深耕及大穴深栽。

②四旁地。是指路旁、水旁、村旁和宅旁植树的造林地。在农村，四旁地基本上就是农耕地或与农耕地相类似的土地，条件都较好。在城镇地区四旁地的情况比较复杂，有的可能是好地，有的可能是建筑渣土，部分地方有地下管道及电缆，部分地方有高楼挡风、遮阴等影响。

③撂荒地。是指停止农业利用一定时期的土地。撂荒地一般植被稀少，草根盘结度不大，有水土流失现象。撂荒多年的造林地，植被覆盖度逐渐增大，与荒山荒地相接近，但造林的条件较好。

在农耕地、四旁地、撂荒地上造林时，株行距配置一般不受什么限制；而在梯田上造林时，要考虑到梯田的宽度及种植点离梯田埂的距离等因素。

(3)采伐迹地和火烧迹地

①采伐迹地。是指采伐森林(指皆伐)后的林地。新采伐迹地光照充足，土壤中腐殖质较丰富，疏松湿润，原有林下植被衰退，而且喜光杂草尚未侵入，此时人工更新条件好，应当争取时间及时清理林地进行人工更新。但新采伐迹地上伐根尚未腐烂，萌生幼树及枝杈堆占地较多，影响种植点配置。老采伐迹地由于没有及时更新，土壤恶化，喜光杂草大量侵入，有时有草甸化、沼泽化倾向，不利于造林更新，必须较细致地整地。但因老采伐迹地上伐根及枝杈堆都已腐朽，有利于进行机械化作业及均匀地配置种植点。

②火烧迹地。是指森林被火烧后的林地。与采伐迹地相比，火烧迹地上往往有较多的

站杆、倒木需要进行清理。火烧迹地上的土壤灰分养料增多，土壤微生物的活动因土温增高而有所促进，林地上杂草少，应充分利用这个条件及时进行人工更新。新火烧迹地如不及时更新，造林地的环境状况将不断恶化，逐渐过渡为荒山造林地。

(4) 已局部天然更新的迹地、低价值幼林地、林冠下造林地及疏林地

这类造林地的共同特点是造林地上已长有树木，但数量不足，或质量不佳，或树已衰老，需要补充或更替造林。

①已经局部天然更新的迹地。需要进行局部造林，原则上是“见缝插针，栽针保阔”，必要时砍去部分原有的低价值树木，使新引入的树木得到均匀地配置。

②低价值幼林地。封山育林或采伐迹地经天然更新而形成的天然幼林，由于树种组成或起源不良，或密度太小，分布不均；人工造林由于没有做到适地适树，树种组成不合理，造林密度偏大，或抚育管理不及时等原因，致使林木长成小老树。这些都需要分别具体情况采取适当措施及时加以改造。低价值幼林地改造时，要优化树种搭配。

③林冠下的造林地。这种造林地有良好的土壤条件，杂草不多，但上层林冠对幼树影响较大，适用于幼年耐阴的树种造林，在幼树长到需光阶段及时伐去上层树木。采用择伐作业的林地，如需进行人工更新，其情况和林冠下造林地相似。由于造林地上有林木，更新作业障碍较多。

④疏林地。是指稀疏林木(郁闭度 <0.2)的造林地。这种造林地的条件介于荒山荒地与林冠下造林地之间，实际上更接近于荒山荒地。造林时可采用见缝插针补植，或重新设计造林。

1.1.2.2 造林地立地条件类型

(1) 基本概念

①立地条件。又称立地，是指林业用地上体现气候、地质、地貌、土壤、水文、植被、生物等对森林生长有重大意义的生态环境因子的综合。

②立地条件类型。地域上不相连接，但立地条件基本相同，林地生产潜力水平基本一致的地段的组合，简称为立地类型，是立地分类中最基本的单位。

③立地分类。是指对林业用地的立地条件，宜林性质及其生产力的自然分类。然后在此基础上，科学地确定造林营林措施，以期达到造林、营林的生态、经济目的。

(2) 立地分类的意义

立地分类是营林和造林设计及施工的重要基础工作。只有科学地进行立地分类，才能做到适地适树，科学设计和实施造林和营林技术措施，保证造林成功，提高森林生产力，充分发挥林业的生态效益、经济效益和社会效益。

(3) 立地分类系统

立地分类系统，是指以森林为对象，对其生长环境进行宏观区划和微观分类的分类方式。一个森林立地分类系统一般由多级分类单元组成。

①《中国森林立地分类》系统。詹昭宁等在《中国森林立地分类》中提出的立地分类系统，将立地区划和分类单位组成同一分类系统，划分为 6 级，前 3 级是区划单位，后 3 级是分类单位。分类系统如下：

立地区域(site area)
立地区(site region)
立地亚区(sites ub-region)
立地类型小区(site type district)
立地类型组(group of site type)
立地类型(site type)

该系统的特点是1、2级区划在地域上分别与《中国林业区划》的“地区”和“林区”两级区划相对应，只是命名不同。按照这一分类系统，在全国范围内共划分8个立地区域、50个立地区、166个立地亚区、494个立地类型小区、1716个立地类型组、4463个立地类型。

②《中国森林立地》系统。张万儒等在《中国森林立地》中提出的立地分类系统，包括0级在内的5个基本级和若干辅助级，分类系统如下：

0级 森林立地区域(forest site region)
1级 森林立地带(forest site zone)
2级 森林立地区(forest site area)；森林立地亚区(forest site sub-area)
3级 森林立地类型区(forest site type district)；森林立地类型亚区(forest site type sub-district)；森林地类型组(forest site type group)
4级 森林立地类型(forest site type)；森林立地变型(forest site type variety)

该系统的特点是第0级区划与《中国自然地理总论》中“中国综合地理区划”的第1级区划——三大自然区相一致，1、2级则参考中国综合自然区划的成果进行区划，区划单位的依据主要着眼于自然地理环境因素。其中1、2级为森林立地分类系统的区域分类单元，3、4级为森林立地分类系统的基层分类单元。该系统在全国范围内共划分3个立地区域、16个立地带、65个立地区、162个立地亚区。

1.1.3 立地分类

(1)立地因子

立地因子主要包括气候、地形、土壤、生物、水文和人为活动6个方面，还受特殊因素的制约，简述如下。

①气候。包括光照、温度、降水、风等。从南到北，从东到西，由于气候条件(主要是温度和降水)的不同，决定了森林和其他植被的有无及森林的地带性分布和森林生产力的高低。如我国从南到北，形成了热带雨林季雨林、亚热带常绿阔叶林、暖温带落叶阔叶林、温带针阔叶混交林和寒带针叶林等森林植被类型。

②地形。包括海拔、坡向、坡位、坡度、坡形、小地形等。地形引起小气候条件和土壤条件的变化，从而对森林的生长发育产生影响。在海拔高、差异大的情况下，随着海拔的升高，森林植被类型也发生类似于由南向北的变化。

③土壤。包括土壤种类、土层厚度、腐殖质层厚度、土壤质地、土壤结构、土壤酸碱度、土壤侵蚀程度、土壤各层次的石砾含量、土壤含盐量、土壤中的养分元素含量、成土

母岩和母质的种类等。植物生长发育所需水分和矿质养分来源于土壤，造林地土壤的状况对森林的生长起着非常重要的作用。

④生物。植物群落名称、结构、盖度及其地上地下部分的生长分布状况，病、虫、兽、害的状况，有益动物及微生物的存在状况等。在植被未受到严重破坏的地区，植被的状况能反映出立地质量，特别是某些生态适应幅度窄的指示植被更能反映出立地的特性。

⑤水文。地下水位深度及季节变化、地下水的矿化度及其盐分组成，有无季节性积水及持续期，地表水侧方浸润状况，被水淹没的可能性、持续期和季节等。在平原地区，水文条件尤其是地下水位对植被的生长起重要的作用，而在山地则作用较小。

⑥人为活动。土地利用的历史及现状，各项人为活动对环境的影响等。不合理的人类活动，如取走林地枯枝落叶、不合理的整地和间种，将导致造林地生产性能的下降；而建设性的生产措施，如合理的整地、施肥和灌溉能提高土壤肥力，提高造林地的生产性能。

⑦特殊因素。包括风口、大气污染、特殊小地形、特殊元素含量、冲淤状况等因素。

(2)划分依据

森林生产力受气候条件、土壤条件和人类的经营活动等综合作用(图1-1)，各种因子的作用有大小差异，在实际工作中要善于从这些复杂的因子中找出主要因子作为划立地条件类型的依据。

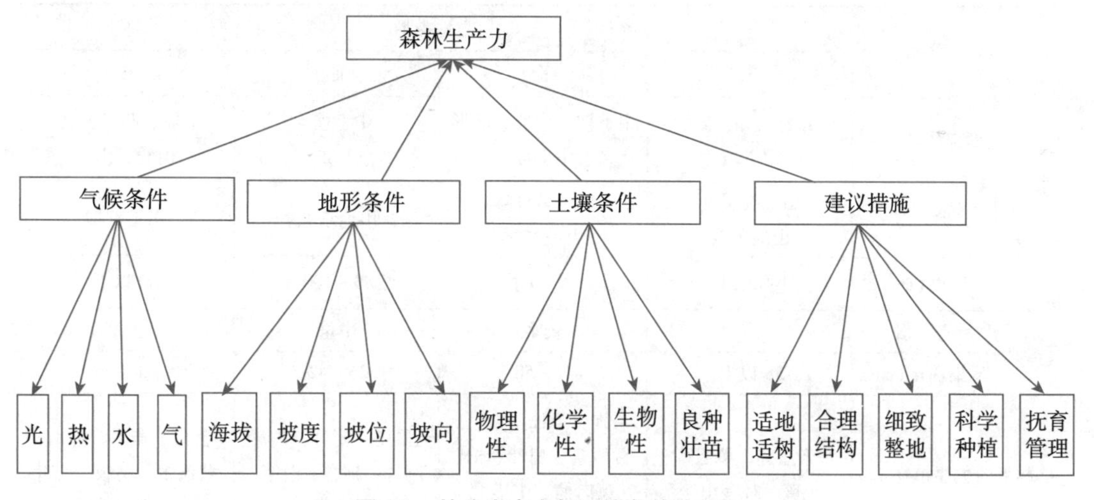

图1-1 林分生产力与环境条件的关系

立地分类应遵循科学性与实用性的原则。即立地分类所依据的因子能正确地反映立地的本质和特征，且直观性强、稳定可靠，在野外凭感官就可直接准确鉴定，而且不易受天气影响而改变。

气候因素是森林分布的限制性因子，对林木生长有很大的作用，但在同一个地理区域一定范围内，大气候条件是基本相似的。所以从生产方面考虑，在一个县或一个单位(如林场)这样相对不大的地理范围内，一般不作为划分立地条件类型的依据。

经营措施对林木生长及产量作用显著，但其可变性大，且在一个经营单位，即使采用相同的经营措施，林分生产力仍可能存在很大的差异，这种差异既不是气候条件，也不是经营措施引起的，而是土壤条件的不一致造成的。因此，在一定的区域内，或在一个林场内划分立地条件类型时，经营措施也不作为划分立地条件类型的依据。

地形因子虽然不是林木生长所必需的生活因子，但它通过对光、热、水等生活因子的再分配，深刻地反映着不同造林地的小气候条件（如高山比低山和平原温度低、风大、雨水多、湿度大；阴坡比阳坡日照时间短、温度低、空气湿度大、土壤较湿润；平地比山地温暖，而洼地易积水和起碱），又强烈地影响着不同土壤水分状况，从而导致林木生长的显著差异，对整个局部生态环境起着综合决定性作用，在山区划分立地类型时可将地形作为主要依据之一。

土壤因子是林木赖以生存的载体，它不仅是光、热、水分、植物等因子的直接承受者，而且是各个生态因子的综合反映者。因此，土壤因子是划分立地类型时的重要依据。

在主要依据地形、土壤因子来划分立地类型的同时，条件许可的情况下，只要原始植被受破坏程度较轻，可利用植被作为划分立地类型的补充依据。表 1-1 中所列闽北地区杉木生长的立地条件类型，就是在以地形部位、土层厚度、腐殖质含量为主要依据的同时，把植被作为参考指标的。

表 1-1　闽北（三明、建瓯）杉木立地条件类型指标

项　目		立地类型			
		Ⅰ	Ⅱ	Ⅲ	Ⅳ
地形部位		山洼、下坡、中下坡	中下坡、中坡、凹形中上坡	中上坡、上坡	上坡、凸形上坡、山脊、山顶
土壤	类　型	山地红黄壤 山地黄壤	山地黄红壤 山地红壤	山地红壤	山地红壤
	厚度（cm）	100 以上	100 以上	80～100	80 以下
腐殖质	等　级	多	较多	中量	少量
	侵染深度（cm）	58 以上	42～58	26～42	26 以下
林下的主要植物		观音座莲、翠云草、毛蕨、杜茎山等	狗脊、杜茎山、百两金、扁叶卷柏、黄肉楠、中华里白等	老鼠刺、苦竹、芒萁、刚竹、狗脊、白茅、乌药等	芒萁、檵木、柃木、黄瑞木、乌饭、小叶赤楠等

综上所述，划分立地类型的依据为多因子综合；主要依据是地形和土壤，植被作为参考，林木生长作为验证。具体到一个单位或一个县范围划分立地类型时，通常采用立地类型区—立地类型亚区—立地类型组—立地类型的分类系统划分立地类型，划分的依据通常是大地貌—中地貌—小地貌—岩石性质—土壤厚度、腐殖质层厚度。

（3）划分方法

①主导因子法。选择主导环境因子若干，对每个因子进行分级，按因子、因子水平组

合成一张立地条件类型表。方法如下。

a. 进行外业调查：根据地形变化、地类和一定的面积划分林班和小班，在每个小班中开展土壤、植被和地形调查，摸清其性状。

b. 逐个分析立地因子，找出主导因子：逐个分析海拔、坡向、坡位、坡度、坡形、小地形、土壤种类、土层厚度、腐殖质层厚度、土壤质地、土壤结构、土壤酸碱度、土壤侵蚀程度、土壤各层次的石砾含量、土壤含盐量、土壤中的养分元素含量、成土母岩等与生活因子的关系，找出对生活因子影响面广、作用大、本身差别也大的主导因子，作为划分立地类型的依据。立地类型区—立地类型亚区—立地类型组—立地类型各级中应各寻找出 1 个主导的因子或对经营有影响的因子。

c. 划分立地类型：将系统各级的主导因子进行分级，再组合起来，即得立地类型。立地类型名称通常根据系统各级中所依据的主导因子连接起来 + 土壤种类来命名。

如划分冀北山地立地条件类型时，根据调查分析，影响林木生长的主导因子是海拔、坡向和土层厚度，主导因子分级组合成表 1-2 中的类型。

表 1-2 冀北山地立地条件类型表

编号	海拔(m)	坡向	土壤种类及土层厚度(cm)	备注
1	>800	阴坡、半阴坡	褐色土，棕色森林土，>50	—
2	>800	阴坡、半阴坡	褐色土，棕色森林土，25～50	—
3	>800	阳坡、半阳坡	褐色土，棕色森林土，>50	—
4	>800	阳坡、半阳坡	褐色土，棕色森林土，25～50	—
5	>800	不分	褐色土，棕色森林土，<25	土层下为疏松母质或含 70% 以上石砾
6	<800	阴坡、半阴坡	褐色土，棕色森林土，>50	—
7	<800	阴坡、半阴坡	褐色土，棕色森林土，25～50	—
8	<800	阳坡、半阳坡	褐色土，棕色森林土，>50	—
9	<800	阳坡、半阳坡	褐色土，棕色森林土，25～50	—
10	<800	不分	褐色土，棕色森林土，<25	土层下为疏松母质或含 70% 以上石砾
11	不分	不分	褐色土，棕色森林土，<25 及裸岩地	土层下为大块岩石

又如，广西柳州沙塘林场划分立地类型时，根据调查分析，影响经营和林木生长的主导因子是坡度、岩石和土层厚度，主导因子分级组合成表 1-3 中的类型。

用主导因子法划分立地条件类型的优点是：方法简单，易掌握，实际应用广；缺点是：方法粗放，刻板，难以反映具体情况。改进措施：数学方法(聚类分析，主分量分析，判别分析)归并立地因子。该分类方法较适宜山地。

表 1-3　广西柳州沙塘林场立地条件类型表

立地类型区	立地类型组	立地类型		划分类型依据的因子		
		名称	代号	坡度(°)	岩石	土层厚度(cm)
平丘区	砂岩组	平丘砂岩厚土层红壤类型	I_1	≤15	砂岩	≥100
		平丘砂岩中土层红壤类型	I_2	≤15	砂岩	50～100
		平丘砂岩薄土层红壤类型	I_3	≤15	砂岩	≤50
	砂页岩组	平丘砂页岩厚土层红壤类型	I_4	≤15	砂页岩	≥100
		平丘砂页岩中土层红壤类型	I_5	≤15	砂页岩	50～100
		平丘砂页岩薄土层红壤类型	I_6	≤15	砂页岩	≤50
斜丘区	砂岩组	斜丘砂岩厚土层红壤类型	II_1	>15	砂岩	≥100
		斜丘砂岩中土层红壤类型	II_2	>15	砂岩	50～100
		斜丘砂岩薄土层红壤类型	II_3	>15	砂岩	≤50
	石灰岩组	斜丘石灰岩厚土层红壤类型	II_4	>15	石灰岩	≥100

②生活因子法。按对林木成活生长影响最大的土壤水分和养分两个主要生活因子划分立地条件类型，所以又称水肥双轴网格表法(生态坐标法)。方法如下。

a. 进行外业调查：根据地形变化、地类和一定的面积划分林班和小班，在每个小班中开展土类、土壤厚度、土壤水分、植被和盖度调查，摸清其性状。

b. 划分养分等级和水分等级：按土类、土壤厚度划分若干养分等级；按土壤湿度划分若干水分等级，同时参照植物组成(主要是反映土壤湿度状况的指示植物)和盖度指示水分状况。

c. 划分立地类型：按养分等级和水分等级组合成立地条件类型(表1-4)。

按生活因子划分立地类型的方法优点是：反映的因子比较全面，生态意义明确。缺点是：生活因子不宜直接测定，划分标准不易掌握；微地形小气候因子没有反映出来；个别具体因子难以反映(盐渍、酸度、通气)；因子过多会复杂化。改进措施：因子编码。该分类方法较适用于平原地区。

此外，划分立地类型的方法还有立地指数法、数量化立地质量评价法等方法。

表1-4 华北石质山地立地条件类型表

水分等级	养分等级		
	瘠薄的土壤A（<25cm，粗骨土或严重的流失土）	中等的土壤B（25～60cm，棕壤和褐色土或深厚的流失土）	肥沃的土壤C（>60cm的棕壤和褐色土）
极干旱0（旱生植物，覆盖度<60%）	A_0	—	—
干旱1（旱生植物，覆盖度>60%）	A_1	B_1	C_1
潮润2（中生植物）	—	B_2	C_2
湿润3（中生植物，有苔藓类）	—	—	C_3

1.1.4 造林区划

(1)林业区划的意义

林业区划是指根据林业的特点，在研究有关自然、经济和技术条件的基础上，分析与评价林业生产的特点，按照地域分异的原则进行分区，分别研究其区域范围内的自然条件、社会经济条件与林业生产现状、存在问题，探索其允许的或可能的林业生产规模，最佳布局和对现状进行调整的必要措施。通过林业区划将林业发展方向相同或相似、且地域上相连的区域划分为一个区。林业区划有非常重要的意义。

①林业区划是协调林业与国民经济各部门关系的需要。林业是国民经济的一个重要组成部分，现代社会的发展对林业提出了多方位和高标准的要求。现代林业必须与社会主义现代化建设的步伐相一致，必须协调与农业、畜牧业、交通运输业、工矿业、环境保护等行业的相互关系。加快林业建设步伐，增加森林资源，提高森林覆盖率，更好地发挥森林改善生态环境功能。

②林业生产具有强烈的地域性特点，必须根据各地的自然条件和树种生物学及生态学特性发展林业。

③有助于领导部门因地制宜，分类指导，实现科学决策，正确组织生产，更好地贯彻林业方针政策，加速林业建设。

(2)林业区划的依据

林业区划应以客观存在的自然条件与社会经济状况、社会发展对林业的要求为准绳，要求同一个区在地域上相连，区划成果应当充分反映客观实际和客观规律，起到促进林业生产发展的作用。

林业区划是为林业生产合理布局服务的产业区划，因而它不能只是一种自然区划，必须是兼顾自然条件及社会经济条件差异的综合性区划。因此，林业区划除了依据自然条件分类之外，还要依据地区的人口、交通、产业结构、经营水平及对林业的发展要求等社会经济条件差异进行划分。

①社会发展要求是林业区划第一个要考虑的因素。因为，林业是国民经济的一个重要组成部分，林业区划必须与社会发展要求相一致，为社会经济发展服务。

②自然条件是林业区划确定分区林业发展方向的另一个重要因素或限制因素。由于林业生产的本质是种植业，受到自然条件的严格制约。在明确了社会发展对林业的要求后，必须研究自然条件的可能性。自然条件包括气候、地貌、地质、水文、土壤、植被等因素，在我国的林业区划中热量因素和水分因素具有关键作用。全国级林业区划主要根据的自然因子是气候带、大的地理位置、大的地貌或地理单元和大林种。省级林业区划主要根据的自然因子除地理位置和地形外，还有具体的林种和代表性树种。

③社会经济条件是林业区划的又一重要因素。因为它与社会发展对林业的要求有密切的关系，同时与社会能够用于发展林业的人、财、物等有重要的关系。

(3)我国林业区划概况

1949 年以前，我国未进行过林业区划。为了适应发展林业生产的需要，原林业部曾于 1954 年成立林业区划研究组，编写《全国林业区划草案》，将全国分为 18 个林区，对每个林区简要论述了区域范围、自然因子、社会经济特点及农、林、牧应占的比例，对当时的 28 个省(自治区、直辖市)逐一提出了分区意见。1979 年，根据全国农业区划委员会的部署，林业部组织全国林业部门分国家、省(自治区、直辖市)、县(市、区、旗)三级开展林业区划工作。

1985 年，完成的林业区划分 4 级，其中一级区(地区)8 个，二级区(林区)50 个，三级区(省级区)168 个。三、四级林业区划如北京市林业区划见表 1-5。一、二级林业区划见表 1-6。

表 1-5　北京市林业区划

序号	一级区	二级区	三级区	四级区
1	Ⅳ华北防护、用材林地区	Ⅳ$_{22}$燕山太行山水源、用材林区	1 京北燕山防护、经济林区	1（1）北部中山水源、用材林亚区
2				1（2）北部低山水土保持、木本粮油林亚区
3				1（3）前脸山地及水库水土保持、风景、经济林亚区
4				1（4）云蒙山中山水源涵养林亚区
5				1（5）东部低山水土保持、经济林亚区
6		Ⅳ$_{23}$华北平原农田防护林区	2 延庆盆地农田防护林区	
7				
8			3京西太行山防护林区	3（1）百花山灵山中山水源、用材林亚区
9				3（2）西部低山水土保持、经济林亚区
10				3（3）京西前脸山地水土保持、风景林亚区
11			4 京郊平原农田防护林区	4（1）中部平原农田防护林网亚区
12				4（2）潮白河东部平原农田防护林网亚区
13				4（3）永定河潮白河沿岸防风固沙林亚区

表 1-6 中国林业区划

序号	一级区	二级区	序号	一级区	二级区
1	Ⅰ 东北用材、防护林地区	I_{1}大兴安岭北部用材林区	27	Ⅵ 西南高山峡谷防护、用材林地区	VI_{27}高山峡谷水源、用材林区
2		I_{2}呼伦贝尔草原防护林区			
3		I_{3}松辽平原农田防护林区			
4		I_{4}小兴安岭用材林区	28	Ⅶ 南方用材、经济林地区	VII_{28}秦巴山地水源、用材林区
5		I_{5}三江平原农田防护林区	29		VII_{29}大别山桐柏山水源、经济林区
6		I_{6}大兴安岭南部用材、防护林区	30		VII_{30}四川盆地山地用材、经济林区
7		I_{7}长白山用材、水源林区	31		VII_{31}四川盆地水土保持、经济林区
8	Ⅱ 蒙新防护林地区	II_{8}阿尔泰山防护、用材林区	32		VII_{32}川黔湘鄂经济林区
9		II_{9}准噶尔盆地防护林区	33		VII_{33}长江中下游滨湖农田防护林区
10		II_{10}天山水源林区	34		VII_{34}幕阜山用材林区
11		II_{11}南疆盆地绿洲防护林区	35		VII_{35}天目山水源、用材林区
12		II_{12}河西走廊农田防护林区	36		VII_{36}云南高原用材、水土保持林区
13		II_{13}祁连山水源林区	38		VII_{38}南岭用材林区
14		II_{14}黄河上游水源林区	39		VII_{39}湘赣浙中部丘陵经济林区
15		II_{15}黄河河套农田防护林区	40		VII_{40}浙闽沿海防护、经济林区
16		II_{16}阴山防护林区	41		VII_{41}武夷山用材林区
17		II_{17}锡林郭勒草原护牧林区	42		VII_{42}湘西南用材、经济林区
18		II_{18}鄂尔多斯东部防护林区西北荒漠、半荒漠待补水防护林区	43		VII_{43}元江南盘江用材、水源林区
			44		VII_{44}西江用材、经济林区
19	Ⅲ 黄土高原防护林地区	III_{19}黄土丘陵水土保持林区	45		VII_{45}赣闽粤用材、水土保持林区
20		III_{20}陇秦晋山地水源林区	46	Ⅷ 华南热带林保护地区	VIII_{46}滇南热带林保护区
21		III_{21}汾渭平原农田防护林区	47		VIII_{47}粤桂沿海丘陵台地保护、用材林区
22	Ⅳ 华北防护、用材林地区	IV_{22}燕山太行山水源、用材林区			
23		IV_{23}华北平原农田防护林区	48		VIII_{48}海南岛及南海诸岛热带林保护区
24		IV_{24}鲁中南低山丘陵水源林区			
25		IV_{25}辽南、鲁东防护、经济林区	49		VIII_{49}闽粤沿海防护、经济林区
26	Ⅴ 青藏高原寒漠非宜林地区	V_{26}雅鲁藏布江上中游防护、薪炭林区	50		VIII_{50}台湾用材、经济林区

1.1.5 林种规划

(1)林业区划与林种规划的关系

造林工作是林业生产的主要环节，造林区划理应归属于统一的林业区划，并通过这个统一的林业区划表达出造林工作的地区特点和要求。林业区划中的区域无论是一级区还是二级区，实际上都是在较大的区域范围内按照林种进行划分的。也就是说，林业区划已经在较大区划范围内规划和确定了林种。各地可以依据林业区划的框架并结合本地区的具体实际进行林种规划。林业区划规划的林种是一个大范围的林种框架，是一个"主线"和"体系"，允许在一定范围内发展与主要林种相配合的其他林种。例如，黄土高原防护林地区包括3个林区：黄土丘陵水土保持林区、陇秦晋山地水源林区和汾渭平原农田防护林区，在这个防护林地区，无论是哪一个林区，除了最主要的防护林外，都可以也需要规划一定数量的经济林、薪炭林、风景林和用材林等。这些林种是相辅相成的，只有这样，方可满足区域经济发展对林业多方面的需求，保证规划得以贯彻实施。

(2)县(场)林业发展规划中的林种规划

林业区划最主要的用途之一是制定林业发展规划，而县(场)的林业发展规划是最基本的规划，主要目的是为领导层进行发展林业的决策，为制定造林计划、安排种苗生产以及林业投资提供依据。规划内容包括清查土地和森林资源，进行土地利用区划，制定林业发展战略目标和方向。而林种规划是林业规划中最重要的内容。县(场)林业发展规划中的林种规划也是连接林业规划和调查设计的桥梁和纽带。林种规划实际上就是在调查研究林业资源、自然条件、社会经济状况和总结以往林业建设的林种发展经验的基础上，确定计划发展的目标和制定远景建设的蓝图。因此，应在广泛调查和充分论证的基础上，确定林业建设发展方向和相应的林种布局，以区划中查明的自然资源优势确定林业建设的主要目标和各林种的骨干项目，以区划中论证的增产潜力确定林业生产中各林种发展的关键措施和逐步开发的项目。

在进行林种规划时，应根据当地的林业资源、自然条件、社会经济状况和生产经验，从国家建设的总体利益出发，从生态效益和经济效益等方面考虑，发挥自然优势，兼顾农、林、牧各方面生产的需要。第一，依据当地自然条件和社会经济条件的可能性。林种规划既要考虑当地气候、土壤等条件对于林木生长的适应性，又要考虑社会经济条件对于发展各林种的可能性。第二，兼顾国家整体利益和当地人民群众的需要。例如，西北地区生态环境条件脆弱，应以营造防护林为主，经济林的生态防护效益虽然比较差，但是经济效益比较好，从当地群众的利益出发，经济林也应占有一定的比重，并通过修筑台田等措施尽可能地发挥其防护效益；南方地区则因水热条件优越，适宜以营造速生丰产用材林为主，同时营造一定面积的防护林。第三，充分利用本地区以往制定的各种区划成果。应充分利用原有农业综合区划、土地利用规划和林业区划等成果，总结经验，吸取教训，使林种区划的制定建立在切实可行的科学基础上。

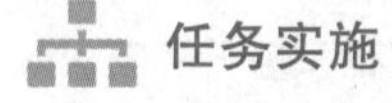

任务实施

一、器具材料

1. 器具

罗盘仪、视距尺、花杆、皮尺、钢卷尺、工具包、锄头、铲、洋镐、劈刀、土壤袋、指示剂、比色板、记录板、绘图工具、方格纸、笔等。

2. 材料

造林作业设计调查记录用表、1∶10 000(或1∶25 000)的地形图或林业基本图、山林定权图册、森林资源调查簿、森林资源建档变化登记表、林业生产作业定额参考表、各项工资标准、造林作业设计规程、造林技术规程等有关技术规程和管理办法等；造林作业区的气象、水文、土壤、植被等资料；造林作业区的劳力、土地、人口居民点分布、交通运输情况、农林业生产情况等资料等。

二、任务流程

造林作业设计准备流程如图1-2所示。

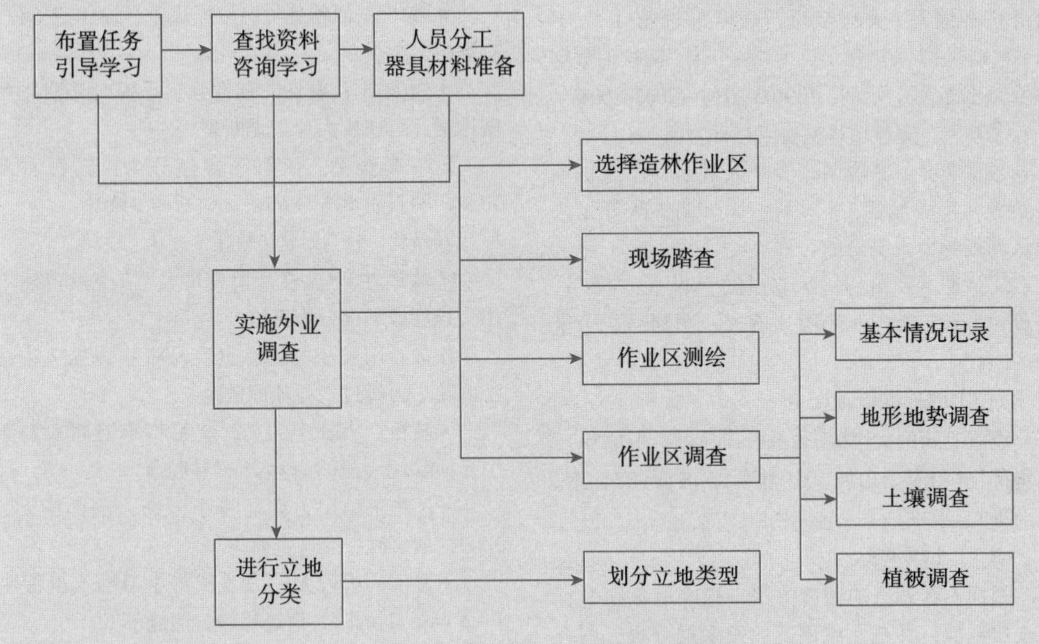

图1-2 造林作业设计准备流程示意

三、操作步骤

1. 造林作业区选择

造林作业区由组织者负责选择，由设计人员进行指导，依据造林总体设计图及附表、年度计划选择造林作业区，将任务落实到各个造林作业区。造林作业区应选择宜林荒山荒地、采伐迹地、火烧迹地、低产低效林分改造等适宜造林的地块。造林作业区的布置要相对集中，便于管理，便于施工。造林作业区总面积与年度计划应尽量吻合，正负误差最大不超过10%。

2. 现场踏查

根据初步确定的造林作业区，由组织者和设计人员到现场共同查看、核实，并确定造林作业区界线。踏查的主要内容包括：地类或小班界线是否变更、总体设计的设计内容是否合理等。

在踏查核实现场时将造林作业区位置用铅笔勾绘在以乡镇为单位分幅的总体设计图或地形图上。如使用地形图，地形图的比例尺与总体设计的设计图要一致，最小作业区的成图面积2 mm×2 mm。同时，逐年的作业区要标注在同一份地形图上。

3. 作业区测绘

造林作业区的面积以实测为准。可采用下列方法之一进行测量，并将其位置绘制在林业基本图或地形图上，最小作业区的成图面积2 mm×2 mm。

（1）方法

①地形图勾绘法。适用于地形地物明显的造林作业区，面积误差不超过5%。

②测量法。作业区平坦、形状规则且面积小的可用皮尺量测；作业区边界不规则的可采用罗盘仪闭合导线测量法，闭合差不大于1%；或用经过差分纠正的全球定位系统（global positioning system，GPS）接收机测量，面积误差不超过5%。

（2）要求

测量过程中，明显地物、地貌应勾绘，并尽量做到现场成图。

（3）比例尺

绘图比例尺1/5000～1/2000。

4. 作业区调查

（1）基本情况记录

①作业区编号。“邮政编码”＋“村、屯名的汉语拼音缩写（大写字母，双声母选第1个字母）”＋“－”＋“年份”＋“－”＋“阿拉伯数字序号(3位数)”。示例：100102 NHQ－2002－008

②日期。完整填写调查年月日时间。

③调查者。签署调查者个人姓名，注意：不得签署××调查组、××科、××调查队等无法确认调查者个人身份的名称。

④位置。乡镇（林场、分场），村屯（工区），林班，小班；所在地形图比例尺、图幅号、千米网区间。

（2）地形地势调查

调查所属的大区地形（低山、丘陵、平原等），地形部位（山脊、山坡、山洼等），坡向（东、南、东南等），坡度。

（3）土壤调查

根据土壤调查的记载方法，标准地必须挖标准土壤剖面，并按土壤剖面的发生层分层，调查记载以下内容。

①厚度。

腐殖质层厚度：依厚度分为3个等级：薄层＜2 cm；中层2～4.9 cm；厚层＞5 cm。

土层厚度（A层＋B层）：依厚度分为3个等级：亚热带山地丘陵、热带：厚层＞80 cm；中层40～79 cm；薄层＜40 cm；亚热带高山、暖温带、温带、寒温带：厚层＞60 cm；中层30～59 cm；薄层＜30 cm。

②颜色。

③湿度。共分为5级。

• 干：无凉意，吹时飞尘。

• 润：有凉意，吹时无飞尘。

• 湿润：有潮湿感，能捏成团，能使纸变湿。

• 潮湿：使手湿润，能揉成团，无水流出，黏手。

• 湿：用手压时，有水流出。

④土壤质地。主要分以下5类。

• 砂土：松散，湿时不成团，捏时沙性感强，有沙沙声。

• 砂壤土：易散，捏时有沙性感，施时能成团但不成条，有轻微沙沙声。

• 壤土：湿捏无沙沙声，微有沙性感，揉成条易断。

• 黏土：面粉感觉，可搓成条，或压成土片，有裂痕。

• 重黏土：黏性、韧性强。手捏时光滑，可塑性强，可压成大片，无断裂。

⑤石砾含量。依石砾含量分为：轻石质＜40%；中石质40%～60%；中石质＞60%。

⑥结构。分为屑状、粒状、核状、块状。

⑦结持力（坚实度、紧密度）。依土壤刀插入用力程度或划痕分为5级：

松散：用较小的力，很容易将小刀插入，且土壤随小刀经过之处随即散落。

•疏松：用较小的力，就可将小刀插入剖面中5 cm以上，但土壤尚不容易脱落。

•适中：稍用力就可将小刀插入剖面中1～3 cm，划痕时，痕迹宽而匀。

•紧实：用较大的力才能将小刀插入剖面中1～3 cm，划痕时，痕迹粗糙，边缘不齐。

•极紧实：用很大力也不易把小刀插入剖面中，划痕时，痕迹明显但很细。

⑧孔隙度。孔隙的大小和多少。

⑨侵入体和新生体。生物侵入体、机械侵入体（石砾、贝壳、木炭等）。

⑩根系分布情况。草根盘结度、树木及灌木根系的多少。

（4）植被调查

调查造林作业区植被类型、植被总盖度、各层盖度、主要植物种类（建群种、优势种）及其生活型、多度、盖度、高度。如为退耕还林地则要调查原作物种类、耕作制度。

• 立木：指出其起源（天然林、实生林、萌芽林等）、组成、郁闭度、年龄、生长情况、天然更新情况等。

• 下木：记载下木的组成、郁闭度、分布特点、物候期。

• 层外植物。

• 草本植物：必须记载植物名称、多度、盖度、平均高度、分布情况等（表1-7）。

表 1-7 造林作业区现状调查表(正面)

编号：	日期： 年 月 日			调查者：	
位置： 县(市、区) 乡镇(苏木、林场)分场 村屯(工区) 林班 小班 细班					
地形图图幅号：	比例尺：			公里网范围：东 西 南 北	
作业区实测面积(hm^2)： (精确到0.01)，相当于亩(精确到0.1)					
造林作业区立地特征：					
地貌类型：①山地阳坡，②山地阴坡，③山地脊部，④山地沟谷，⑤丘陵，⑥岗地，⑦阶地，⑧河漫滩，⑨平原，⑩其他(具体说明)					
海拔(m)：	坡度(°)：		坡向：	坡位：	
地类：①宜林地，②湿润区沙地，③皆伐迹地，④火烧迹地，⑤疏林地，⑥低价低效林林地，⑦退耕还林地，⑧干旱区有灌溉条件的沙荒地，⑨道路河流沟渠两侧，⑩其他(沼泽地、滩涂、盐碱地等)					
母岩类型：①第四纪红色或黄色黏土类，②花岗岩类，③页岩、砂页岩类，④砂岩类，⑤紫色砂页岩类，⑥板岩、千纹岩等页岩变质岩类，⑦石灰岩类，⑧玄武岩类					
土壤类型：	土层厚度(cm)：A_1层 ，AB层 ，B层 ，C层				
石砾含量(%)： pH值：	土壤质地：①砂土，②砂壤土，③轻壤土，④中壤土，⑤重壤土，⑥黏土				
植被类型：	盖度(%)：乔木层 ，灌木层 ，草本层			总盖度(%)：	
主要植物种类中文名(及学名)	生活型	多度	盖度(%)	分布状况	高度(cm)
小气候述评(光照、湿度、风害、寒害等)：					
需要保护的对象：					
树木生长状况及树种选择建议：					
社会、经济情况概述：					
总评价(包括立地条件好坏、利用现状、造林难易程度、有无水土流失风险、有无需要保护的对象，权属是否清楚、交通是否方便、退耕地的耕作制度与收成，适宜的树种、整地方式、栽植配置等)					

表1-7　造林作业区现状调查表(反面)

面积测量野账与略图   作业区面积： 测量方法： 测量人： 测量时间：

填表说明：造林作业区立地特征中地貌类型、地类、母岩、土壤质地等项用选择法填写，选择其一，将前面的号码涂黑。其他各项填写实际数。

巩固训练

1. 训练要求

(1)以小组为单位开展训练，组内同学要分工合作、相互配合、团队协作。

(2)造林地立地调查和分类应具有科学性和可行性。

(3)做到安全操作，程序符合要求。

2. 训练内容

(1)结合当地营造林工程进行造林作业设计，学生以小组为单位，在咨询学习、小组讨论的基础上，制定某造林地作业设计准备方案。

(2)以小组为单位，依据上述方案进行该造林作业区立地调查和立地分类训练。

3. 可视成果

某造林作业区外业调查各类数据材料；某造林作业区立地分类结果。

考核评价

造林作业设计准备考核评价见表 1-8。

表 1-8 造林作业设计准备考核评价表

<table>
<tr><td colspan="3">姓名：</td><td>班级：</td><td colspan="2">造林工程队：</td><td>指导教师：</td></tr>
<tr><td colspan="4">教学项目：造林作业设计准备</td><td colspan="3">完成时间：</td></tr>
<tr><td colspan="7">过程考核 60 分</td></tr>
<tr><td colspan="2">评价内容</td><td colspan="3">评价标准</td><td>赋分</td><td>得分</td></tr>
<tr><td rowspan="3">1</td><td rowspan="3">专业能力</td><td colspan="3">会正确准备造林作业设计立地调查和分类的各类器具材料</td><td>5</td><td></td></tr>
<tr><td colspan="3">会正确进行造林立地调查</td><td>20</td><td></td></tr>
<tr><td colspan="3">会正确进行造林立地分类</td><td>15</td><td></td></tr>
<tr><td rowspan="2">2</td><td rowspan="2">方法能力</td><td colspan="3">能充分利用网络、期刊等资源查找造林作业设计准备的资料</td><td>4</td><td></td></tr>
<tr><td colspan="3">灵活运用所学知识解决造林作业设计准备的实际问题</td><td>4</td><td></td></tr>
<tr><td rowspan="4">3</td><td rowspan="4">合作能力</td><td colspan="3">能根据任务需要与团队人员愉快合作，有协作意识</td><td>3</td><td></td></tr>
<tr><td colspan="3">在完成工作任务过程中勇挑重担，责任心强</td><td>3</td><td></td></tr>
<tr><td colspan="3">在生产中沟通顺利，能赢得他人的合作</td><td>3</td><td></td></tr>
<tr><td colspan="3">愉快接受任务，认真研究工作要求，爱岗敬业</td><td>3</td><td></td></tr>
<tr><td colspan="7">结果考核 40 分</td></tr>
<tr><td rowspan="2">4</td><td rowspan="2">工作成果</td><td rowspan="2">造林立地调查和立地分类结果</td><td colspan="2">造林立地调查结果准确、科学</td><td>20</td><td></td></tr>
<tr><td colspan="2">造林立地分类结果准确、科学、可行</td><td>20</td><td></td></tr>
<tr><td colspan="2">总　评</td><td colspan="3"></td><td>100</td><td></td></tr>
</table>

指导教师反馈：（根据学生在完成任务中的表现，肯定成绩的同时指出不足之处和修改意见）

年　月　日

单元小结

造林作业设计准备任务小结如图 1-3 所示。

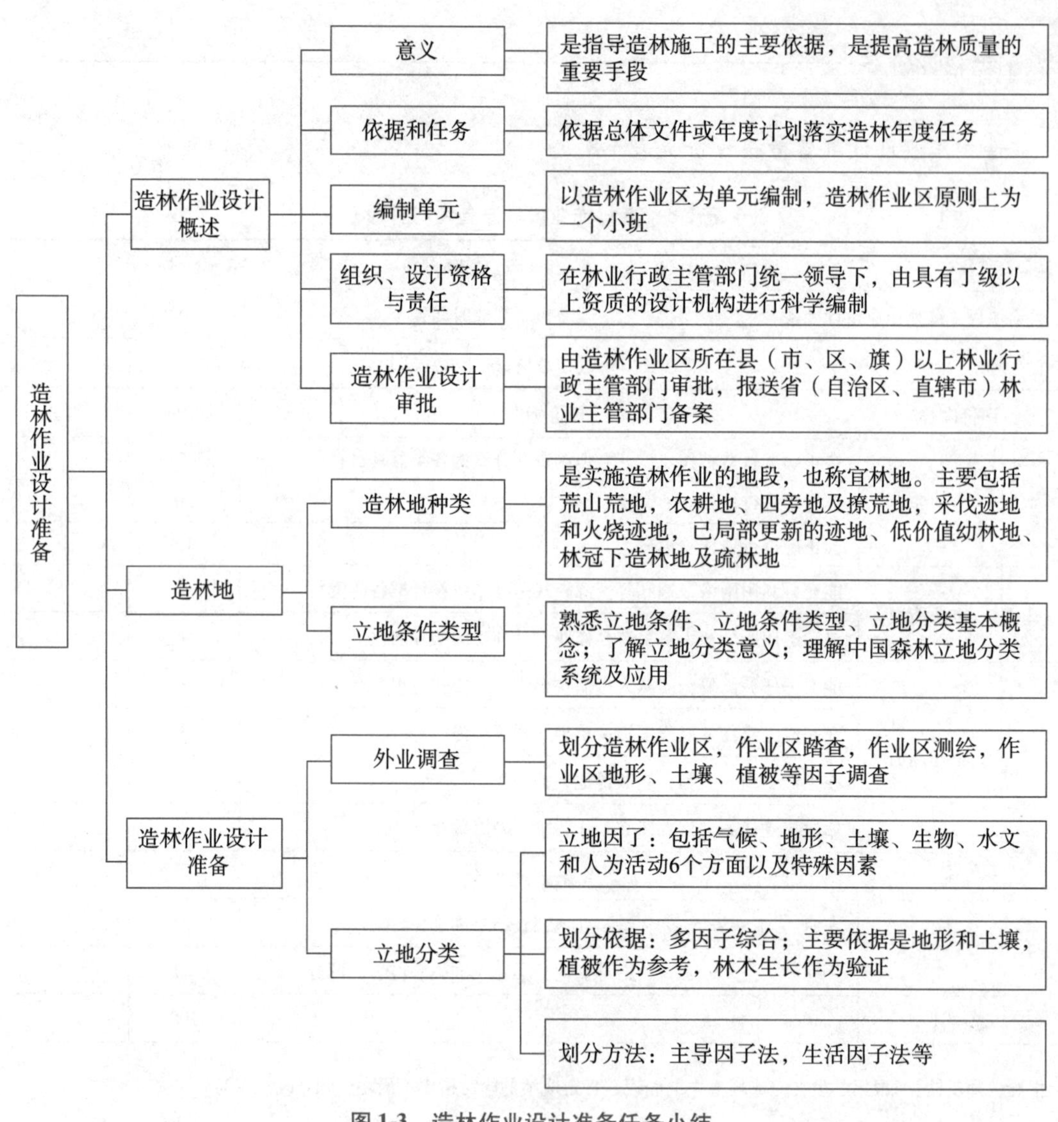

图 1-3　造林作业设计准备任务小结

自测题

一、名词解释

1. 造林地；2. 采伐迹地；3. 火烧迹地；4. 立地条件；5. 立地条件类型；6. 立地分类。

二、填空题

1. 造林作业设计的依据是造林任务量已落实到小班的(　　　　　　)、(　　　　　)、(　　　　)。

2. 造林作业设计以(　　　　　)为单元编制，原则上为(　　　　　)。当小班面积过大时，可划分为(　　　　)细班，每个细班为一个造林作业区。

3. 立地是指林业用地上体现(　　　　)、(　　　　)、(　　　　)、(　　　　)、(　　　　)、(　　　　)、(　　　　)等对森林生长有重大意义的生态环境因子的综合。

4. 造林作业区由(　　　　)负责选择，由(　　　　)进行指导，依据(　　　　)及(　　　　)、(　　　　)选择造林作业区，将任务落实到各个造林作业区。

5. 踏查的主要内容包括：(　　　　)或(　　　　)是否变更、(　　　　)的设计内容是否合理。

6. 划分立地类型的依据为(　　　　)；主要依据是(　　　　)和(　　　　)，(　　　　)作为参考，(　　　　)作为验证。

7. 主导因子法划分立地条件类型的优点是：(　　　　)，实际应用广；缺点是：(　　　　)，难以反映具体情况；改进措施：(　　　　)(聚类分析，主分量分析，判别分析)归并立地因子。该分类方法较适宜(　　　　)。

三、选择题

1. 造林作业设计由具有(　　)以上设计或咨询资质的单位或机构承担。

A. 甲级　　B. 乙级　　C. 丙级　　D. 丁级

2. 疏林地指林木稀疏，郁闭度(　　)的造林地。

A. <0.3　　B. <0.4　　C. <0.2　　D. ≤0.2

3. 詹昭宁等在《中国森林立地分类》中提出的立地分类系统，将立地区划和分类单位组成同一分类系统，划分为(　　)级，前(　　)级是区划单位，后(　　)级是分类单位。

A. 6，3，3　　B. 5，3，2　　C. 6，4，2　　D. 6，2，4

4. 张万儒等在《中国森林立地》中提出的立地分类系统，包括(　　)级在内的(　　)个基本级和若干辅助级。

A. 1，5　　B. 0，5　　C. 1，6　　D. 0，4

5. 作业区边界不规则时可采用罗盘仪闭合导线测量法，闭合差不大于(　　)。

A. 1%　　B. 2%　　C. 0.5%　　D. 没要求

6. 作业区边界不规则时如采用经过差分纠正的全球定位系统(GPS)接收机测量，面积误差不超过(　　)。

A. 1%　　B. 5%　　C. 10%　　D. 95%

7. 生活因子划分立地类型较适用于(　　)。

A. 山地　　B. 丘陵　　C. 平原地区　　D. 滩涂地

8. 主导因子划分立地类型较适用于(　　)。

A. 山地　　B. 丘陵　　C. 平原地区　　D. 滩涂地

四、判断题

1. 造林作业设计一般在县(市、区、旗)林业行政主管部门统一领导下，由乡镇(苏木)政府、县(市、区、旗)直属林场、乡镇林业站或相当于林场的企业、机构组织编制。(　　)

2. 当相邻或相近的数个小班其立地条件、经营方向、树种选择一致，而数个小班的

总面积不大时，也可合并为一个造林作业区。 （ ）

3. 相邻或相近的数个小班其立地条件、经营方向、树种选择一致时，且数个小班的总面积不大时，也应按划分为多个不同的造林作业区。 （ ）

4. 造林作业设计由造林作业区所在县(市、区、旗)以上林业行政主管部门审批。 （ ）

5. 没有造林作业设计的或设计尚未被批准的也可以施工。 （ ）

6. 造林作业设计一经批准，必须严格执行，不能变更。 （ ）

7. 没有生长过森林植被，或森林植被在多年前遭破坏，已被荒山植被更替，土壤失去了森林土壤的湿润、疏松、多根穴等特性的造林地，称为荒山荒地。 （ ）

8. 主要依据地形、土壤因子来划分立地类型的同时，条件许可的情况下，只要原始植被受破坏程度较轻，可利用植被作为划分立地类型的补充依据。 （ ）

五、简答题

1. 简述造林作业设计的意义？
2. 简述造林地种类及特点。
3. 简述怎样正确选择造林作业区。
4. 举例说明怎样用主导因子法进行立地分类。
5. 举例说明怎样用生活因子法进行立地分类。

任务 1.2 造林作业内业设计

任务描述

造林作业内业设计是造林作业设计的核心环节，包括造林技术设计、幼林抚育设计、辅助工程设计、种苗需求量计算、工程量统计、用工量测算、施工进度安排、经费预算、绘制造林作业设计图等内容。本任务以植树造林的实际工作任务为载体，以学习小组为单位，依据造林技术规程和造林作业设计技术规程，完成造林作业内业设计任务。本任务实施宜在实际的造林作业区和理实一体化实训室开展。

任务目标

1. 会正确进行造林技术设计、幼林抚育设计、辅助工程设计。
2. 会正确进行造林种苗需求量计算、工程量统计、用工量测算、施工进度安排、经费预算等。
3. 会绘制造林作业设计图。
4. 能独立分析和解决实际问题，吃苦耐劳，合理分工并团结协作。

知识链接

1.2.1 造林树种选择

1.2.1.1 造林树种选择的意义

造林树种和种源(或品种、类型)选择正确与否是人工造林成败及人工林效益能否正常发挥的关键。如果造林树种选择不当，造林后难以成活，即使造林成活，也难于成林、成材，致使造林地的生产潜力长期不能充分发挥，浪费了人力、物力、财力，贻误了时机，还会严重地延缓林业生产的发展。

我国是世界造林大国，人工林的数量占世界首位，据第九次全国森林资源清查，全国人工林保存面积达 0.79×10^8 hm^2，人工林在木材生产和发挥多种效益方面起到了极其重要的作用。但是，我国人工林的生产力依然不高，单位面积蓄积量低，为 42.59 m^3/hm^2，只相当于全国林分平均蓄积量 79.82 m^3/hm^2 的 53.4%。北方干旱地区栽植的杨树和南方丘陵地区栽植的杉木，有不少形成了“小老头”林。这与树种选择有很大的关系。

我国地域辽阔，立地千差万别，树种资源丰富且要求各异，因此应强调正确选择树种，做到适地适树。

1.2.1.2 造林树种选择的原则

(1)生态原则

首先，树种的生物学、生态学特性与造林立地条件相适应，即适地适树原则；其次，树种选择应具有多样性，根据经营目标，因地制宜地确定针叶树种和阔叶树种、乔木和灌木的合理比例，选择多树种造林，防止树种单一化。

(2)经济原则

满足国民经济建设对林业的要求，即根据森林主导功能和经营目标选择造林树种，优先选择生态目的和经济目的相结合的树种。

(3)林学原则

林学原则是指繁殖材料来源的广泛性、繁殖的难易程度、森林经营技术的成熟性等。

(4)稳定原则

优先选择优良乡土树种，慎用外来树种；选择稳定性好、抗性强的树种；对容易引起地力衰退的树种，种植 1 ~2 代后，应更换其他适宜造林树种，使选择的造林树种形成的林分长期稳定。

(5)可行性原则

造林应实行经济有利，现实可行的原则。

1.2.1.3 各林种造林树种选择

(1)用材林树种的选择

①速生性。树种生长速度快、成材早是选择用材树种的重要条件。我国森林资源严重不足，木材供应十分紧张，大力营造速生树种，解决木材供需矛盾，是具有战略意义的大事。我国的速生树种资源丰富，如桉树、杨树、相思类、杉木、马尾松、落叶松、油松、湿地松、柳杉、水杉、池杉、落羽杉、刺槐、泡桐、檫树、毛竹等都是很前途的速生用材树种。

②丰产性。即树种单位面积的蓄积量高。一般树种树形高大，相对长寿，材积生长的速生期维持较长，冠幅小，又适于密植，是获得单位面积木材丰产的重要条件。丰产性与速生性既有联系又有区别。有些树种既能速生，又能丰产，如杉木、桉树、杨树、马尾松、相思树；有些树种只能速生，难以丰产，如苦楝、泡桐、檫树、刺槐；还有些树种，如红松、云杉等是有丰产的特性，但不够速生，如果以培育大径材为目标，在采取适当的培育措施之后，这些树种也可取得相当高的生产率，有时还可以超过某些速生树种。

③优质性。良好的用材树种应该具有树干通直、圆满，分枝细小，整枝性能良好等优良特性，且应具有良好材性。木材的用途不同，要求木材的材性也不一样。如一般的用材要求材质坚韧、纹理通直均匀、不翘不裂、不易变形、便于加工、耐磨、抗腐蚀等；家具用材还进一步要求材质致密、纹理美观、具有光泽和香气等；造纸用材则着重要求木材的纤维含量高、纤维长度长等。

在营造人工林时，应尽量选择同时具有速生、丰产、优质特性的树种，但没有一个树种是十全十美的，因此，在选择时应全面分析比较，根据立地条件选择一些木材质量优良、但不具有速生特性的珍贵树种，并重视优良种源的选择。

(2)经济林树种的选择

经济林必须选择生长快、收益早、产量高、质量好、用途广、价值大、抗性强、收获期长的优良树种。由于利用部位不同，选择时应着重考虑各产品的具体要求，注意选择具有良好经济性状的品种或类型。如对木本油料树种必须要求结果早、产量大、含油量高和油质好。又如木栓树种如栓皮栎、杜仲等，要求其木栓层厚，易于剥取及恢复，木栓质量好。总之，经济林树种选择既要重视“早实性”，更要重视“丰产性”和“优质性”。与用材树种一样，经济林树种选择也应重视品种或类型的选择。

(3)能源林树种的选择

能源林树种选择要求速生，生物量大，繁殖容易，萌蘖力强，易燃，火旺，适应性强，并还应考虑其木材在燃烧时不冒火花，烟少，无毒气产生等特点。

(4)防护林树种的选择

防护林的树种一般应具有生长快，郁闭早，寿命长，防护作用持久，根系发达，耐干旱瘠薄，繁殖容易，落叶丰富，能改良土壤等条件。但由于各种防护林的防护对象不同，对选择树种的要求也不一样。

营造农田、苗圃和草(牧)场防护林的主要树种应具有树体高大、树冠适宜、深根性等特点；果园等防护林树种应具有隔离防护作用且没有与果树有共同病虫害或是其中间寄主；风沙地、盐碱地和水湿地区树种应分别具有相应的抗性；在干旱、半干旱地区可分别优先选用耐干旱的灌木树种、亚乔木树种；严重风蚀、干旱地区，要注意选择根系发达、耐风蚀、耐干旱的树种。

(5) 特种用途林树种的选择

特种用途林的树种应根据不同造林目的进行选择。实验林和母树林可根据实验和采种(条)的需要分别选择适宜的造林树种。名胜古迹和革命圣地也应根据不同的特点选择造林树种。疗养区周围营造以保健为主要目的人工林，如能挥发具有杀菌物质和美化环境的树种，大部分松属及桉属的树种都具有这种性能。厂矿周围，特别是在有毒气体(SO_2、HF、Cl_2 等)产生的厂矿，注意选择抗污染性能强又能吸收污染气体的树种。在城市附近为了给人民提供旅游休憩的场所，除了树种的保健性能外，还应考虑美化、香化、彩化的要求及游乐休憩的需要，且能用不同树种交替配置，相映成趣，而不要形成呆板的环境。环境保护林、风景林的树种，除了具有上述特性外，同时还应具有较大的经济价值，使园林绿化与经济效益紧密结合起来。

1.2.2 造林密度与种植点配置

1.2.2.1 造林密度

(1) 造林密度的意义

造林密度是指单位面积造林地上栽植(播种)的点(穴)数。或造林设计的株行距，通常以每公顷多少株(穴)表示。在规划设计及施工时确定的密度，称为初植密度。

造林密度影响到林分的生长、发育、稳定性，林分的产量、质量和生态效益，造林成本、种苗量、整地工程量、后期抚育管理工作量，以及资金投入。

研究造林密度意义，在于充分了解各种密度所形成的群体，以及该群体内个体之间的相互作用规律，从而使林分整体在发育过程中，结合人为措施控制始终形成合理的群体结构。

这种合理的群体结构使个体有充分的发育空间，最大限度地利用营养空间，又使群体影响环境、协调各生态因子相互作用的优势得到充分的发挥，达到林分高生产力、高稳定性、高生态效益的目的。

(2) 确定造林密度的原则

以密度的作用规律为基础，以经营目的、造林树种、立地条件为主要考虑因子，使林木个体之间对生活因子的竞争抑制作用达到最小，个体得到最充分的发育并在较短的时间内使林分的生物量达到最大，保证树种在一定的立地条件和栽培条件下，根据经营目的能取得最大生态效益、经济效益和社会效益。

①经营目的。经营目的体现在林种和材种上。林种、材种不同，在培育过程中所需的群体结构不同，林分的密度也应不同，故确定造林密度应考虑不同林种、材种对群体结构的需要。

用材林要求林分形成有利于主干生长的群体结构，造林密度不宜太疏，也不宜太密，要根据材种确定适宜的造林密度。培育大径材造林密度宜小，或先密后疏，使林木个体有较大的营养空间；培育中小径材，可适当密些。

果用经济林要求树冠充分见光且原则上在培育过程中不间伐，造林密度宜小；皮用经济林的产量与树干的大小相关，故与用材林相似；叶用经济林要求密植，以迅速获得较大的生物量。能源林也要求迅速获得较大的生物量，故应密植。

防护林也要求迅速获得较大的生物量，以更好地发挥防护作用，通常应密植。但因防护林类型不同而有差异。水土保持林和防风固沙林要求林分迅速覆盖林地，宜形成乔灌混交的复层结构，乔木、灌木的总密度要大；农田防护林应根据林带疏透度的要求确定适当的密度。

总而言之，不同林种相比较，果用经济林宜疏，用材林居中，防护林和能源林宜密。但必须注意，无论疏密都存在合理密度的问题。

②树种特性。林分密度的大小与树种的喜光性、速生性、干形、分枝特点、树冠大小和根系特征等一系列特性有关。一般而言，喜光树种宜稀，耐阴树种宜密；速生树种宜稀，慢生树种宜密；干形通直树种宜稀，干形不良树种宜密；分枝小、自然整枝良好树种宜稀，分枝大、自然整枝不良树种宜密；树冠宽阔树种宜稀，树冠狭窄树种宜密；根系庞大树种宜稀，根系紧凑树种宜密。当然，以上仅就树种某一方面特性而言，合理确定密度应综合考虑树种的上述特性。现列出一些主要造林树种的造林密度（表1-9）供参考。

③立地条件。在较为湿润的地区，从单位面积上能容纳一定径阶的林木株数多少来看，立地条件好的地方能容纳多些，立地条件差的地方则少。但从经营的角度来看却正好相反，立地条件好的地方林木生长快，且适宜培育大径材，造林密度应小些；反之，在立地条件差的地方林木生长慢，适宜培育中小径材，造林密度应大些。

北方没有灌溉条件的干旱、半干旱地区的造林，干热（干旱）河谷等生态环境脆弱地带和风沙危害重地区的造林，因降水资源少应适当疏植；湿润、半湿润水土流失地区，热带、亚热带岩溶地区，降水资源较多可适当密植。

表1-9　主要造林树种的造林密度

株/hm^2

树　种	生态公益林	商品林	树　种	生态公益林	商品林
红松	2200～3000	3300～4400	杉木	1050～4500	1650～4500
落叶松	1500～3300	2400～5000	水杉、池杉、落羽杉、水松	1500～2500	1500～2500
樟子松	1000～2500	1650～3300	香樟	600～860	625～6000
云杉、冷杉	1667～6000	2000～6000	檫木	667～1650	600～900
侧柏、柏木	1111～6000	1111～6000	桉树	1200～2500	1200～2500
油松、白皮松、黑松	1111～5000	1111～5000	相思类	1200～3300	1200～3300
核桃楸、水曲柳、黄波罗	625～3300	500～6600	木麻黄	1500～2500	2400～5000

（续）

树　种	生态公益林	商品林	树　种	生态公益林	商品林
杨树	250～3300	156～3300	花椒	1650～3300	600～1600
刺槐	1000～6000	833～6000	沙棘、紫穗槐、山皂角、枸杞	800～3300	1650～3300
泡桐	400～900	195～1500	柽柳、沙柳、毛条、柠条	1000～5000	1240～5000
枫香、元宝枫、五角枫、黄连木、漆树	625～1500	400～833	山桃、山杏	350～1000	833～1000
马尾松、华山松、黄山松	1200～3000	3000～6750	毛竹	450～600	278
云南松、思茅松、高山松	1667～3300	1667～6750	大型丛生竹	500～825	278
火炬松、湿地松	900～2250	833～1200			

注：摘自《造林技术规程》(GB/T 15776—2016)。

④*造林技术*。整地细致、苗木质量好、抚育管理及时到位，林木生长就快，就应相对疏植；反之，林木生长就慢，就要求相对密植。但采用短轮伐期培育小径材的纤维用材林和能源林，虽采取高度集约的栽培措施，还是要密植。

⑤*经济因素*。选择合理密度时应计算投入产出比，选择投入产出比最合理的造林密度。这需要投资者根据现代技术经济分析的原理，采用动态分析的方法预测各种造林密度林分未来的经济效益。如小径材有销路，也有实施早期间伐的交通、劳力及机械条件，经济上也合算，那么就可采用较大的造林密度；如小径材间伐经济上不合算或条件不能满足，则密度应小些，甚至以主伐时的密度作为造林密度。如果是农林结合、立体经营，则造林密度还必须以实现林产品和农产品最大综合效益作为权衡的标准。

(3)确定造林密度的方法

①*经验法*。对过去人工造林的密度进行调查，判断其合理性和进一步调整的方向和范围，从而确定在新的条件下采用的初始密度和经营密度。此法随意性较大，需要使用者有足够的理论知识及生产经验。

②*试验法*。通过不同密度的造林试验结果确定合适的造林密度及经营密度，此法准确可靠，但受时间和树种多样性的影响，不易普及，只能对几个主要造林树种在其典型的生长条件下进行密度试验，且通过密度试验得出的是密度作用的生物规律，实际指导生产的密度范围，还要作进一步的经济分析。

③*调查法*。调查不同密度下林分的生长发育状况，取得大量数据后进行统计分析，计算各种参数确定造林密度。此法较易操作，使用较广泛，已得到了不少有益的成果。调查的重点项目有：树冠扩展速度与郁闭期限的关系，密度与直径关系，初植密度与第1次疏伐开始期及当时的林木生长大小的关系，密度与树冠大小、直径生长、个体体积生长的关系，密度与现存蓄积量、材积生长量和总产量的相关关系等。掌握这些规律之后，就不难

确定造林密度。

④密度管理图(表)法。某些主要造林树种，已进行了大量的密度规律的研究，并制定了各种地区性的密度管理图(表)，可通过查阅相应的图(表)确定造林密度。如第 1 次间伐时要求达到的径级大小，在密度管理图(表)中查出长到这种大小且疏密度高于 0.8 以上时的对应密度，以此密度再增加一定数量，以抵偿生长期可能出现的平均死亡率。

1.2.2.2 种植点配置和数量计算

种植点的配置，是指播种点或栽植点在造林地上的间距及其排列方式。同种造林密度可以由不同的配置方式来体现，从而形成不同的林分结构。合理的配置方式，能够较好地调节林木之间相互关系，充分地利用光能，使树冠和根系均衡地生长发育，达到速生、丰产的目的。因此，配置方式同样具有一定的生物学和经济上的意义。

(1)种植点配置

①行状配置。这种配置可使林木较均匀地分布，能充分地利用营养空间，树干发育较好，也便于抚育管理，目前应用最为普遍。行状配置种植行走向，平地造林时宜南北走向，坡地造林时宜选择沿等高线走向，风害严重地区造林时宜与主风向垂直。行状配置又可分为以下 3 种方式(图 1-4)。

a. 正方形配置：株、行距相等，种植点位于正方形的顶点。这种配置栽植和管理都较方便，植株分布和林木生长发育比较均匀、整齐，多适用于平地或缓坡地营造用材林和经济林。

b. 长方形配置：行距大于株距。这种配置有利于行间抚育和间作，便于施工和机械作业。但林木发展不够均匀，株间郁闭早，行间郁闭晚，在株行距相差悬殊的情况下，往往出现偏冠，影响树干的圆满度。山地上长方形配置时种植行的方向应与等高线一致；在风沙地区，行的方向应与主要害风方向垂直；平原地区，南北方向的行比东西方向的行更有利于充分利用光能。

c. 三角形配置：其行间的种植点彼此错开，也称品字形配置。营造水土保持林、防风固沙林，往往采用三角形配置。这种配置有利于树冠均匀发育和发挥防护作用。特别是正三角形配置，株与株之间的距离最均匀，对光照的利用最充分，并且行距小于株距，在株距相同的条件下，株数可比正方形配置多栽 15%。正三角形配置最适用于平地和不进行间伐的经济林、果树栽培和园林绿化等。在山地营造用材林，用这种配置施工比较困难，在间伐后，这种配置方式难于保持，故应用较少。

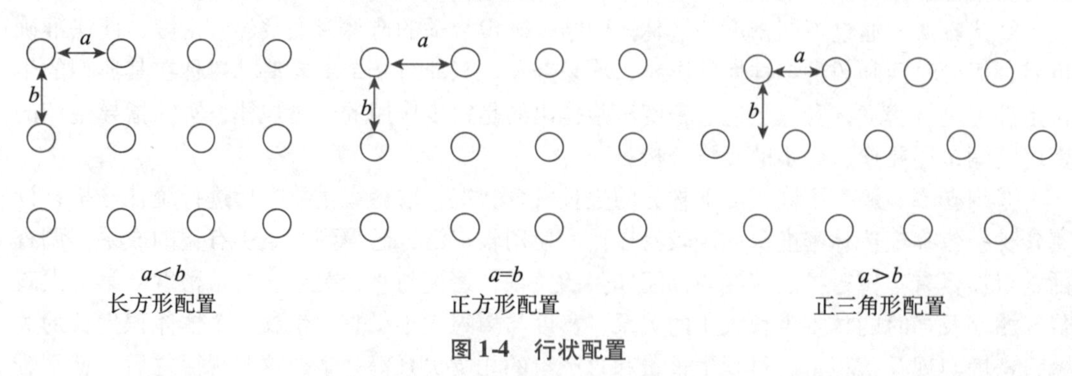

图 1-4 行状配置

②群状配置。也称簇式配置、植生组配置(图 1-5)。植株在造林地上呈不均匀的群(簇)分布，群内植株密集(间距很小)，而群与群之间的距离较大。群的大小从环境需要出发，从 3 ~5 株到十几株或更多。群的排列可以是规整的，也可以是不规则的排列。这种配置方式可使群内迅速郁闭，有利于抗御外界不良环境因子的危害，但对光能利用及林木生长发育等方面均不如行状配置。一般在防护林营造、立地条件很差的地区造林、迹地更新及低价值林分改造或风景林的营造上有一定的应用价值。

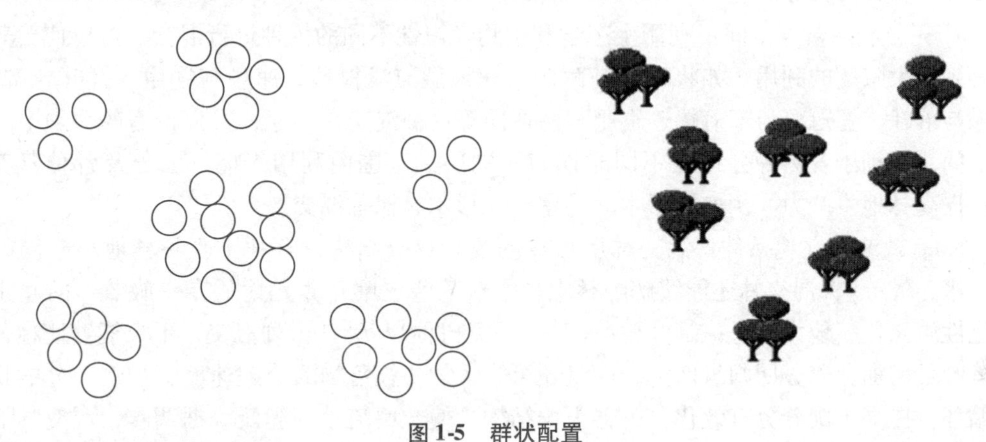

图 1-5 群状配置

(2)种植点数量计算

种植点的配置方式及株行距确定以后，单位面积种植点的数量可以根据株行距大小和配置形式用计算，见表 1-10。

表 1-10 单位面积种植点数量的计算公式

配置方式	正方形	长方形	正三角形	说 明
计算公式	$N=\frac{A}{a^2}$	$N=\frac{A}{ab}$	$N=\frac{A}{0.866a^2}$ $=1.155\times\frac{A}{a^2}$	N——株数； A——面积，m^2； a——株距，m； b——行距，m

如果采取群丛植树法，则分别用上述公式再乘以每群的株数。

必须指出，造林地面积是指水平面积，株行距也是指水平距离，在山地或坡地造林定点时，行距应按地面的坡度加以调整。

1.2.3 树种组成设计

1.2.3.1 混交林特点及应用条件

(1)基本概念

①人工林组成。构成林分的树种及其所占的比例。

②纯林。由一种树种组成，或虽由多种树种组成，但主要树种的株数或断面积或蓄积量占总株数或总断面积或总蓄积量65%（不含）以上的森林，称为纯林。

③混交林。由两种或两种以上树种组成，其中主要树种的株数或断面积或蓄积量占总株数或总断面积或总蓄积量的65%（含）以下的森林，称为混交林。

（2）混交林的特点

①混交林的优势。

a. 充分利用营养空间：利用生态学和生物学习性不同的树种进行混交，可以使营养空间得到最大限度的利用。如将喜光与耐阴、深根型与浅根型、速生与慢生、针叶与阔叶、常绿与落叶、宽冠幅与窄冠幅、喜肥与耐瘠薄等树种混交在一起，可以占有较大地上、地下空间，有利于各树种分别在不同时期和不同层次范围内利用光能、水分及各种营养物质，提高林地生产力。例如，杉木×马尾松、杉木×枫香混交。

b. 有效改善立地条件：混交林所形成的复杂林分结构，有利于改善林地小气候（光、热、水、气等）；混交林还能缓解纯林中林木对某些土壤营养元素的专一吸收，防止土壤理化性质恶化、地力衰退；阔叶树（尤其是固氮树种）与针叶树种混交，不仅能够使林分总的落叶量增加，养分回归量增大，而且还可大大加快枝落物的分解速度，加快养分的积累和循环，提高土壤养分有效化，改善土壤结构，使土壤疏松、肥沃。据调查，混交林下土壤腐殖质含量比纯林多10%～15%，有效磷多15%～20%。大量的研究表明，沙棘是一种良好的肥料树种，据辽宁省农业科学院水土保持保研究所测定，在小叶杨与沙棘混交林中土壤的含氮量较小叶杨的纯林高，其增加幅度为1.04%～12.38%，有机质增加8.95%～27.83%。混交林中的小叶杨叶片含氮量较毗邻的纯林高33.63%。

c. 提高林分产量和质量：不同生物学特性的树种适当混交，能充分地利用营养空间，有效地提高单位面积产量。据俞新妥等报道，南方14省（自治区、直辖市）的混交组合中，以杉木为主的9种，以松树为主的11种，以阔叶树为主的25种，木材的单位面积产量均比纯林提高20%以上，多的达1～2倍。如福建省华安金山国有林场7年生的红椎杉木混交林，总蓄积量明显高于同龄红锥和杉木纯林（表1-11）。

表1-11　7年生混交林与纯林生长情况

林分类型	树种	保存密度（株/hm^2）	树高（m）	胸径（cm）	冠幅（m）	枝下高（m）	单株材积（m^3）	蓄积量（m^3/hm^2）
红锥纯林	红锥	3510	7.10	6.70	2.40	1.75	0.0137	48.09
混交林（7杉3锥）	红锥	1090	7.64	7.15	2.58	2.54	0.0167	18.20
	杉木	2548	6.50	7.85	2.15	2.36	0.0174	44.34
	小计	3640	—	—	—	—	—	62.54
杉木纯林	杉木	3680	5.65	6.90	1.80	2.00	0.0119	43.79

注：摘自蒋家淡《红锥杉木混交造林效果研究》，2002。

在搭配合理的混交林中，不仅产量提高，而且由于有伴生树种的辅佐作用，主要树种的主干圆满通直，自然整枝迅速，干材质量好。此外，不同树种混交还有利于生产多种林

产品，使长远利益与当前利益结合起来。

d. 提升生态效益和社会效益：当前生态效益已成为森林的主要功能，而混交林在保持水土、涵养水源、防风固沙、净化大气、退化生态系统恢复等方面的效益更为显著。混交林的林冠结构复杂、层次较多，拦截降水能力大于纯林，对害风风速的减缓作用也较强。林下枯枝落叶层和腐殖质较纯林厚，林地土壤质地疏松，持水能力与透水性较强，加上不同树种的根系相互交错，分布较深，提高了土壤的孔隙度，加大了降水向深土层的渗入量，因此减少了地表径流和表土的流失。如河南大别山26°南坡同条件的马尾松麻栎混交林与马尾松纯林相比，在一次降水持续4.5 h，降水量115.9 mm的条件下，混交林的径流系数为20%，纯林为40%。

混交林可以较好地维持和提高林地生物多样性。由于混交林有类似天然林的复杂结构，为多种生物创造了良好的繁衍、栖息和生存的条件，从总体来说林地的生物多样性得到了维持和提高。配置合理的混交林还可增强森林的美学价值、游憩价值、保健功能等，使林分发挥更好的社会效益。

e. 增强抗灾害能力：由多树种组成的混交林系统食物链较长，营养结构多样，有利于各种动物栖息和寄生性菌类繁殖，使众多的生物种类相互制约，因而可以控制病虫害的大量发生。如广西柳州沙塘林场近30年来多次经历过马尾松毛虫的危害，马尾松纯林的针叶曾多次被啃光，针阔混交林内虽也受到危害，但危害较轻，依然有大量的针叶。

针阔混交林的林冠层次多，枝叶互相交错，根系较纯林发达，深浅搭配，且在干热季节林内温度较低，湿度较大，所以抗风、抗雪和抗火灾能力较强。

f. 提高造林成效：由于混交林树种之间的相互辅佐和防护作用，一些营造纯林生长差的树种能通过混交获得成功。樟树、檫树、红豆树、青冈栎等珍贵阔叶树种纯林，产量一般很低，而营造混交林能取得较好的造林效果。如杉木与檫树混交，不仅促进了杉木的生长，也使檫树生长良好，解决了檫树纯林病虫害多、树皮易溃疡、生长不良的问题。又如，广西高峰林场1965年营造的杉木纯林生长较差，而混交林环境湿度较利于杉木生长，在单位面积株数减少的情况下，混交林中杉木的蓄积量仍高于纯林(表1-12)。

表1-12 广西高峰林场东升分场杉木混交林生长情况

地点	林分类型	树种组成	年龄(年)	株数(株/hm^2)	蓄积量(m^3/hm^2)	总蓄积量(m^3/hm^2)
1号地	混交林	杉木	19	101	210.13	283.44
		马尾松	19	33	3.31	
	纯林	杉木	19	133	188.74	188.74
2号地	混交林	杉木	19	41	115.62	193.52
		马尾松	19	21	77.90	
	纯林	杉木	19	71	103.31	103.31

②混交林的局限性。与纯林相比，混交林也有一定的局限性，主要表现在以下方面：

a. 造林技术复杂：混交林的造林技术比纯林复杂，培育难度较大。混交林选择造林树种时不仅要做到地树相适，还要做到树种间关系协调；在造林施工时要根据混交方法分配好苗木；在出现种间矛盾后既要调节好种间矛盾，又要保持良好的混交状态。凡此种种，培育难度增大。特别是我国对培育混交林的科学研究和生产实践历史较短，对混交林树种间关系和林分形成规律等方面尚缺乏深入的认识，在实际工作中往往没有充分把握。相比之下，营造纯林的技术比较简单，容易施工，在培育短轮伐期的速生人工林时这一优势更明显。

b. 要求立地条件较高：在立地条件较差的造林地上，能良好生长的乔木树种本来就少，而在有限的树种中树种间关系协调的树种就更少，很难做到合理搭配树种。

此外，不少人的观点认为，由于混交林中单位面积上目的树种株数减少，其产量可能较纯林降低。不过，在混交林营造的实践中，也不乏混交林中目的树种产量比纯林高的事例，如广西合浦林科所试验，采用株间混交营造的 6 年生樟树台湾相思树混交林和樟树木麻黄混交林，每公顷总蓄积量分别为 76.9 m^3 和 105.3 m^3，均高于樟树纯林（25.0 m^3），而混交林中樟树的蓄积量分别为 27.9 m^3 和 24.6 m^3，略高于或稍低于樟树纯林。因此，只要树种搭配合理、比例适当，主要树种的经济出材率不会受到明显的影响。

(3) 混交林的应用条件

一般在营造混交林时，应考虑下列具体条件：

①造林目的。生态公益林强调最大程度地发挥森林的防护作用和观赏价值，应营造混交林；用材林要求将木材收益与生态效益很好地结合起来，所以用材林只要条件允许应尽量多造混交林。果用经济林要求树冠充分见光，一般不宜营造混交林（除非是短期混交）。

②立地条件。特殊的造林地，如沙荒地、盐碱地、水湿地、高寒山区或极端贫瘠的地方，只有少数树种能够适应，一般不适合营造混交林。

③树种特性。某些树种直干性强，生长稳定，天然整枝能力良好，单产高，甚至在稀植的条件下，这些优良特性也能表现得很突出，对这类树种可营造纯林，也可营造混交林；有些树种造纯林容易发生虫害（如马尾松、檫树等），还有一些阔叶树种造纯林树木多分杈、干形较差，则应混交造林，特别应营造针阔混交林。

④经营条件。集约经营人工林，可通过人为的措施来干预林分的生长，故不宜多造混交林。而在经营条件差的地区，则主要通过生物措施促进林分生长，如防止病虫害、防火、改善土壤、抑制杂草生长等，应多营造混交林。

1.2.3.2 混交林的营造

混交林的生态效益和社会效益日趋凸显，营造混交林成为人类造林史上的热点问题。我国《造林技术规程》（GB/T 15776—2016）指出："为提高人工林的抗逆性能和综合效益，维护和提高林地生产力，应因地制宜地营造混交林。""除国家特别规定的灌木林地区范围外，营造生态公益林混交林的比重应占生态公益林年度作业设计总面积的 30% 以上。"然而，营造混交林毕竟不同于营造纯林，营造混交林不仅要确定合理的造林密度和种植点配置方式，而且要选择好混交树种、确定合理的混交比例和混交方法、调控好种间关系。

(1)种间关系

①种间关系的实质。种间关系是指生长在一起的两个以上树种通过相互作用对另一方生长发育、生存所产生的利害关系，其实质是一种生态关系。

②种间关系的表现形式。混交林中树种间的相互作用，没有绝对的有利，也没有绝对的有害，最终表现为有利为主(互助、促进)和有害为主(竞争、抑制)2 种情况，树种间这种利害关系具体有 5 种表现方式：A 树种促进 B 树种或反之；A 树种压抑 B 树种或反之；A、B 两个树种相互促进；A、B 两个树种相互排斥；A 促进 B 但 B 排斥 A 或反之。如杉木与檫树混交，一方面存在对水分和养分的竞争；另一方面檫树为杉木提供有利的小气候条件和改良土壤，杉木则促进檫树自然整枝和减轻树皮溃疡，最终表现的是有利为主。

不同树种间的利害关系是随时间、环境和其他条件而变化的。如桉树与樟树混交，初期桉树为樟树适度遮光，种间关系表现为有利；但随着年龄的增大，樟树对光照的要求大增加，而桉树的遮光度却越大，对樟树生长产生压抑作用。

③种间关系的作用方式。种间关系的作用方式可分为两大类，即直接作用和间接作用。直接作用是指植物间通过直接接触实现相互作用、相互影响的方式，间接作用是指树种间通过对生活环境的影响而产生的相互作用。具体有以下几种：

a. 机械作用方式：混交群落中一树种对另一树种造成的物理性伤害，如树冠、树干的撞击或摩擦，根系的挤压，藤本或蔓生植物的缠绕和绞杀等，为种间的直接作用。

b. 生物作用方式：不同树种通过杂交授粉、根系连生以及寄生等方式发生的一种直接作用。根系连生常被看作混交林种间关系的重要表现方式，但它只在近亲树种间可能实现。近年国内外学者研究表明，在共生相同菌根菌的树种间可以通过根系间菌丝的联结——菌丝桥从而实现根系间对水、碳水化合物、氮、磷等多种物质的相互交流，这种交流把植物间地下部分连接成一个整体。

c. 生物物理作用方式：一树种在其自身周围形成辐射场、热场等特殊的生物场，对接近这一生物场的其他树种产生影响的作用方式。

d. 生物化学作用方式(化感作用)：一种树种通过它产生并释放于环境中的生化物质对另一树种产生的直接或间接的促进或抑制作用。化感物质传播的途径有水的淋洗、植物体的分解、根系分泌、挥发及伤流等。常见的化感物质包括有机酸、单宁、酚类、醌类、萜烯类、甾类、激素等 14 大类。化感作用在大多数现实林分中不会成为主导因子，但有时也会起到主导作用，营造混交林必须引起重视。

e. 生理生态作用方式：树种通过改变林地的环境条件而彼此产生影响。合理的混交能改善造林地的小气候，改善土壤的物理状况和养分条件，从而为目的树种提供更为合理的光、热、水、气、养分条件，促进主要树种生长。如广西高峰林场马尾松与杉木混交，马尾松为杉木生长提供了有利的小气候，促进了杉木的生长。又如，马尾松与桤树混交，桤树使土壤变为疏松，提高了土壤的通气透水性能和营养供给能力，从而促进了马尾松的生长。

(2)混交林营造技术

①混交类型。

a. 混交林中的树种分类：混交林中的树种，依其所起的作用可分为主要树种、伴生树种和灌木树种 3 类。

● 主要树种。它是培育的目的树种，根据林种不同，或防护效能好，或经济价值高，或风景价值高。它在混交林中一般数量最多，种类有时是 1 个或 2~3 个，是林分中的优势树种。

● 伴生树种。它是在一定时期与主要树种相伴而生，并为其生长创造有利条件的乔木树种。它是次要树种，在林内数量上一般不占优势，主要起辅佐、护土和改良土壤等作用，同时也能配合主要树种实现林分的培育目的。

● 灌木树种。它是在一定时期与主要树种生长在一起，并为其生长创造有利条件的灌木。它是次要树种，在林内的数量依立地条件的不同而异，一般立地差灌木数量多，立地好则灌木数量少，主要作用是护土和改土，同时也能配合主要树种实现林分的培育目的。

b. 混交林的类型：是指主要树种、伴生树种和灌木树种人为搭配而成的不同组合。主要有以下 4 种类型。

● 主要树种与主要树种混交。又称乔木混交类型，它是两种或两种以上的目的树种混交。这种混交搭配组合，可以充分利用地力，同时获得多种经济价值较高的木材，并发挥其他有益效能。种间矛盾出现的时间和激烈程度，随树种特性、生长特点等不同。当两个主要树种都是喜光树种时，种间矛盾出现得早而且尖锐，竞争进程发展迅速，调节比较困难，也容易丧失时机。营造此种混交林应采用带状或块状混交，适当加大株行距，并及时调节种间关系。当两个主要树种分别为喜光和耐阴树种时，多形成复层林，如喜光树种生长快，种间的有利关系持续时间长，矛盾出现得迟，且较缓和，一般只是到了人工林生长发育的后期，矛盾才有所激化，因而这种林分比较稳定，种间矛盾易于调节。但是，如果喜光树种生长速度慢，则会受到压抑。

● 主要树种与伴生树种混交。又称主伴混交类型，这种树种搭配组合，林分的生产率较高，防护效能较好，稳定性较强，林相多为复层林。主要树种一般居第一林层，伴生树种位于其下，组成第二林层或次主林层；也有伴生树种居上层，主要树种居下层的，如杉木与檫树混交。此类型种间关系比较缓和，即使随着年龄的增大种间矛盾变得尖锐时，也比较容易调节。

● 主要树种与灌木树种混交。又称乔灌混交类型，目的是利用灌木起到保持水土和改良土壤的作用。这种树种搭配组合，树种种间关系缓和，林分稳定。混交初期，灌木可以给主要树种的生长创造各种有利条件，郁闭以后，因林冠下光照不足，耐阴性强的仍可继续生存，而当郁闭的林冠重新疏开时，灌木又可能在林内大量出现。主要树种与灌木之间的矛盾易于调节，在主要树种生长受到妨碍时，可对灌木进行平茬，使之重新萌发。多用于立地条件较差的地方，而且条件越差，越应适当增加灌木的数量。

● 主要树种、伴生树种与灌木树种混交。可称为综合性混交类型，兼有上述 3 种混交类型的特点。这种类型形成多林层的复层结构，防护效益好，多用于防护林。

以上 4 种混交类型各有特点，下面从经济价值、生态价值、营造难易程度、立地要求和应用 5 方面进行分析（表 1-13）。

表 1-13 不同混交类型应用性分析比较

项目		4 种混交类型的排列顺序(降序排列)
经济价值		乔木混交类型 > 主伴混交类型 > 综合混交类型 > 乔灌混交类型
生态价值		综合混交类型 > 乔木混交类型、主伴混交类型 > 乔灌混交类型
营造难易程度		乔木混交类型 > 综合混交类型 > 主伴混交类型 > 乔灌混交类型
立地要求		乔木混交类型 > 综合混交类型 > 主伴混交类型 > 乔灌混交类型
应用	用材林	乔木混交类型、主伴混交类型
	防护林	综合混交类型、乔灌混交类型
	经济林	主伴混交类型、乔灌混交类型
	能源林	综合混交类型、乔木混交类型、主伴混交类型、乔灌混交类型

②选择混交树种。混交树种泛指伴随主要树种生长的所有树种，包括与主要树种混交的另一主要树种、伴生树种和灌木树种。混交树种选择是营造混交林的关键，应遵循生态要求和生长特点与主要树种协调一致的原则。

混交树种的选择条件：应与主要树种有不同的生态要求；充分利用天然成分(更新幼树、灌木等)；有较高的经济价值和生态、美学价值；具有良好的辅佐、护土和改土作用(选择时可侧重于某一方面)，为主要树种生长创造良好的环境条件；具有较强的适应性、耐火和抗病虫害性，不与主要树种有相同病虫害；最好萌芽力强，容易繁殖，以便于调整和伐后恢复。

据南方 14 省(自治区、直辖市)混交林科研协作组报道，1980 年以来，在营造混交林试验中效果较好的组合包括：与杉木混交的有马尾松、柳杉、香樟、木荷、火力楠、毛竹等；与马尾松混交效果好的有杉木、栎类、栲类(如鬣蒴栲)、木荷、台湾相思、红锥(赤鬣)、黄连木、桉树等。

在北方的混交林营造试验中，混交效果较好的组合包括：红松与水曲柳、胡枝子等；油松与侧柏、栎类、刺槐、椴树、桦树、山杨、紫穗槐、沙棘、黄栌、胡枝子等；杨树与刺槐、沙棘、紫穗槐、胡枝子等混交。

③确定合理的混交比例。混交林中各树种所占的百分比，称为混交比例。混交比例直接关系到种间关系的发展趋向、林木生长状况及混交效果、经济效益、生态效益、社会效益的发挥。如檫树和杉木混交比例 1∶1，混交效果较差，原因是檫树早期速生，树冠扩展而抑制杉木生长。如杉木和檫树 3∶1 混交，效果就不错。一般来说，针叶树比例大则经济效益高，而生态和社会效益相对较低；反之，生态和社会效益高，而经济效益相对较差。因此，在营造混交林时，应确定合理的混交比例，使混交林后期各阶段的组成符合造林的要求，才能三方面效益兼顾，既取得较高的经济效益，又获得较高的生态和社会效益。

在确定混交比例时，要估计到未来混交林的发展趋势，保证主要树种始终处于优势。为此，主要树种的比例要大，因为个体数量是竞争的基础之一。对于竞争力强的树种，在不降低林分产量的前提下，可适当缩小混交比例。如以杉木、马尾松为主要树种的混交林较适合的混交比例有 7∶3 或 4∶1、3∶2。

④选择适当的混交方法。混交方法是指混交林中各树种在造林地上的排列形式。同一比例的混交林，可以采用不同的混交方法。混交方法由于影响到种间关系，因此是很重要的混交林营造技术手段。

a. 星状混交：是指一个树种的植株分散地与其他树种的大量植株栽种在一起，或栽植成行内隔株(或多株)的一个树种与栽植成行状、带状的其他树种依次配置的混交方法(图1-6)。

这种混交方法既能满足喜光树种扩展树冠的要求，又能为其他树种创造适度庇阴的生长条件和改良土壤，种间关系比较融洽，经常可以获得较好的混交效果。

目前星状混交应用的树种组合包括：杉木或锥栗造林，零星均匀地栽植少量檫木；刺槐造林，适当混交一些杨树；侧柏造林，稀疏地点缀在荆条天然灌木林中。

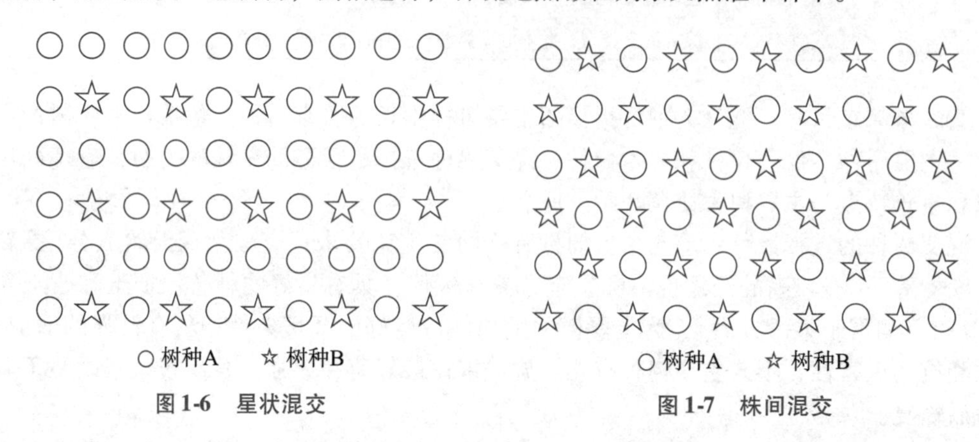

图1-6　星状混交　　图1-7　株间混交

b. 株间混交：又称行内混交、隔株混交，是指在同一种植行内隔株种植两个或两个以上树种的混交方法(图1-7)。株间混交，不同树种间开始出现相互影响的时间较早，如果树种搭配适当，能较快地产生辅佐等作用，种间关系以有利作用为主；若树种搭配不当，种间矛盾就比较尖锐，种间关系难调节。

c. 行间混交：又称隔行混交，是指一树种的单行与其他树种的单行依次种植的混交方法(图1-8)。

这种混交方法树种间的有利或有害作用一般多在人工林郁闭以后才明显出现。种间矛盾比株间混交容易调节，施工也较简便，是常用的一种混交方法。

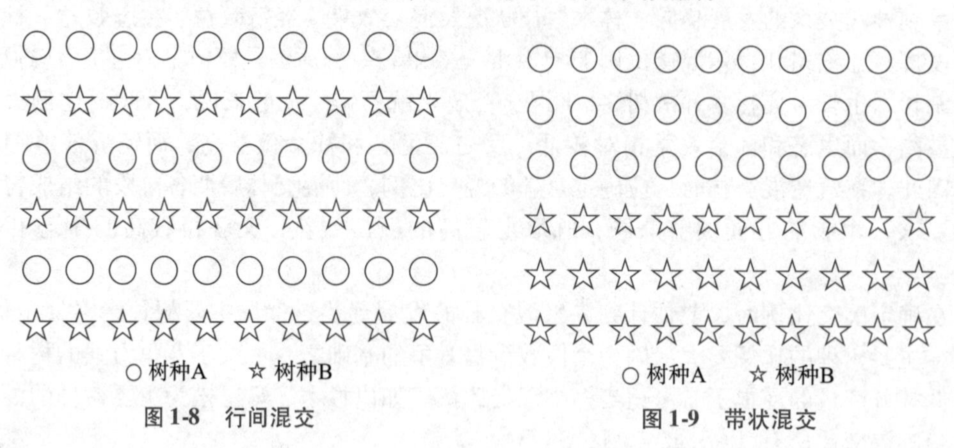

图1-8　行间混交　　图1-9　带状混交

d. 带状混交：是指一个树种连续种植2行以上构成的“带”，与其他树种构成的“带”依次种植的混交方法(图1-9)。带状混交的各树种种间关系最先出现在相邻两带的边行，带内各行种间关系则出现较迟。这样可以防止在造林之初就发生一个树种被另一个树种压抑情况，但也正因为如此，良好的混交效果一般也多出现在林分生长后期。带状混交的种间关系容易调节，栽植、管理也都较方便。带状混交不同树种种植带的行数可以相同，也可以不同。

e. 行带混交：是指一个树种连续种植2行以上构成的“带”，与其他树种的种植行依次种植的混交方法。这种介于带状和行间混交之间的过渡类型。它的优点是保证主要树种的优势，削弱伴生树种(或主要树种)过强的竞争能力(图1-10)。

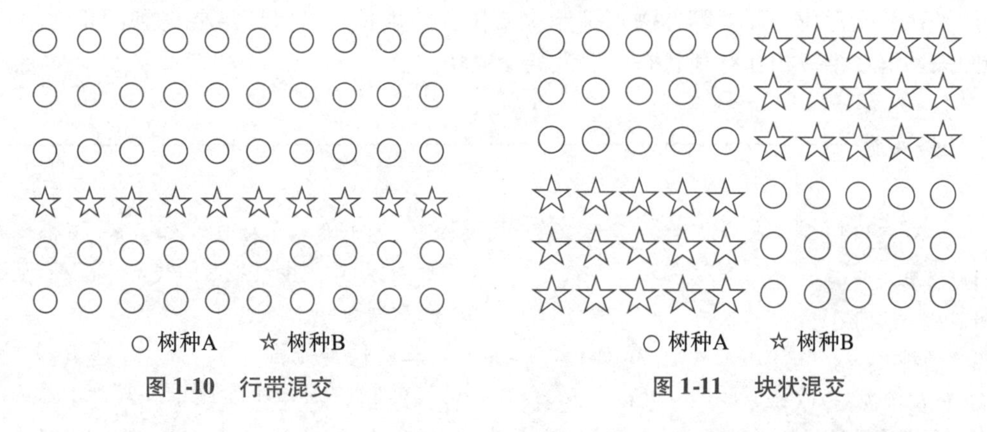

图1-10 行带混交

图1-11 块状混交

f. 块状混交：又称团状混交，是指将一个树种栽成一小片，与另一树种栽成一小片依次配置的混交方法(图1-11)。一般分成规则的块状混交和不规则的块状混交两种。

• 规则的块状混交。是指将平坦或坡面整齐的造林地划分为正方形或长方形的块状地，在相邻的地块上栽种不同的树种。块状地的面积，原则上不小于成熟林中每株林木占有的平均营养面积，一般其边长可为5～10 m。

• 不规则的块状混交。是指将山地按小地形的变化，在不同的地形部位分别成块栽植不同树种。这样既可以使不同树种混交，又能够因地制宜地安排造林树种，更好地做到适地适树。块状地的面积目前尚无严格规定，一般多主张以稍大为宜，但不能大到足以形成独立林分的程度。

块状混交可以有效地利用种内和种间的有利关系，种间关系融洽，混交的作用较明显，造林施工比较方便。

g. 植生组混交：是指种植点群状配置时，在一小块地上密集种植同一个树种，与相距较远的密集种植另一个树种的小块状地依次配置的混交方法。这种混交方法，块状地内同一树种，具有群状配置的优点，块状地间距较大，种间相互作用出现很迟，且种间关系容易调节，但造林施工比较麻烦。

⑤控制造林时间。混交林营造和抚育成功的关键，是处理好种间关系，使主要树种始终多受益少受害。因此，其培育过程的主要技术措施都要围着这个中心进行。慎重地选好主要树种、伴生树种及灌木树种，采取适宜的混交类型和方法，造林时通过控制造林时间、造林方法、苗木年龄、株行距等措施，调节种间关系。对竞争力强的树种，可用推迟造林或采用苗龄小的苗木造林，甚至采用播种造林，都可取得明显的效益。许多研究和实

践证明，生长速度相差过于悬殊的树种，或耐阴性显著不同的树种，采用相隔时间或长或短的分期造林方法，常可以收到良好的造林效果。如营造柠檬桉、窿缘桉等喜光速生树种时，可以先期以较稀的密度造林，待其形成林冠，能够遮蔽地面时再栽红锥、樟树、木荷等耐阴树种，使得这些树种得到适当庇阴，并居于林冠下层。

⑥抚育调控种间关系。通过以上控制调节，在相当长的时间可使种间关系维持相互有利的状态。但是随着年龄的增长，种间及个体之间的竞争将加剧，耐阴树种也仍有可能超过喜光树种而居于上层，影响混交林的稳定性和混交效果。因此，栽植后除了与纯林一样加强常规抚育管理之外，还要根据具体情况，有针对性地进行抚育调节，在生长过程中也可采用平茬、抚育伐、环剥等方法来抑制次要树种的生长，以保证主要树种的正常生长，使种间关系继续维持相互有利状态，保证混交成功。

任务实施

一、器具材料

1. 器具

计算机、绘图工具、计算器等。

2. 材料

《造林技术规程》（GB/T 15776—2016）、《主要造林树种苗木质量分级》（GB 6000—1999），造林作业区现状资料，林业生产作业定额参考表，各项工资标准，造林作业区的气象、水文、土壤、植被等资料等。

二、任务流程

造林作业内业设计流程如图 1-12 所示。

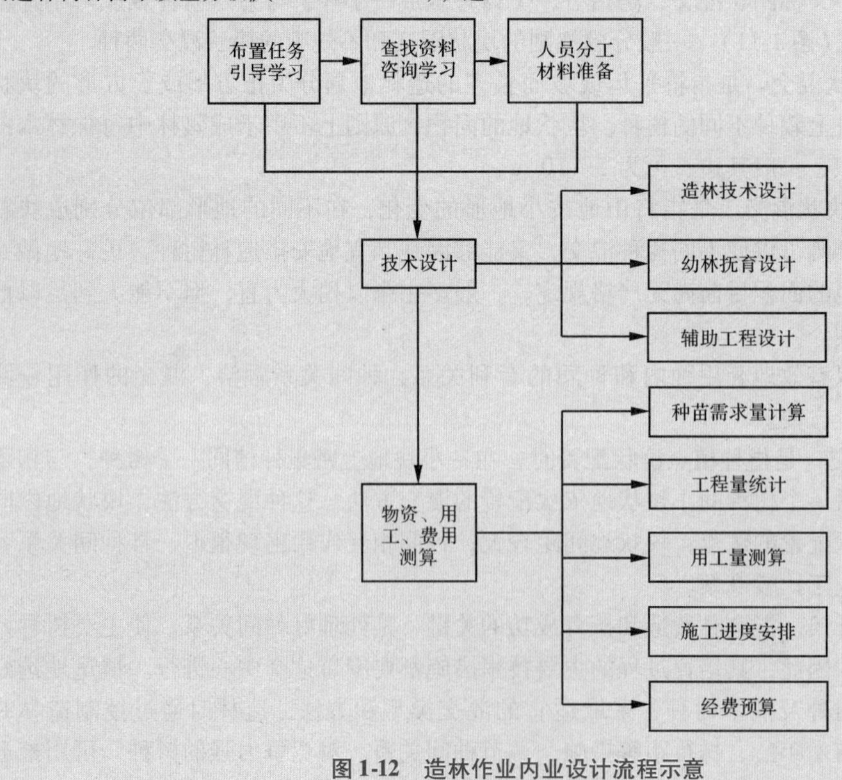

图 1-12　造林作业内业设计流程示意

三、操作步骤

1. 技术设计

（1）造林技术设计

根据总体设计等规划设计文件及造林作业区调查情况，对以下各点进行设计：

①林种、树种(草种)设计。满足国民经济建设对林业的要求，根据森林主导功能和经营目标，根据项目宗旨和工程区实际情况因地制宜地进行林种设计。树种(草种)设计应遵循生态、经济、林学、稳定、可行性原则，进行适地适树的调查研究，掌握"地"和"树"的本质，通过"选树适地或选地适树""改地适树""改树适地"等途径，科学选择树种。

②种苗设计。造林必须做好种苗设计，按计划为造林提供足够的良种壮苗，才能保证造林任务的顺利完成。造林所需种苗规格、数量，应根据造林年任务量和所要求的质量进行设计和安排。营造速生丰产用材林，应选用优良种源基地的种子培育的、并达到《主要造林树种苗木质量分级》(GB 6000—1999)规定的Ⅰ级苗木以及优良无性系苗木。其他造林应使用 GB 6000—1999 规定的Ⅰ、Ⅱ级苗木。营造经济林，执行《主要造林树种苗木质量分级》规定。容器苗执行《容器育苗技术》（LY/T 1000—2013)的规定。未制定国家标准的树种，应选用品种优良、根系发达、生长发育良好、植株健壮的苗木。

③造林方法设计。一般应根据林种、树种、苗木规格和立地条件选用适宜的栽植时间和栽植方法。穴植可用于栽植各种裸根苗和容器苗，缝植一般用于新采伐迹地、沙地栽植松柏类小苗，沟植主要用于地势平坦、机械或畜力拉犁整地的造林地造林。栽植时要保持苗木立直，栽植深度适宜，苗木根系伸展充分，并有利于排水、蓄水保墒。

④造林密度和种植点设计。乔灌木树种与草本、藤本植物的栽植配置(结构、密度、株行距、行带的走向等)，应依据林种、树种和当地自然经济条件合理设计。一般防护林密度应大于用材林，速生树种密度小于慢生树种，干旱地区密度可较小一些。密度过大固然会造成林木个体养分、水分不足而降低生长速度，但密度过小又会造成土地浪费，单位收获量下降。造林密度确定后，应依据造林作业区自然条件和林种、树种合理设计配置方式，促进形成合理林分结构。

⑤整地方式与规格。整地设计要根据林种、树种不同，视造林地立地条件差异程度，因地制宜地设计整地方式、整地规格等。除南方山地和北方少数农林间作造林用全面整地外，多为局部整地。在水土流失地区，还要结合水土保持工程进行整地。在干旱地区，一般应在造林前 1 年雨季初期整地。通过整地保持水土，为幼树蓄水保墒，提高造林成活率。整地规格应根据苗木规格、造林方法、地形条件、植被和土壤等状况，结合水土流失情况等综合决定，以求满足造林需要而又不浪费劳力为原则。

（2）幼林抚育设计

幼林抚育管理设计主要包括幼林抚育、造林灌溉、防止鸟兽危害、补植补种，其中主要是幼林抚育。

①幼林抚育。根据树种特性及气候、土壤肥力等情况拟定具体措施，如除草方法、松土深度、连续抚育年限、每年次数与时间，施肥种类、施肥量等。培育速生丰产林，一般要求种植后连续抚育 3～4 年，前 2 年每年 2 次，以后每年 1 次；珍贵用材树种和经济林木应根据不同树种要求，增加连续抚育年限及施肥等措施。

②造林灌溉。对营造经济林或经济价值高的树种以及在干旱地区造林，需要采取灌溉措施的，可根据水源条件进行开渠、打井、引水喷灌或当年担水浇苗等，进行造林灌溉设计。

③防止鸟兽危害。造林后，幼苗以及幼树常因鸟兽危害而失败。因此，除直播造林应设计管护的方法及时间外，有鼠、兔及其他动物危害地区造林，应设计防止鸟兽危害的措施。

④补植。由于种种原因，造林后往往会造成幼树死亡缺苗，达不到造林成活率要求标准。为保证成活率。凡成活率 41% 以上而又不足 85% 的造林地，均应设计补植。对补植的树种、苗木规格、栽植季节、补植工作量和苗木需要量也要做出安排。

（3）辅助工程设计

主要是指造林作业区中林道、灌溉渠、水井、喷灌、滴灌、塘堰、梯田、护坡、支架、护林房、防护设施、标牌等辅助项目的结构、规格、材料、数量与位置等的设计；沙地造林种草设置沙障的数量、形状、规格、走向、设置方法与采用的材料的设计。辅助工程要做出单项设计、绘制结构图，其位置要标示在设计图上。

2. 物资、用工、费用测算

（1）种苗需求量计算

根据树种配置与结构、株行距及造林作业区面积计算各树种的需苗（种）量，落实种苗来源。

①计算年需苗量。根据年植苗造林面积、单位需苗量（初植用苗加补植用苗）计算。应计算年总需苗量和各树种年需苗量。

②计算年需种量。需种量包括直播造林、飞播造林和育苗所需种子数量。按规划的年直播造林、飞播造林面积及单位面积需种量计算造林年需种子数量，按年育苗面积及单位面积用种量计算育苗用种量。同时，应计算各种主要造林树种年需种量和总的年需种量。

（2）工程量统计

根据工程项目涉及的相关技术经济指标，计算林地清理、整地挖穴的数量，肥料、农药等造林所需物资数量，辅助工程项目的数量与相应物资、材料的需求量，以及车辆、农机具等设备的数量与台班数。

（3）用工量测算

根据造林地面积、辅助工程数量及其相关的劳动定额，计算用工量，结合施工安排测算所需人员与劳力。

（4）施工进度安排

施工进度安排的目的在于加强造林工作的计划性，避免盲目性，便于有计划地准备苗木，安排劳力。

（5）经费预算

分苗木、物资、劳力和其他4大类计算。种苗费用按需苗量、苗木市场价、运输费用测算。物资、劳力以当地市场平均价计算。

拓展知识

MapGIS在造林规划设计制图中的应用

随着计算机技术的普及和地理信息系统（GIS）应用的不断深入，尤其是在制图方面的应用，使得传统的手工制图显得相当费时、费事、且精度不高。常规的制图是依靠制图者通过对客观现实的认知，在头脑中先建立抽象模型，再运用绘图技巧在纸上实现的；计算机辅助制图则在一定比例尺的限制下，从GIS的应用目标出发，对数据进行抽象和概括，生成各种专题用途的空间数据和属性数据集，其制图的效率和精度大大高于手工制图。目前地理信息系统软件工具较多其中在林业上以的MapGIS应用较为常见

1. MapGIS 5.32软件简介

MapGIS 5.32是由中国地质大学（武汉）研制的应用软件。由数据输入、数据处理、数据库管理、空间分析及数据输出5部分组成，各部分主要功能如下：

（1）数据输入

提供的数据输入有数字化仪输入、扫描矢量化输入、GPS输入和其他数据源的直接转换。其中最常用的是数字化输入和扫描矢量化输入。

（2）数据处理

该部分可编辑修改矢量结构的点、线、区域的空间位置及其图形属性、增加或删除点、线、区域边界，并适时自动校正拓扑关系；可辅助用户检查数据错误；能对图形中的

位置结构建立拓扑关系；同时，还提供了 3 种数据校正方法及编辑、修改生成子图库、线型库、填充图案和矢量字库等功能。

（3）数据库管理

数据库管理是通过空间数据库管理和属性数据库管理两个管理系统来实现的。图形数据库管理具备图幅剪取、图幅接边、图幅校正和图幅提取等功能；属性数据库的管理具有建立动态属性数据库、属性定义、记录编辑、专业库生成等功能。

（4）空间分析

矢量空间分析中的主要功能有：DTM 数据分析、空间叠置分析、属性数据分析、综合查询检索、网络管理分析、分析结果输出等。

（5）数据输出

可通过版面编排、数据处理、不同设备的输出、光栅数据生成、光栅输出、数据文件交换等功能来实现文本、图形、图像、报表的输出。

利用 MapGIS 制图一般的处理过程如下：先应用输入系统采集数据，再通过编辑系统将输入的数据进行编辑整饰后依次通过库管理、空间分析等操作，最后将所需要的图形、图像等数据通过输出系统输出。

2. 数字基本图的绘制

数字基本图是一种计算机系统能够识别的数据文件，是利用计算机辅助制图技术进行造林规划设计制图的基础。这种数据文件有一定的数据格式，有特别的比例尺和精度，包括各空间要素在某一坐标系中的位置和属性，它们可以通过接受其格式的软件系统来管理、提取、分析和编辑制图。目前，利用 MapGIS 编绘数字化基本图的方法主要有两种，即手扶游标跟踪数字化法和扫描数字化法。

（1）地形图的清绘

地形图在数字化之前，需对一些不清晰的等高线进行描绘，并在记录本上记录等高线的高程值，以便在下一步输入等高线的过程中，输入高程值。

（2）数据的输入与编辑

数据的输入与编辑包括图形数据和属性数据的输入与编辑。图形数据和属性数据经过输入和编辑之后，就形成了图形数据库和属性数据库。图形数据库表示了研究对象的几何位置关系，一个图形数据库就是一个几何图层；属性数据库是以文本的形式来表示研究对象的属性特征。在图形数据库和属性数据库输入过程中，两者便联系在一起。因此，图形数据库和属性数据库是一一对应的。

①图形数据的输入与编辑。根据一定的目的对地形图上的图形要素进行分类，每类作为一个图层，对每个图层赋一个图层名，如将地形图的要素分为道路层、等高线层、图框层、流域界层和文字注记层。数字化时，将相应的图形要素输入到对应的图层文件中。完成图形数据输入后，还需对其进行编辑和修改。GIS 中的空间几何数据分为点、线、面 3 种类型，通过编辑系统可对各种输入的图形要素进行增加、删除和修改。

②属性数据的输入与编辑。属性数据可在图形数字化的同时输入，如点状地物或线状地物的特征属性码，以及面状地物的特征属性和编号等，这些属性描述了地物的物理结构特性。属性数据也可以在数字化完成之后输入和编辑。

编辑好的数字基本图可通过光盘将其保存。

3. MAPGIS 在造林规划设计制图中的应用

（1）数字基本图的调入

首先将保存有数字基本图资料的光盘插入光驱，驱动后使资料具有“共享”功能，然后将该资料拷贝到自己建立的目录下，内容包括“＊. mpj”“＊. wl”“＊. wt”和“＊. wp”文件。

要打开上述工程文件，应先启动 MapGIS 软件，然后选择编辑系统，击左上角“文件”菜单下的“打开工程或文件”，根据窗口的提示，在自己的目录下双击“＊. mpj”。此时，工程文件“＊. mpj”有可能打不开，但是计算机会提示“修改路径”，只要选择“统改路径”，将路径改在自己的目录下确认即可。当再次执行“打开工程或文件”时，就可将“＊. mpj”打开(如果屏幕上没有显示出数字基本图，就要选择“复位窗口”)。文件打开后，图上有些内容也许会显示不出来，主要是因为使用的计算机符号库内缺少所要表达的内容，如供实习中使用的基本图资料就有可能在许多计算机上都显示不出居民点。

（2）数字专题制图的预备工作

数字专题图和数字基本图是有区别的，基本图包含的内容较多，有些与专题无关(如高程点、等高线等)，所以在数字专题制图之前有必要进行一些预处理工作。

①在编辑状态下点击“输入点”或在线编辑状态下点击“输入线”，补充本该显示却没有显示的内容(如居民点)。每执行完一个命令都可以选择“更新窗口”使之更新。(以下的叙述中不再重复)。

②在线编辑状态下，利用“输入线”“剪断线”和“连接线”等功能勾绘出要规划的区域，然后根据野外小班勾绘的结果在数字地形图上勾绘出小班边界，所输入的线可通过“光滑线”进行光滑处理。勾绘小班界时应注意线条的准确性，相邻几个小班界的交会处要处理得尽量靠近。

③利用线编辑和点编辑功能删除所有与专题地图无关的内容，如高程点和规划区内外的等高线等。

④在“编辑子系统”的“其他”菜单下选择“编辑符号库”查看所有的子图、图案和线型，看是否可以满足自己的制图所需，如果不能满足，就要按制图的目的和要求进行补充和编辑。

a. 编辑、修改库中已有的库内容，则直接从符号库内提取所需要的子图、图案或线型进行编辑、个性。

b. 编辑新的子图、图案或线型，则在文件菜单下选择装入点、线、面文件进行编辑，直接在屏幕上输入生成。

c. 修改符号编辑框”将编辑框移动及改变大小直到合适的位置。若用鼠标直接抓取框内任意位置，都可移动方框位置，若抓取方框的四角，则为修改方框的大小。

d. 系统中的点、线、面编辑功能进行相应的编辑。

e. 编辑完毕，将编辑好的图元保存到相应的子图、图案或线型库中，成为系统中的新子图、图案或线型。

⑤要修改线型，如道路和界线，选择“线参数编辑”中的“修改参数”用光标捕获一条曲线，然后修改其参数。如果要看到修改后的结果，在“设置”菜单下选择“还原可见”，

单击“更新窗口” 即可(如果是初次接触 GIS 软件，上述 d、e 步骤的操作可以在拓扑关系生成后再操作)。

(3)拓扑关系生成

地理信息系统与一般的数字制图系统的主要区别之一是，地理信息系统需要建立几何图形元素之间的拓扑关系。拓扑关系的生成，即小班图斑的生成，如果预处理工作没问题，该过程完全是自动生成的。

①*数据准备*。将那些与拓扑无关的线(道路、流域界等)放到其他图层，而将有关的线放到一层中，即将需要建立拓扑关系的线条所在的图层的编号改成相同的，然后选择“保存当前层” 中的“保存线文件”，将该层保存为一新文件，以便进行拓扑处理。

②*数据处理*。将保存的新的线文件打开，此时需要在图形文件中打开(在提示窗口的下端点击“▼” 后弹出的下拉菜单中选择“图形文件”，线和面都属于图形文件)，将图放大，仔细检查各处结点，删除超过 1mm 的多余线段，去掉端点回折的线头，各线段在结点处要尽量接近，但不要连接，此时可采用线编辑下的“靠近线”“延长线” “剪断线” 等功能进行编辑处理。紧接着就可以执行“其他” 菜单下的自动命令，自动剪断线、自动平差等，在执行这些功能时，可按下边的顺序进行：

【自动剪断线】→【 清除微短线】→【 清除线重叠坐标】→【 自动线结点平差】→【线转弧段】→【装入转换后的弧段文件】→【拓扑查错】

在装入转换后的弧段文件(在图形文件中打开线转弧段后的新的“ *. wp”)时，需在“设置” 菜单中选择“弧段可见”，进行下一步的查错工作。

③*拓扑查错*。该功能是拓扑处理的关键步骤，只有数据规范，无错误后才能建立正确的拓扑关系，而这些错误用肉眼是很难发现的。查错系统在显示错误的同时也显示错误位置，并在屏幕上动态地显示出来，在错误信息显示窗口中，移动光标到相应的信息提示上，双击鼠标左键，系统自动将出错位置显示出来，并将出错的弧段用亮黄色显示，同时在错误点上有一个小黑方框不停地闪烁。在修改错误时，不必关闭错误显示窗口，单击右键即可进行相应的操作。

a. 出现坐标重叠现象，执行【清除弧段重叠坐标】即可；

b. 弧段相交，若两条弧段相交，只需剪断弧段，若弧段自己本身相交，则需执行【弧段移点】或【弧段删点】功能编辑修改；

c. 重叠弧段，将重叠部分剪断并删除；

d. 悬挂弧段，若该弧段是多余的则执行(删除弧段)功能将弧段删除；若该弧段不是多余的，则证明预处理工作不彻底，需要将弧段转线，重复前面的数据处理工作，然后再执行线转弧段后的拓扑查错工作；

e. 结点不封闭，利用(结点平差)功能使其封闭。

④*拓扑重建*。拓扑关系的建立是本系统的核心，只有建立了拓扑关系，才能进行空间分析和统计等功能。从数字化得到的线数据，通过线转弧段转为弧段数据，这些数据仍是一条条孤立弧段，毫无拓扑关系而言。拓扑重建就是要建立结点和弧段间的拓扑关系，以及弧段所构成的区域之间的拓扑关系，并赋予它们属性。

该功能的操作相当简单，当经拓扑查错后，没有发现错误即可执行该项功能。在“其他”菜单下选中该项后，系统自动建立结点和弧段间的拓扑关系，以及弧段所构成的区域之间的拓扑关系，同时给每个区域赋予属性，并自动为区域填充颜色。若发现数据有问题，利用相应的编辑功能，重新修改数据后，再重建拓扑。

⑤拓扑文件的装入。将工程文件“＊. mpj”打开后，在左边的窗口选择文件“＊. wp”单击右键，弹出对话框，选择“添加项目”，调出已经生成拓扑关系的作业区文件确定即可。

（4）数字专题图的生成

数字专题图的生成是在装入拓扑文件的工程文件的基础上，根据调查的资料和专题图的目的和要求修改线和面的相关参数，输入和编辑所需要的点图元，最后进行图面整饰便完成了对某一专题图的编绘。

①立地类型图的编绘。在已经拓扑处理过的工程文件基础上，根据调查资料设置图例，每个立地类型赋予一种颜色(由“输入线”和“输入区”结合完成，输入区之前要执行“线工作区内提取弧段”功能)；图例框可通过“输入线”输入；其中所需要的文字、符号都可通过点编辑中的“输入点图元”进行输入，若不符合要求，可通过“移动点”“删除点”“修改点参数”等功能进行编辑，直到达到要求为止。然后根据调查资料和图例，通过区编辑中的“修改区参数”进行有目的修改，最后进行小班注记$\left(小班号\frac{面积}{立地类型}\right)$，其中小班面积可由区编辑中属性信息获知，但是数据单位是 mm^2，因此，小班注记时必须进行相应的换算。

立地条件类型图的编绘完成后，通过输出系统打印或通过光盘保存都可以。

②土地利用现状图的编绘。以实地调查资料为依据，以立地分类图为基础首先设置图例，每个树种、每个林种都赋予一个特殊的符号(事先编辑好的)，每类用地都赋予一种颜色。然后，根据图例和调查资料进行相应的面域修改，而且要根据用地现状的要求重新进行小班注记，注记的方法如前所叙，只是注记的内容有所改变，例如，宜林地$\left(小班号\frac{面积}{立地类型}\right)$、有林地$\left(小班号\frac{面积-起源-郁闭度}{林种-树种-龄阶}\right)$、疏林地$\left(小班号\frac{面积-原有优势种}{立地类型}\right)$和暂不可利用地$\left(小班号\frac{面积}{立地类型}\right)$。

③造林规划设计图的编绘。在土地利用现状图上进行规划设计是相当方便的，首先进行图例设置，所规划设计的造林树种应赋予特定的符号和颜色以便更清晰地表达，然后对小班注记给以适当的修改，其中有林地小班注记不必要修改；如果对疏林地和灌木林地进行造林设计，其注记分别为：疏林地(小班号)、灌木林地(小班号)，如果没有规划设计内容，注记可以保持不变；但是对于宜林地小班注记一定要修改(小班号)，最后进行全面的整饰检查，如一切都符合要求就可以通过输出系统进行输出。

巩固训练

1. 训练要求

(1)以小组为单位开展训练，组内同学要分工合作、相互配合、团队协作。

(2)造林作业内业设计应具有规范性、科学性和可行性。

2. 训练内容

(1)结合当地营造林工程的造林作业设计任务，学生以小组为单位，在咨询学习、小组讨论的基础上，制订某造林作业内业设计训练学习计划。

(2)以小组为单位，依据技术方案进行某林业绿化工程造林作业内业设计训练。

3. 可视成果

某造林作业区造林作业内业设计方案。

考核评价

造林作业内业设计考核评价见表1-14。

表1-14 造林作业内业设计考核评价表

姓名：		班级：		造林工程队：	指导教师：
教学项目：造林作业内业设计				完成时间：	
过程考核60分					
评价内容		评价标准		赋分	得分
1	专业能力	会正确准备造林作业内业设计的各类器具材料		5	
		会正确进行造林内业各具体环节的设计		20	
		会正确进行造林作业设计物资、用工、费用等的测算		15	
2	方法能力	能充分利用网络、期刊等资源查找造林作业内业设计的资料		4	
		灵活运用所学知识解决造林作业内业设计的实际问题		4	
3	合作能力	能根据任务需要与团队人员愉快合作，有协作意识		3	
		在完成工作任务过程中勇挑重担，责任心强		3	
		在生产中沟通顺利，能赢得他人的合作		3	
		愉快接受任务，认真研究工作要求，爱岗敬业		3	
结果考核40分					
4	工作成果	造林作业内业设计成果	造林作业技术设计规范、科学和可行	20	
			造林作业设计的物资、用工、费用测算结果科学、准确、可行	20	
总评				100	

指导教师反馈：（根据学生在完成任务中的表现，肯定成绩的同时指出不足之处和修改意见）

年 月 日

单元小结

造林作业内业设计任务小结如图1-13所示。

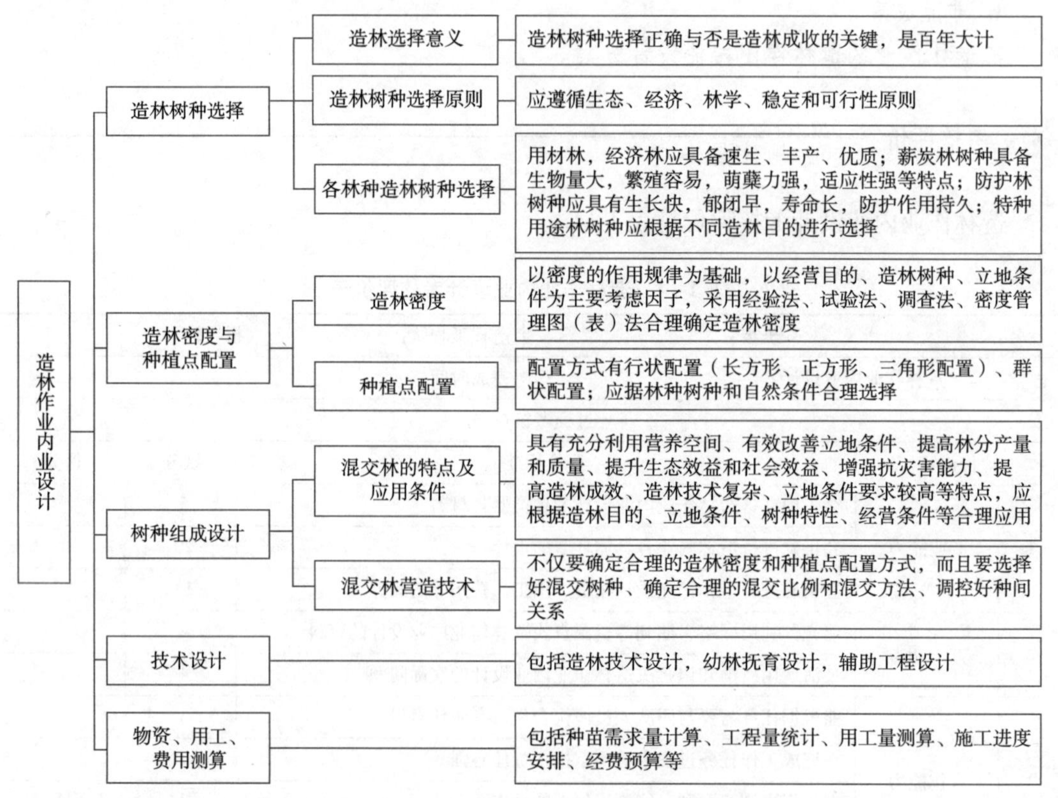

图1-13 造林作业内业设计任务小结

自测题

一、名词解释

1. 造林密度；2. 种植点配置；3. 正方形配置；4. 长方形配置；5. 三角形配置；6. 群状配置；7. 纯林；8. 混交林；9. 种间关系；10. 混交方法；11. 混交比例。

二、填空题

1. 选择造林树种应遵循(　　　　)、(　　　　)、(　　　　)、(　　　　)、(　　　　)的原则。

2. 用材树种应尽可能选择同时具有(　　　　)、(　　　　)和(　　　　)特性的树种，并应重视选择(　　　　)。

3. 防护林树种应具备(　　　　)、(　　　　)、(　　　　)、(　　　　)等特性。

4. 确定造林密度应综合考虑(　　　　)、(　　　　)、(　　　　)、(　　　　)和

(　　　　)等因素。

5. 种植点行状配置主要有(　　　　)、(　　　　)和(　　　　)等形式。

6. 混交林的类型有(　　　　)、(　　　　)、(　　　　)和(　　　　)4 种。

7. 混交的方法有(　　　　)、(　　　　)、(　　　　)、(　　　　)、(　　　　)和(　　　　)。

8. 抚育调节种间关系的措施有(　　　　)、(　　　　)、(　　　　)和(　　　　)。

三、选择题

1. 造林树种安排的顺序是(　　)。
   A. 适小树种→适广树种→适应特殊立地树种
   B. 适广树种→适小树种→适应特殊立地树种
   C. 适应特殊立地树→适小树种→适广树种
   D. 无所谓顺序

2. 根据经营目的安排造林地时，好地先安排给(　　)。
   A. 一般用材林　　B. 薪炭林　　C. 速丰林

3. 确定造林密度时(　　)。
   A. 耐阴树种宜稀　　B. 喜光树种宜稀　　C. 慢生树种宜稀

4. 行状配置能较合理的利用营养空间，以下配置对空间利用最合理的是(　　)。
   A. 正方形　　B. 长方形　　C. 正三角形　　D. 等腰三角形

5. 营造混交林应使喜光树种处于(　　)。
   A. 上层　　B. 下层　　C. 上、下均可

6. 混交林中主要树种的比例应(　　)。
   A. 大于伴生树种　　B. 小于伴生树种　　C. 等于伴生树种

7. 在保证主要树种占多数的前提下，如主要树种竞争力强，混交树种的比例可适当(　　)。
   A. 增大　　B. 减少　　C. A、B 均可

8. 当主要树种与混交树种的比例约为 7∶3 时，可考虑采用的混交方式有(　　)。
   A. 株间混交　　B. 行间混交　　C. 带状混交　　D. 行带混交
   E. 星状混交　　F. A + B　　G. C + D + E

9. 喜光树种之间混交应选择(　　)。
   A. 株间混交　　B. 行间混交　　C. 带状混交　　D. 行带混交
   E. A + B　　F. C + D

四、判断题

1. 选择造林树种时，首先应考虑社会需求。(　　)
2. 适地适树是营造速生丰产林必须遵循的基本原则。(　　)
3. 营造速生丰产林必须选择同时具备速生丰产优质性的树种。(　　)
4. 合理的结构既能提高人工林的产量，又能取得良好的生态效益和减少成本。(　　)
5. 合理的人工林结构应是既能充分地利用造林地的环境条件，又保证每株树木都得

到充足的生长空间。（ ）

6. 土壤深厚、肥沃、湿润的造林地有利于林木生长，造林密度应大；反之，密度应小。（ ）

7. 采用长方形配置，行的方向应与等高线垂直。（ ）

8. 混交林中树种间生态要求一致有利于混交成功。（ ）

9. 株间混交和行间混交一般适用于乔、灌混交或耐阴、喜光树种混交。（ ）

10. 带状混交和块状混交适用于种间矛盾比较尖锐的树种混交。（ ）

11. 营造混交林最关键的是选好混交树种。（ ）

五、简答题

1. 举例说明怎样正确选择造林树种。
2. 举例分析怎样正确确定造林密度。
3. 举例分析怎样正确进行种植点配置设计。
4. 简述混交林的特点和应用。
5. 论述混交林科学营造技术。

任务1.3 造林作业设计文件编制

任务描述

造林作业设计文件编制是造林作业设计的重要环节，也是造林作业设计成果的体现，它包括造林作业设计说明书、各类造林作业设计表、造林作业设计平面图和栽植配置平面图等内容。本任务以植树造林的实际工作任务为载体，以学习小组为单位，依据营造林技术规程和造林作业设计技术规程，以任务1.1造林作业设计准备和任务1.2造林作业内业设计为基础，完成一定造林作业区的造林设计文件编制。本任务实施宜在理实一体化实训室开展。

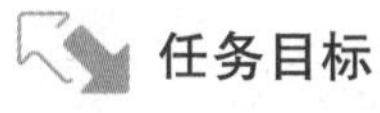

任务目标

1. 会编写造林作业设计说明书。
2. 会设计填写各类造林作业设计表。
3. 会绘制造林作业设计平面图和栽植配置平面图。
4. 能独立分析和解决实际问题，能吃苦耐劳，能合理分工并团结协作。

知识链接

1.3.1 造林作业设计文件的组成

造林作业设计文件以造林作业区为单元编制，每个造林作业区编制一套设计文件，应采用通用的电脑软件制作。造林作业区文件包括以下内容。

(1) 造林作业设计说明书

是指为完成栽植树木的地块预先编制的工作方案(方法、措施、要求)、计划(时间、地点、劳力、物资)的有关文字说明。内容主要包括：基本情况(地理位置、地形地貌、气象水文、土壤情况等)；设计依据、原则与目标；范围和布局；造林技术设计；施工组织设计；工程量与用工量概算；经费预算与资金筹措；效益分析等。

(2) 造林作业设计图

①作业设计总平面图；②栽植配置图；③辅助工程单项设计图。

(3) 调查和设计表

①造林作业区现状调查表；②造林作业设计表；③造林工程量、用工量及投资概算一览表；④营造林作业设计一览表。

1.3.2 造林作业设计文件的编制要求

(1) 统一组织、资质认定

①组织。造林作业设计一般在县(市、区、旗)林业行政主管部门统一领导下，由乡镇(苏木)政府、县(市、区、旗)直属林场、乡镇林业站或相当于林场的企业、机构组织编制。

②设计资格与责任。造林作业设计由具有丁级以上(含丁级)设计或咨询资质的单位或机构承担。作业设计实行项目负责人制，项目负责人具有对造林作业设计文件的终审权并承担相应的责任。允许直接聘请具备林业行业高级职称的技术专家编制作业设计，技术专家的责任由聘任合同确认。

(2) 依据科学、内容完整

依据《造林技术规程》(GB/T 15776—2016)等标准，以造林任务量已落实到小班的总体设计为指导进行设计，确保科学性。设计文件组成应按照《造林作业设计规程》规定，每个造林作业区编制一套内容完整的设计文件，各设计文件应按所规定的项目填列齐全、完整，不得遗漏。

(3) 设计合理、可行适用

以科学发展观为指导，坚持生态效益优先，兼顾经济、社会效益；坚持因地制宜，讲求实效的原则；坚持以提高质量为重点的原则；坚持科技兴林的原则，加大营造林的科技含量，合理进行造林作业设计，确保设计方案可行实用。

(4) 上报审批、严格执行

造林作业设计由造林作业区所在县(市、区、旗)以上林业行政主管部门审批，报送省(自治区、直辖市)林业行政主管部门备案。

造林作业设计的审批应充分发挥技术专家的作用，可以委托技术协会、学会、专业委员会组织专家评审。

没有作业设计的或设计尚未被批准的不得施工。作业设计一经批准，必须严格执行。如因故需要变更的，须由原设计单位或机构变更设计并提交变更原因说明，报原审批部门重新办理审批手续。

任务实施

一、器具材料

1. 器具

计算机、绘图工具、计算器等。

2. 材料

《造林技术规程》(GB/T 15776—2016)，造林作业区现状资料，林业生产作业定额参考表，各项工资标准，造林作业区的气象、水文、土壤、植被等资料，造林作业区的劳力、土地、人口居民点分布、交通运输情况、农林业生产情况等资料，造林图式，各类造林作业设计表等。

二、任务流程

造林作业设计文件编制流程如图1-14所示。

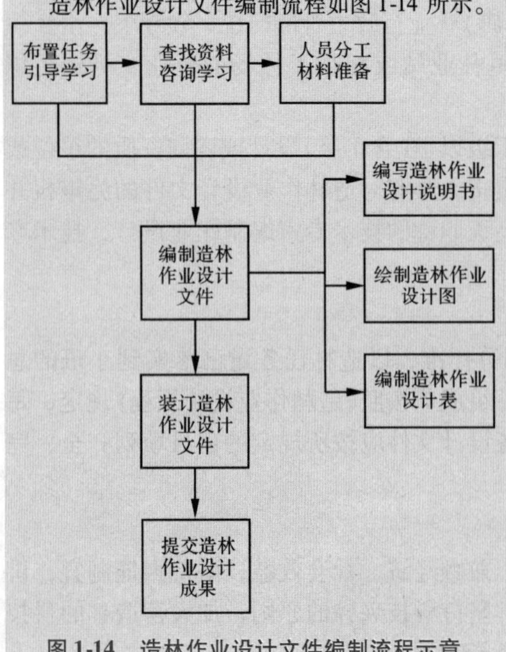

图1-14　造林作业设计文件编制流程示意

三、操作步骤

1. 编制造林作业设计文件

(1) 编写造林作业设计说明书

以造林作业区为单元，按以下提纲编写造林作业设计说明书。

①位置与范围。所在的行政区域、林班、小班，四至界限；面积。

②经营权所有人、现在的承包人。

③施工单位。单位名称、法人。如系个人应注明姓名、性别、年龄、职业与住址。

④设计单位与设计负责人。单位名称、资质、设计负责人姓名、职称。

⑤造林作业区现状。

a. 立地条件：海拔、地形地貌、土壤、母岩、小气候等及其对造林的影响；

b. 植被现状：群落名称，主要植物(优势种与建群种)种类及其多度、盖度、高度、分布状况、对造林整地的影响等，如农田要说明近期耕作制度、作物种类、收成、退耕的理由。

⑥指导思想与原则。设计文件应具备造林作业设计的指导思想和原则。

⑦造林种草设计。林种、树种(草种)、种苗规格，整地方式方法、规格，造林季节、造林方式方法、更新改造方式，结构配置(树种及混交方式、造林密度、林带宽度或行数)等。

⑧幼林抚育设计。抚育次数、时间与具体要求等。

⑨辅助工程设计。林道、灌溉渠等辅助工程的结构、规格、材料、数量与位置；防护林带、沙

障的数量、形状、规格、走向、设置方法。

⑩施工进度。整地、造林的年度、季节。

a. 工程量统计：各树种草种种苗量、整地穴的数量、肥料、农药等物资数量，辅助工程的数量(单位分别为个、座、kg、hm^2、km、m、m^2、m^3 等)。

b. 用工量测算：分别造林种草和辅助工程计算所需用工量，按造林季节长短折算劳力。

c. 经费预算：分苗木、物资、劳力和其他4大类计算。

（2）绘制造林作业设计图

造林作业设计图要能满足发包、承包、施工、工程监理、结算、竣工验收、造林核查的需要。图种包括作业设计总平面图、造林图式和辅助工程单项设计图3类。

①作业设计总平面图。图素包括明显的地物标(道路、河道、溪流、沟渠、桥梁、涵洞、独立屋、孤立木等)、边界、辅助工程的布设位置及苗木栽植位置。树种(草种)简单，株行距固定的造林作业区，总平面图上可以不标示苗木栽植的具体位置，但要标示行带的走向。作业设计总平面图绘制在A4或A3打印纸上。作业设计总平面图成图比例尺见表1-15，比例尺最小为1∶10 000。

表1-15　作业设计总平面图成图比例尺

作业区面积		比例尺
公顷(hm^2)	亩	
<0.5	<7.5	<1∶500
0.5～2	7.5～30	1∶500～1∶1000
2～10	30～150	1∶1000～1∶1500
10～30	150～450	1∶1500～1∶2000
30～60	450～900	1∶2000～1∶2500
60～100	900～1500	1∶2500～1∶3000
100～150	1500～2250	1∶3000～1∶4000
150～250	2250～3750	1∶4000～1∶5000
250～400	3750～6000	1∶5000～1∶6000
>400	>6000	1∶6000～1∶10 000

②造林图式。包括栽植配置平面图、立面图、透视图、鸟瞰图(效果图)以及整地样式图(平面图、立面图)。栽植配置平面图表示水平方向乔灌木、草本与藤本植物在地面的配置关系，栽植材料的水平投影以成林后的树冠、植丛状态为准。栽植配置立面图表示成林后与行带走向相垂直的剖面结构。行带走向与等高线垂直，断面图不能同时表示行带的垂直结构与地形关系时，可用三维立体透视图表示。以上3种栽植配置图均要注记反映栽植材料空间关系的尺寸，尺寸以米(m)计，精确到0.1 m。鸟瞰图(效果图)与透视图相似，反映成林后的效果，通常为彩色图，可以不注记尺寸。整地样式图表示整地穴的形状、大小状况。

造林图式应绘制2种以上，以保证设计人员不在场的情况下，其他人员按图式作业不会产生歧义。其中栽植配置平面图与立面图为必备图式，其他为可选图式。造林图式绘制示例如图1-15至图1-24所示。

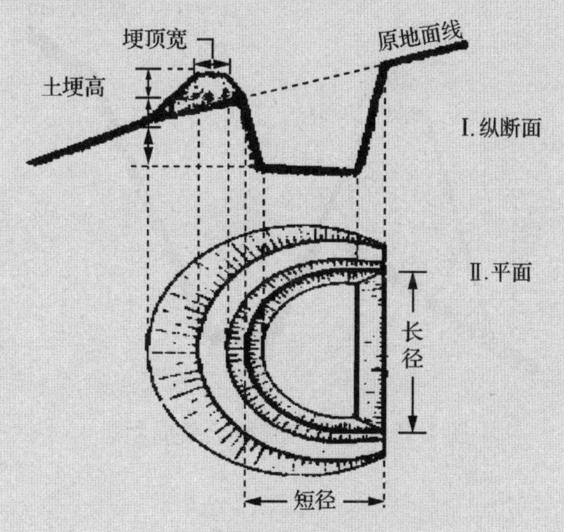

图1-15　鱼鳞坑整地纵断面和平面示意

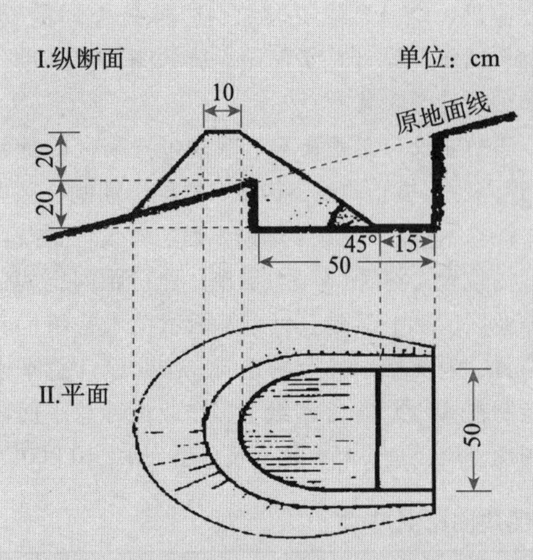

图 1-16　反坡鱼鳞坑整地纵断面和平面示意

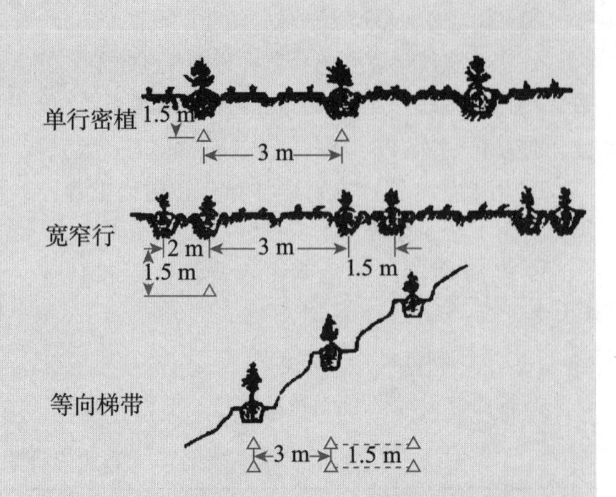

图 1-19　杉木用材林造林栽植配置示意

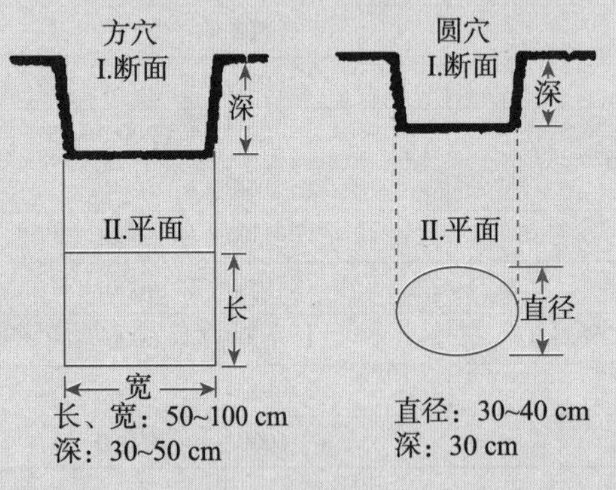

图 1-17　穴状整地纵断面平面示意

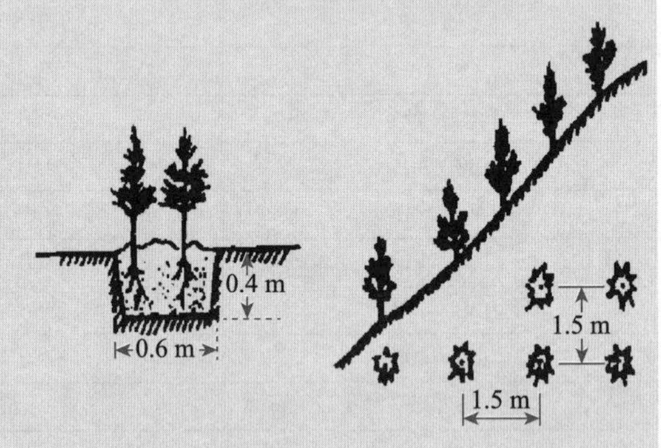

图 1-20　马尾松用材林造林栽植配置示意

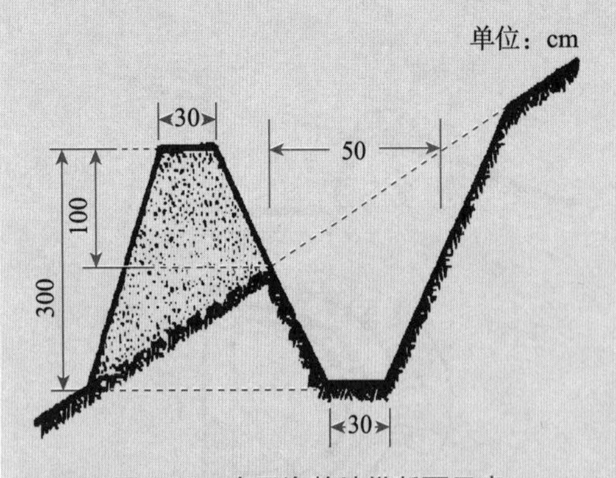

图 1-18　水平沟整地纵断面示意

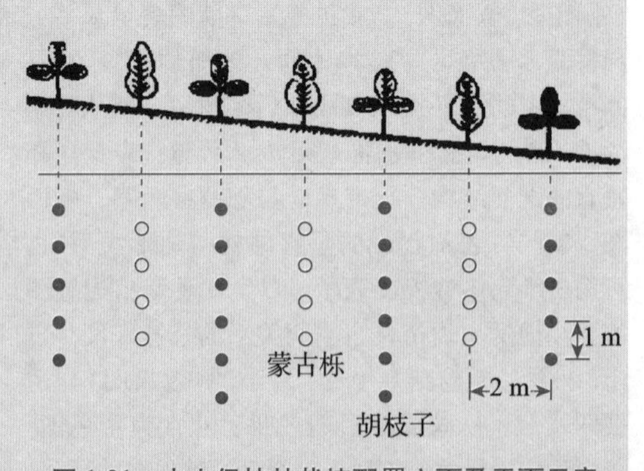

图 1-21　水土保持林栽植配置立面及平面示意

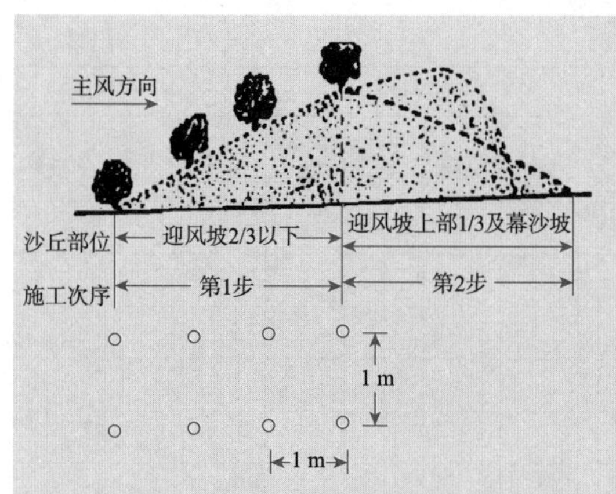

图 1-22 防风固沙林栽植配置立面及平面示意

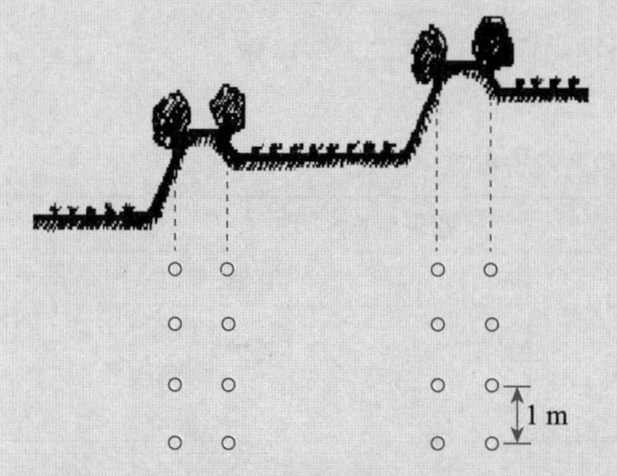

图 1-23 生物地埂栽植配置立面及平面示意

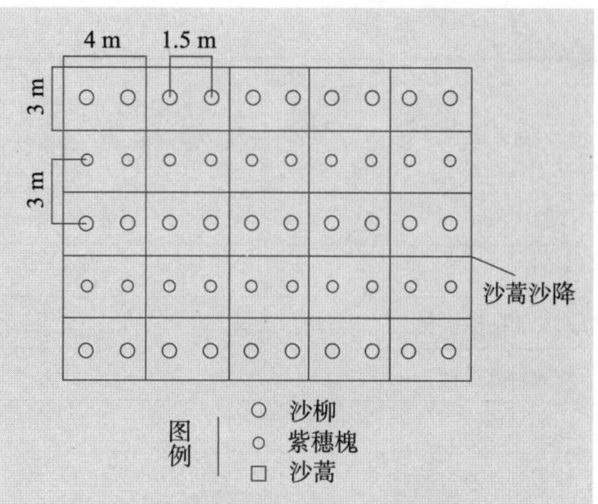

图 1-24 防风固沙林平面配置示意

③辅助工程单项设计图。按照相关国家标准、行业标准绘制单项设计图。

（3）编制造林作业设计表

①造林作业区现状调查表。详见任务 1.1 造林作业设计准备的表 1-7。

②造林作业设计表。设计时以表 1-16 为参考，依次进行造林整地、种苗、施肥、造林、幼林抚育、病虫害防治、防火林带等作业项目的设计，并用文字说明设计要求(年度、季节、次数方式、规格等)。针对各项目设计具体内容、林业定额表、日工资等，计算所需的种苗、肥料等物资量，计算用工量(定额×造林面积)和投资额。

表 1-16 造林作业设计表

编号__________乡(镇、场)__________村(工区)__________林班__________大班(小班)__________地名__________小班面积__________造林面积____培育目标_____林种____树种_______________________更新改造方式__________山权__________经营权____设计单位____________________
资质________设计负责人__________职称_______作业设计参加人员____________________工日单价________

内 容	设计要求(年度、季节、次数方式、规格等)	物资量				用工量		
		定额	数量	单位价格	投资额	定额	数量	投资额
林地清理								
整地与挖穴								
种苗								
施基肥								
造林时间、方法								
造林密度及株行距								
混交方式、比例								

（续）

内　容	设计要求（年度、季节、次数方式、规格等）	物资量				用工量		
		定额	数量	单位价格	投资额	定额	数量	投资额
幼林抚育								
追肥								
病虫害防治措施								
防火设施设计								
辅助工程								
林带宽度或行数								
其他								

③造林工程量、用工量及投资概算一览表。依据表1-16造林作业设计表中设计的内容对应填写到表1-17中。

表1-17　造林工程量、用工量及投资概算一览表

统计单位	小班面积（hm^2）	造林面积（hm^2）	种苗（株或kg）		物资（kg）		用工量（日）	投资概算（元）								
											其他					合计
			种苗1	种苗2	物资1	物资2		种苗	物资	劳力	设计费	管理费	管护费	科研培训费	不可预见费	

④营造林作业设计一览表（表1-18）。

（4）文件装册

①设计单位资质证书和设计人员职称证书复印件；

②造林作业设计参加人员名单，加盖设计单位资质章或公章；

③目录；

④造林作业设计说明书；

⑤造林作业设计一览表；

⑥造林作业设计表；

⑦作业设计平面图；

⑧栽植配置平面图；

⑨造林作业区现状调查表。

作业设计文件按以上顺序排列后装订，加封装面，合并成册。封面题写《××乡镇（林场）××年度造林作业设计》。

表 1-18 ________营造林作业设计一览表

县(场)　　乡(工区)　　年度：

实施单位	林班、大班或村民组	小班	小班面积(hm^2)	权属	造林地类别	立地质量等级	营造林设计									抚育设计				种苗			用工量(工日)	投资量(元)
							林种	树草种	营造方式	造林时间	初植密度(株/亩)	混交比例	整地方式	整地时间	整地规格(cm)	抚育次数(次)	抚育时间	施肥种类	施肥数量(kg)	需种量(kg)	需苗量(株)	苗木规格		
1	2	3	4	5	6	7	8	9	10	11	12	13	14	15	16	17	18	19	20	21	22	23	24	25
……																								

注：此表以乡(工区)为单位、按村、林班或大班、村民组、小班、农户的顺序填写，保留小数点后一位数。 填表人：　　填表日期：

拓展知识

造林作业设计知识拓展

1. 造林作业设计注意问题

（1）界址

要注意栽植地段与农田交界的地方，由于部分地段与农田无明显界址，造成林权所有者与农地所有者发生争议，冲突时双方利益均受损，还影响了林木的正常生长。所以规划前必须明确固定界址，可采用开挖界沟的办法，既可使界址明显无争议，又可减小林木对农作物的影响。当然规划时还必须同时考虑边行林木与农田的距离，达到既不影响农田，又保证林地单位面积的效益。

（2）地段

设计时不能一刀切，应该实地勘察、论证后合理规划。“三线”（电力线、广播电视线、电话线）下应特别注意，规划林地上如果有“三线”的，一是留足有效距离；二是调换树种，可规划果树或其他小乔木；三是无法栽植的地段不盲目规划，可改作其他用途，减少不安全因素及相应损失。

（3）树种

树种选择上应采取适地适树的原则。一般以用材与防护为主，兼顾其他。一是依据承包年限选择树种；二是根据承包者的经济实力，有一定经济基础的承包户，可选择生长期长的树种；三是根据林木用途为依据规划栽植；四是适当栽植乡土树种，以防树种单一，避免引发病虫害和造成树种资源枯竭；五是适当混交，可以有效防治病虫害，提高单位效益。

（4）权属

一是造林设计前必须先明确权属，以减少管护中不必要的林权争议；二是落实树主，不造无主林；三是申请县级以上林业主管部门颁发林权证书，以保证林农利益；四是集体或林业主管部门与承包(买断人)签订有效合同，明确双方职责及经营时间，以发挥林业最大效益。

（5）责任制

无论何种形式的经营管理，都要有明确的管护责任制，实行未栽植责任制先行，使发包单位及承包人责、权、利一目了然，从而达到集体增效，个人增收。

2. 造林规划设计的类别及关系

造林规划设计是一项综合性的工作，按其细致程度和控制顺序可分为3个逐级控制而又相对独立的工作项目：造林规划、造林调查设计及造林作业（施工）设计，三者之间既有联系，又相对独立。在这3项工作中，造林调查设计是最艰巨、最重要的工作。

（1）造林规划

造林规划是在相应的或者上一级的林业区划的指导下，根据本地区具体的自然条件和社会经济条件，对造林工作进行粗线条的安排，主要内容包括该地区的发展方向、林种比例、生产布局、发展规模、完成的进度、主要技术措施保障、投资和效益估算等。制定造林规划的目的在于，为各级领导部门对一个地区（单位、项目）的造林工作进行发展决策和全面安排提供科学依据；为制定造林计划和指导造林施工提供依据。

造林规划的任务有两方面：一是制定造林规划，为各级领导部门制订林业发展计划和林业发展决策提供科学依据；二是提供造林设计，指导造林施工，提高造林成效，以满足国民经济建设对森林培育的需要。

造林规划的任务通过3项工作完成：第一，查清规划设计区域内的土地资源和森林资源，森林生长的自然条件和发展林业的社会经济状况；第二，分析规划设计地区影响森林生长和发展造林事业的自然环境和社会经济条件，根据国民经济建设和人民生活的需求，提出造林规划方案，并计算投资、劳力和效益；第三，根据实际需要，对造林工程的有关附属项目(如排灌工程、防火设施、道路、通讯设备等)进行规划设计。

造林规划的内容以造林和现有林经营有关的林业项目为主，包括土地利用规划，林种、树种规划，现有林经营规划，必要时可包括与造林有关的其他专项规划，如林场场址、苗圃、道路、组织机构、科学研究教育等规划。

造林规划的范围可大可小，从全国、省、市(地区)，到县(林业局)、乡村(林场)、单位或项目等。造林规划有时间的限定和安排，但技术措施不落实到地块。

造林规划指对大范围(全国、省、地区、县、乡、林场)的造林工作进行的粗线条的安排，包括它的发展方向(林种比例)、布局、规模、进度、主要技术措施的规定、投资及效益概算等。它可作为各级林业管理部门制订计划及指挥造林生产的依据。

(2) 造林调查设计

造林调查设计是在造林规划的原则指导及宏观控制下，对一个基层单位涉及造林工作的各项因子，特别是对宜林地资源进行详细的调查，并在此基础上进行具体的造林设计。造林技术措施要落实到山头地块，同时还要对调查设计项目所需的种苗、劳力及物资需求、投资数量及效益估计作出更为准确的计算，它是林业基层单位制订计划、申请项目经费及指导造林施工的基本依据。

(3) 造林作业（施工）设计

造林作业(施工)设计是在造林调查设计或森林经营规划方案的指导下，针对一个基层单位，为确定下一年度的造林任务所进行的按地块(小班)实施的设计工作，主要作为制定年度造林计划及指导造林施工的基本依据。

3. 国内外造林规划设计发展状况

(1) 国外造林规划设计发展状况

国外一些发达国家的计算机发展和信息化起步比较早，在森林培育、森林资源和生态监测及数据处理与决策方面发展较快，进入了自动化、智能化、网络化时代，包括利用“3S”技术监测资源、火灾、病虫害及相关系统，以及智能化地理信息系统和专家系统应用。

加拿大林业部于20世纪90年代开始建立国家林业信息系统(National Forestry Information System，IS)，采用了统一的林业元数据，建立了国家林业数据仓库。美国很多大学的森林培育实验室，都进行了有关森林营造的咨询系统、决策支持系统、地理信息系统、景观管理等方面的研究和实验。如美国华盛顿大学的森林培育系研建的森林营造辅助决策子系统，利用计算机技术对森林营造的过程进行了科学的分析和管理。美国农业部林务局开发了林分可视化系统(the stand visualization system, SVS)，该系统运用三维虚拟技术和生长模型，直观的分析不同时期的林分生长情况。目前，美国麻省理工学院林业科学系在国家宇航局(NASA)赞助下研建森林蓄积量监测信息系统(Forest Monitoring Inventoryand Information System)，该系统利用卫星影像数据生成森林立地类型图，对森林资源变化进行评价，同时把这些信息放在 Internet 上进行共享；建立了森林目录与分析数据库提取系统、国家 FIA 数据库系统(National FIA Database System)等基于 Web 的数据库，这些数据库可通过网络直接面向用户。美国林务局和伊利诺依大学联合开发的 Smart Forest，以 DTM 三维显示技术为基础，在各种林分信息支持下，以不同视角模拟观察森林景观及其变化，从而使地图上抽象的数据与由三维空间代表的具体的真实世界(即林分)间建立联系，使得对森林资源的监测变得更为客观和真实。

（2）国内造林规划设计发展状况

在我国，造林规划设计业务是作为造林事业的一部分，与造林同时发展起来的。1949 年就开展了造林规划设计业务，20 世纪 50 年代发展很快，遍及全国。20 世纪 60 年代后期至 70 年代处于停止状态。20 世纪 70 年代末期造林规划设计引用新的手段和技术，不仅业务的范围、规模扩大，而且质量日渐提高。20 世纪 90 年代初随着信息技术的发展造林规划设计进入了信息化阶段。我国造林规划设计业务的发展，大致经历 4 个阶段。第 1 阶段从 1949—1953 年为摸索阶段；第 2 阶段从 1954—1975 年为造林规划发展阶段；1975 年开始使用新技术新手段的第 3 个阶段；20 世纪 80 年代开始的造林规划设计信息化阶段为第 4 阶段。

4. 造林规划设计新技术

（1）基于商业 GIS 软件应用的计算机辅助造林规划系统

在一些条件比较好的地方，运用商业 GIS 软件(ArcView，ArcInfo，MapInfo，MapGIS，ViewGIS 等)来辅助造林规划设计。设计人员在商业 GIS 软件的辅助下，将造林地的基础地理数据、地形图、最新的航片或高分辨率的卫星影像、其他参考图调入 GIS 软件中，然后进行造林小班勾绘。在外业调查中对勾绘的图做修正。这样得到的造林小班的边界和空间地理位置都很准确，GIS 软件能自动计算造林小班面积，不仅提高了精度也减少了大量的手工面积量算工作，另外可以输出各中造林规划设计分布图。

但是商业 GIS 软件不能完成造林的各项费用计算、各种报表和文档的输出，以及造林工程的管理流程。另外，商业 GIS 软件体系庞大设计人员要掌握使用比较困难，其费用也比较昂贵，不适合大量推广使用。目前北京市的造林规划设计主要是基于商业 GIS 软件应用的计算机辅助造林规划系统。

（2）基于小班属性数据的造林规划设计决策咨询系统

这种系统在设计人员输入造林小班的立地条件等属性数据后，根据专家知识库中的造林树种选择知识和造林小班立地类型匹配结果，系统得出适合造林小班的所有树种。用户选择其中的一种或几种并输入造林小班面积后，可以直接获得包括立地条件、造林设计、经费估算和效益估算的造林设计报表。浙江省营林技术决策咨询系统是这种类型的典型例子。

这种系统引入了专家系统，为造林地树种的选择提供了决策支持，使造林树种的选择更加科学。系统能够自动完成造林的各种经费估算和效益估算，大大减轻了设计人员的计算工作量。系统还能够生成各种造林规划设计报表和文档，并能很好地组织管理这些报表和文档。

但这种系统不包含造林小班的空间地理信息，设计和施工人员对造林小班的实际地理位置很难对应。由于系统没有边界信息，不能获得造林小班面积，计算经费估算时要求人工输入。小班面积的获取需要用传统的方式或借助商业 GIS 软件。

巩固训练

1. 训练要求

(1)以小组为单位开展训练，组内同学要分工合作、相互配合、团队协作。

(2)造林作业设计文件应具有规范性、科学性和可行性。

2. 训练内容

(1)结合当地营造林工程的造林作业设计任务，让学生以小组为单位，在咨询学习、小组讨论的基础上，制定课后造林作业设计文件，编制训练学习计划。

(2)以小组为单位，依据技术方案进行某林业绿化工程造林作业设计文件编制训练。

3. 可视成果

某造林作业区造林作业设计说明书、造林作业设计图、造林作业设计表等。

考核评价

造林作业设计文件编制考核评价见表 1-19。

表 1-19　造林作业设计文件编制考核评价表

姓名：		班级：	造林工程队：	指导教师：
教学项目：造林作业设计文件编制			完成时间：	
过程考核(60 分)				
评价内容		评价标准	赋分	得分
1	专业能力	会正确准备、收集造林作业设计文件编制的各类材料	5	
		会正确编写造林作业设计说明书	15	
		会正确绘制造林作业设计图	10	
		会正确编写造林作业设计表	7	
		会正确装订造林作业设计各类文件	3	
2	方法能力	能充分利用网络等资源查找造林作业设计文件编制的资料	4	
		灵活运用所学知识解决造林作业设计文件编制的实际问题	4	

（续）

评价内容		评价标准		赋分	得分
3	合作能力	能根据任务需要，与团队人员愉快合作，有协作意识		3	
		在完成工作任务过程中，勇挑重担，责任心强		3	
		在生产中，沟通顺利，能赢得他人的合作		3	
		愉快接受任务，认真研究工作要求，爱岗敬业		3	
结果考核(40分)					
4	工作成果	造林作业设计各类文件	造林作业设计说明书规范、科学、可行	20	
			造林作业设计图规范、科学	10	
			造林作业设计表的规范、科学	10	
总评				100	

指导教师反馈：（根据学生在完成任务中的表现，肯定成绩的同时指出不足之处和修改意见）

年　月　日

单元小结

造林作业设计文件编制任务小结如图1-25所示。

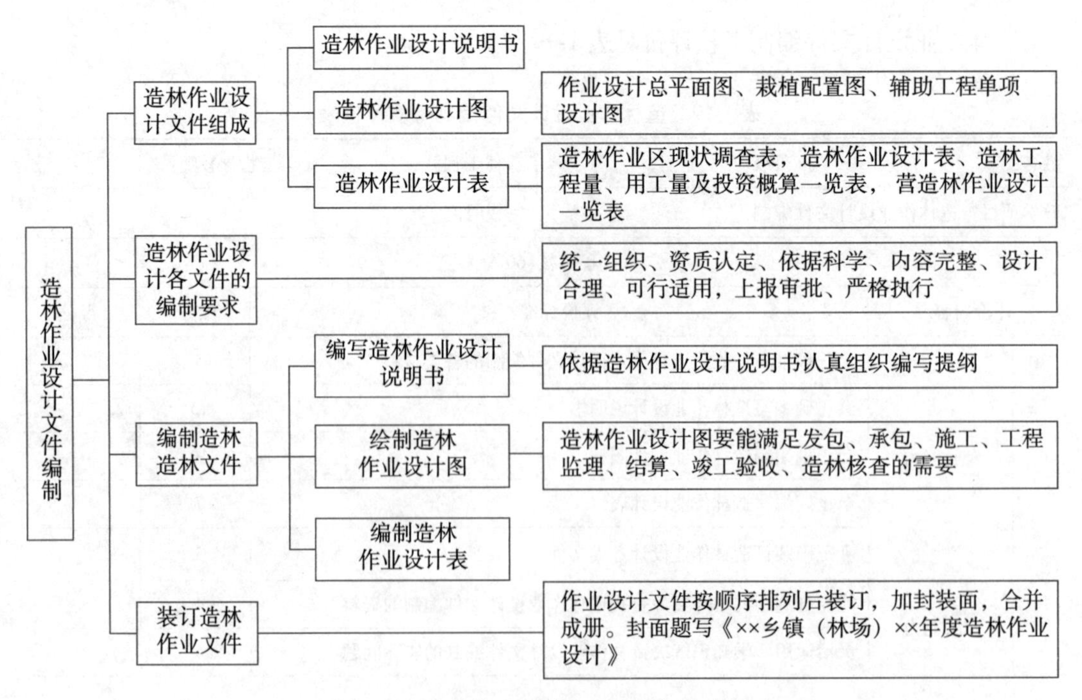

图1-25　造林作业设计文件编制任务小结

自测题

一、填空题

1. 造林作业设计一般在县(市、区、旗)(　　)统一领导下，由乡镇(苏木)政府、县(市、区、旗)直属(　　)、(　　)或相当于林场的(　　)组织编制。

2. 作业设计实行(　　)，(　　)具有对造林作业设计文件的(　　)并承担(　　)。

3. 没有(　　)或设计尚未被批准的(　　)。作业设计(　　)，必须(　　)。

4. 造林作业设计图要能满足(　　)、承包、(　　)、工程监理、(　　)、(　　)、造林核查的需要。

5. 造林作业设计图要能满足发包、(　　)、施工、(　　)、(　　)、竣工验收、(　　)的需要。

6. 造林作业设计图包括(　　)、(　　)和(　　)3类。

7. 图素包括明显的(　　)(道路、河道、溪流、沟渠、桥梁、涵洞、独立屋、孤立木等)、(　　)、(　　)的布设位置及(　　)。

8. 造林图式包括栽植配置(　　)、(　　)、(　　)、(　　)(效果图)以及整地(　　)(平面图、立面图)

9. 造林作业设计表包括(　　)、(　　)、(　　)、(　　)。

二、选择题

1. 造林作业设计由具有(　　)以上设计或咨询资质的单位或机构承担。

A. 丁级　　B. 甲级　　C. 丙级　　D. 乙级

2. 允许直接聘请具备林业行业(　　)的技术专家编制造林作业设计，技术专家的责任由聘任合同确认。

A. 中级职称　　B. 初级职称　　C. 高级职称　　D. 都可以

3. 造林作业设计由造林作业区所在县(市、区、旗)以上(　　)审批，报送省(自治区、直辖市)林业行政主管部门备案。

A. 政府主管部门　　B. 农业行政主管部门

C. 林业行政主管部门　　D. 都可以

4. 栽植配置图反映栽植材料空间关系的尺寸以米(m)计，精确到(　　)。

A. 1 m　　B. 0.1 m　　C. 10 m　　D. 2 m

5. 造林图式应绘制(　　)以上，以保证设计人员不在场的情况下，其他人员按图式作业不会产生歧义。

A. 5 种　　B. 3 种　　C. 2 种　　D. 1 种

三、判断题

1. 造林作业设计文件以造林作业区为单元编制，每个造林作业区编制一套设计文件，

应采用通用的电脑软件制作。（ ）

2. 造林作业设计文件以村或工区为单元编制，每个造林作业区编制一套设计文件，应采用通用的电脑软件制作。（ ）

3. 造林作业设计由具有甲级以上(含丁级)设计或咨询资质的单位或机构承担。（ ）

4. 作业设计的审批应充分发挥技术专家的作用，可以委托技术协会、学会、专业委员会组织专家评审。（ ）

5. 没有造林作业设计的或设计尚未被批准的可以施工。（ ）

6. 造林作业设计批准后还可以根据需要进行变更设计。（ ）

7. 栽植配置平面图表示水平方向乔灌木、草本与藤本植物在地面的配置关系。（ ）

8. 栽植配置立面图表示成林后与行带走向相垂直的剖面结构。（ ）

四、简答题

1. 简述造林作业设计文件组成。
2. 简述造林作业设计文件编制要求。
3. 简述造林设计说明书的编写提纲。
4. 简述造林设计文件装订顺序。

项目2 造林施工

知识目标

1. 掌握造林地清理、整地的基本知识和技术方法。
2. 掌握造林苗木准备、植苗造林、播种造林的基本知识和技术方法。
3. 掌握幼林抚育管理的基本知识和技术方法。

技能目标

1. 能结合造林地实际情况，实施造林地的清理和整地。
2. 会依据造林作业设计要求，做好造林苗木准备。
3. 会依据造林作业设计文件和造林技术规程，实施植苗造林、播种造林施工。
4. 会依据幼林抚育管理技术规程，实施幼林抚育管理。
5. 通过方案实施培养学生自主学习、组织协调和团队协作能力，独立分析和解决造林施工的生产实际问题能力。

任务2.1 造林地整理

任务描述

造林地整理是人工林营造中一项关键性的技术环节，造林地整理一般包括造林地清理和造林整地两方面，但造林地清理不是必经程序。本次任务要求学生依据《造林技术规程》(GB/T 15776—2016)的有关规定，结合造林地的自然条件和当地的社会经济状况，能够选择造林地整理的适当的方式方法，按时保质保量完成造林地整理任务，并能进行相应的实际操作。

任务目标

1. 会选择合适的造林地整理的季节。
2. 明确造林地整理方式方法及其适用条件。
3. 会结合当地条件和造林地实际情况，正确选择方法进行造林地整理。
4. 能独立分析和解决实际问题，能吃苦耐劳，能合理分工并团结协作。

知识链接

造林地整理是在造林前改善环境条件的一道重要工序，是人工林培育技术措施的主要组成部分，一般包括造林地清理和造林地整地两方面。

2.1.1 造林地清理

2.1.1.1 造林地清理的作用

造林地清理，是指在翻耕土壤前，清除造林地上的灌木、杂草、杂木、杂竹类等植被，或采伐迹地上的枝杈、伐根、梢头、倒木等剩余物的一道工序。造林地清理的作用以下几方面。

(1) 改善造林地上的卫生状况

造林地上的灌木、杂草及枯枝落叶、倒木、站杆、伐根等采伐剩余物上会附着很多有害生物，它们是滋生病虫害的温床，并且易燃性高，易导致森林火灾。很多病虫害也是先发生在杂草、灌木及采伐剩余物上而后传播到树木上的。清理后可以改善造林地的卫生状况，减少病虫害和森林火灾发生的可能性。

(2) 为造林整地施工创造便利条件

造林地上的杂草、灌木及采伐剩余物给整地施工造成阻力。清除后可方便造林整地施工，提高造林整地的质量和效率。

(3) 为播种、植苗施工创造便利条件

播种、植苗的操作过程较为复杂，如有大量灌木枝杈的存在就会增加施工的难度，需要清除这些障碍物，减少对播种、植苗施工带来的阻碍。

(4) 为幼林抚育等作业创造便利条件

幼林抚育主要有除草松土、浇灌施肥等项目，适当的林地清理可以减少幼林抚育施工的障碍。

造林地清理适用于杂草灌木丛生、堆积有采伐剩余物，不进行林地清理无法整地或整地很困难的造林地。因此，在植被比较稀疏、低矮，或迹地上的剩余物数量不多，对于土壤翻垦影响不大的情况下，清理可不单独进行，往往与土壤翻垦一并进行。

2.1.1.2 造林地清理的方式

造林地清理有全面清理、团块状清理和带状清理3种方式。

(1)全面清理

全面清理是指在整块造林地上全面清除杂草灌木和采伐剩余物的清理方式。

全面清理的清理效果好，但用工量大、费时多。同时，清除了造林地上所有植被，使造林地失去了保护，易造成水土流失。

全面清理仅适用于有比较严重病虫害的造林地、集约经营的商品林造林地(如速生丰产林)、缓坡地。

(2)团块状清理

团块状清理是指以种植点为中心，呈块状地清理其周围植被或采伐剩余物的清理方式。清理团块一般为圆形或方形，直径(或边长)一般为1 m。

团块状清理用工量小，成本低，但效果差。所以在生产上仅用于病虫害少，杂草灌木稀疏的陡坡造林地，或营造耐阴的树种。

(3)带状清理

带状清理是指以种植行为中心呈带状地清理其两侧植被，并将采伐剩余物或被清除植被在保留带(未清理带)堆成条状的清理方式。

带状清理能够产生良好的造林地清理效果，同时保留带的存在可以防止水土流失，保护幼苗幼树，提高造林成活率，有利于幼树的生长，在生产上应用广泛。

2.1.1.3 造林地清理的方法

造林地清理的方法，是指针对造林地上的杂灌木及采伐剩余物等清理时所采用的手段和措施。造林地清理的方法分为割除清理法、火烧清理法堆积清理法和化学药剂清理法4种。

(1)割除清理法

割除清理是指将造林地上的灌木、杂草、杂木、竹类等割除、砍倒并处理掉的造林地清理方法。对有利用价值的小径木运出进行利用；对杂草、灌木也可以运出用作薪柴或其他加工原料。对无利用价值、或不方便运出的杂草、灌木等割除物以及采伐剩余物，采取烧除处理或堆积处理。

割除清理法劳动强度大，费时费工，但简单易行，应用广泛。主要用于幼龄的杂木林，灌木、杂草繁茂的荒山荒地及植被已经恢复的采伐迹地。割除的工具有多种，目前在我国使用较多的是手工工具(镰刀、砍刀等)和割灌机。国外大面积作业常采用推土机、切碎机、割灌机和安装剪切刀片的履带式拖拉机。

割除的时间应选择植物营养生长旺盛、尚未结实或种子尚未成熟，地下积累的物质少，茎干容易干燥的季节进行。这样可以减少杂草灌木的萌生，提高清理的效果。清理的具体时间可在春季或夏末秋初。

割除清理法常常与带状清理结合进行，称为“割带” 或“打带”，是造林地清理常用的方式方法。

(2)火烧清理法

火烧清理法是指将被清除物进行焚烧的方法。这种清理方法可以提高地温，增加土壤速效性营养元素含量，减轻或消灭病虫害，清理彻底，便于更新作业，省工省时。但火烧法直接烧毁了生态系统长期积累起来的地表植被和采伐剩余物，破坏了土壤结构，大量养分元素以气态、飞灰等形式流失，降低林地的保水保肥能力；在降水量大、坡度陡的造林地上，容易造成水土流失，且使林地暴露，不利于耐阴树种（如楠木、福建柏等）的造林成活；火烧植被也使动物丧失栖息场所，减少鸟、兽、昆虫和微生物的种类，破坏了生物多样性。因此，火烧清理法应该慎用。

火烧清理法多用于南方杂草、灌木较多的山地，部分北方地区也有火烧清造林地的习惯。火烧清理法应根据具体情况采用不同的措施进行，对于杂草较多的造林地，也可以先打出8～10 m宽的防火线后，再在干燥季节直接点火炼山；对于杂草、灌木和采伐剩余物较多的造林地，一般分劈山和炼山两步进行。

劈山就是将杂木、灌木、杂草砍倒的施工过程。劈山的季节各地不同，一般以盛夏的7～8月较为适宜。这一时期，杂草、灌木生长旺盛，地下部分所积累的养分较少，劈除后萌生能力弱，杂草种子尚未成熟，易于消灭。此时光照强烈，杂草、灌木砍倒后易于干燥。

炼山就是将砍倒的杂草、灌木以及采伐剩余物烧掉。炼山一般在劈山后1个月左右，杂草、灌木适当干燥后进行。炼山之前应将周围的杂草、灌木以及采伐适当向中间堆积，并打出8～10 m宽的防火线，选择无风阴天的清晨或晚间，从山上坡点火，以减缓火势，防止火灾的发生。炼山时必须有专人看管火场，防止走火，引起火灾。

(3)堆积清理法

堆积清理法是指将割除的杂草、灌木和采伐剩余物等按照一定方式堆积在造林地上任其腐烂和分解的方法，这种方法不破坏有机质和各种营养元素，对于土壤的改良性能好。但是如果堆积的时间过长或者剩余物的直径较大，这些剩余物为鼠类和可能损伤健康树木的病虫提供了栖息场所。

堆积清理法主要适用需要人工更新的采伐迹地，在采伐剩余物较多和病虫鼠害较严重的造林地上应慎用。

堆积清理按堆积的方法不同可分为堆腐法、带腐法和散腐法。割除后采用火烧法处理割除物详见火烧清理法。

(4)化学药剂清理法

化学药剂清理就是采用化学药剂（主要是化学除草剂）杀除杂草、灌木和杂木的清理方法。清理效果显著且省时、省工，不易造成水土流失，使用比较方便。化学清理也有不利的方面，例如，化学药剂的运输不方便、不安全；用量和用法掌握不当会造成环境污染和毒害人畜；残留的药剂对更新幼苗幼树造成毒害；杀死有益的动物；使用有时会受到限制，如干旱地区缺少配制药剂所需要的水源等。

目前使用比较广泛的化学药剂主要有：2,4－D（二氯苯氧乙酸），2,4,5－T（三氯苯氧乙酸）、草甘膦、茅草枯、百草枯、五氯酚钠、阿特拉津、西玛津等。使用时应根据植物的特性、生长发育状况以及气候等条件决定。

使用化学除草剂应注意选用适当的化学药剂种类、浓度、用量以及喷洒时间，以防止造成环境污染。目前，在我国造林地的化学清理研究还不多，基本上处于试验阶段。

2.1.2 造林地整地

2.1.2.1 造林地整地的作用

造林整地是指翻垦土壤、改善造林地条件的造林地整理工序，是造林前处理造林地的重要技术措施。造林整地的主要作用有以下5个方面。

(1)改善立地条件

造林地整地可以改善林地土壤环境，清除地面的杂草等植被，使太阳光可以直接照射到地面，进而提高林内温度。不仅如此，造林地整地还可以使土壤变得疏松，空隙增大，增强土壤的渗透性，进而提高土壤的湿度，为树木提供良好的生存和生长条件。另外，整地还可以增加土壤的养分，一方面减少杂草、灌木等自然生长的植物对土壤中水分和养分的消耗；另一方面枯死的杂草经腐烂发酵可以增加土壤中的有机质。

(2)增强水土保持效能

在水土流失严重的地区，整地也是造林种草生物措施中的一个环节。通过把坡面整成一块块的平地、反坡或洼地，从而防止地表径流流量过大和流速过快，避免其过分汇聚，在整地的小地形上能够拦蓄地表径流，并分散积聚，使其能够渗入地下，增加土壤的含水量，减少水土流失。

(3)提高造林成活率，促进幼林生长

立地条件的改善为幼林的生长提供了良好的环境，栽植的苗木较容易长出新根，提高成活率。地温升高会延长林木的生长期，杂草、灌木和石块被清除，为林木根系的生长减小了阻碍，有利于根系生长发育，促进幼林生长。

(4)减少杂草和病虫害

造林整地清除了种植点周围的植被，可以减轻杂草、灌木与幼苗幼树的竞争，减少土壤水分和养分的消耗；整地破坏了病虫赖以滋生的环境，减轻了病虫危害。

(5)便于造林施工，提高造林质量

土壤经过深翻，人工栽植过程省力、省工。造林地经过认真清理和细致整地，可减少造林时的障碍，便于进行栽植及抚育管理，有利于加快造林施工进度。如整地达到规格要求，可以减少窝根和覆土不足现象，有利于提高造林质量。

2.1.2.2 造林地整地的特点

与农业整地和苗圃整地相比较而言，造林地整地有其自身的特点。

(1)造林整地任务的艰巨性和复杂性

造林地分布的地域广，面积大，很大一部分处在人烟稀少，交通不便的偏僻地区，自然条件差，多为未经耕作过的自然状态，加上地形复杂，植被和经济条件多变，使得造林整地任务量大，施工困难。这就决定了整地任务的艰巨性和复杂性。

(2) 造林整地方法的多样性

由于造林地的土地种类多，加之造林地立地条件的多样性，地形、植被和经济条件的变化性，必然要求因地制宜，采取适应立地条件要求的整地方法。因此，我国的造林整地方法是多种多样的。据不完全统计，我国有 30 多种造林地整地方法。

(3) 造林整地效益的长期性

由于人工林的生长周期长，林木树体高大，根系深广，而同一地块在造林后又不可能年年进行整地，往往培育 1 个世代只进行 1 次，所以人们往往希望整地的效果大些，其整地效益的持续时间长些，因此对整地的规格、质量提出了更高的要求。

2.1.2.3 造林地整地的时间

选择适宜的整地季节是充分利用外界有利环境条件，取得较好整地效果的一项措施。在分析造林地自然条件和社会经济条件的基础上，选定适宜的整地季节，对提高整地质量，节省经费开支，减轻劳动强度，降低造林成本，以及确保苗木成活、促进幼苗生长等均具有重要意义。

一般来说，除冬季土壤封冻外，春、夏、秋 3 季均可整地。各地的季节因气候条件的变化，整地效果也不同。

按整地时间与造林时间的关系可划分为：随整随造、提前整地。

(1) 随整随造

随整随造也称现整现造，就是整地之后立即造林，甚至一边整地一边造林。因整地与造林的时间间隔较短或基本上没有间隔，整地的有利作用还没有来得及充分发挥，一般情况下较少采用。在北方一些地区禁止现整现造。但在土壤深厚肥沃、植被盖度较小的新采伐迹地，以及风蚀比较轻的沙地或草原荒地，随整随造也能取得满意的造林效果。这主要是因为新采伐迹地立地条件优越，土壤的肥、水、热条件都有利于林木生长，如过早整地反而可能造成水分散失，带来不利影响；沙地提前整地也增加了造成风蚀的可能性。

(2) 提前整地

提前整地也称预整地，就是较造林提前至少 1 个季节进行整地。提前整地有利于植物残体的腐烂分解，增加土壤有机质，改善土壤结构；有利于改善土壤水分状况，尤其是在干旱半干旱地区的提前整地，可以做到以土蓄水，以土保水，对提高造林成活率起重要作用；便于安排农事等，一般春季是主要的造林季节，也是各种农事活动集中的季节，提前整地可以错开此时间段。

提前整地的提前量应当适宜，一般为 3 个月左右。春季造林，可在前 1 年的夏季或秋季整地。雨季造林，可在前 1 年的秋季整地，没有春旱的地区也可以在当年春季整地。秋季造林最好在当年春季整地。春季整地后，可以种植豆科作物，这样既可以避免杂草丛生，还能改善土壤条件，并增加一定收入。

总之，整地季节和造林季节的配合既有生物学的问题，也有技术问题，在实施中需要根据具体情况确定。

2.1.2.4 造林地整地的方式方法

造林整地的方式可以划分为全面整地和局部整地两种。

(1)全面整地

全面整地是翻垦造林地全部土壤的整地方式。这种整地方式清除造林地上的灌木、杂草和杂竹类较彻底，能显著地改善造林地的立地条件，也便于实行机械化作业或进行林粮间作。此种方式费工多，投资大，易导致水土流失的发生，在施工中还会受到地形条件(如坡度)、环境状况(如石块、伐根、更新的幼树等)和经济条件的限制。

全面整地适用于地形平缓、开阔的造林地，如平原区的荒地、草原、无风蚀危险的固定沙滩地、盐碱地、丘陵土石山区的平整缓坡地、水平梯田等。

全面整地的限定条件是坡度、土壤的结构和母岩。在花岗岩、砂岩等母质上发育的质地疏松或植被稀疏的地方，一般应限定在坡度8°以下；土壤质地比较黏重和植被覆盖较好的地方，一般坡度也不宜超过15°。

需要说明的是，无论是在南方或者是在北方，全面整地都不宜集中连片。面积过大，坡面过长时，以及在山顶、山腰、山脚等部位应适当保留原有植被，保留植被一般应沿等高线呈带状分布。另外，在坡度较大而又需要实行全面整地的地方，全面整地必须与修筑水平阶相结合。

(2)局部整地

局部整地是翻垦造林地部分土壤的整地方式。局部整地包括带状整地和块状整地。

①*带状整地*。是指在造林地上呈长条状翻垦土壤，并在翻垦部分之间保留一定宽度原有植被的整地方法。这种方法便于机械化作业，对于立地条件的改善作用也较好，不会造成集中连片的土壤裸露，不易造成水土流失，且较省工。

带状整地主要适用于无风蚀或风蚀较轻微的地区，伐根及其他障碍物较少的采伐迹地、坡度平缓或坡度虽大但坡面比较平整的山地和黄土高原，林中空地等造林地。平原地区或平坦地区的带状整地多用机械化整地，在山地带状整地也有相应的机械设备，但目前使用的还不普遍。

带状整地的方法较多，一般带状整地不改变小地形，如平地的带状整地及山地的环山水平带状整地。为了更好的保水保肥，促进林木生长，在整地时也可以改变局部地形，如平地可采用犁沟整地、高垄整地。山地则可采用水平阶、水平沟、反坡梯田、撩壕等整地方法。

②*块状整地*。是指以种植点为中心成块状翻垦土壤、整理地形的造林整地方式。块状整地灵活性大，较省工，成本低，引起水土流失的可能性小，但改善立地条件的作用也小。适用于各种立地条件，尤其是地形破碎、坡度较大的地段，以及岩石裸露但局部土层较厚的石质山地、伐根较多的迹地、植被比较茂盛的山地等。块状整地还适宜于条件比较恶劣的地段，如风蚀较为严重的固定、半固定沙地，起伏较大的丘陵坡地、盐碱地，以及经营条件较差的边远地区的荒山荒地。

块状整地通常在山地有穴状、块状和鱼鳞坑等整地方法；在平原有块状、坑状、高台等整地方法。

任务实施

一、器具材料

每组配备镰刀2把或割灌机1台及汽油适量，镐、铁锹各1把，皮尺、钢卷尺各1个，标杆3根。其他材料视实训内容确定。

二、任务流程

造林地整理流程如图2-1所示。

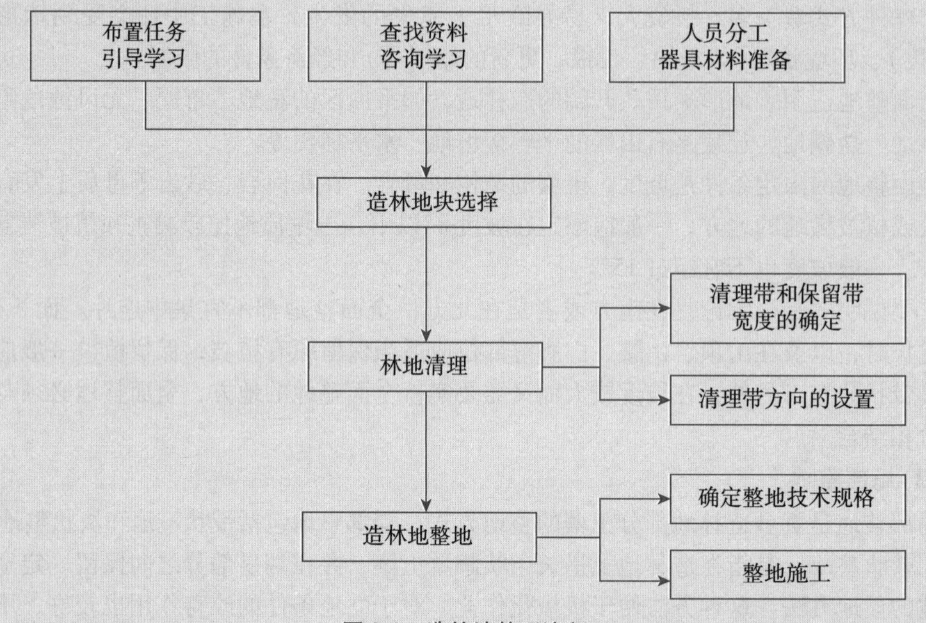

图2-1　造林地整理流程

三、操作步骤

1. 造林地整理地块选取

造林作业区应选择宜林荒山荒地、采伐迹地、火烧迹地、低产低效分改造等适宜造林的地块。

2. 清理带和保留带宽度的确定

带状清理时，一般根据"宽割窄留"的原则确定带的宽度。带的宽度有如下规格：

①窄带。割带1 m，保留1 m。适用于灌丛矮、密度小的阳坡，及营造耐阴性树种的造林地。

②中带。割带3 m、保留1 m。适用于缓、斜坡，灌木中等密度的造林地。

③宽带。割带4 m以上，保留带不宽于3m。适用于灌丛较高、密度大或营造喜光树种。

3. 清理带方向的设置

清理带的方向依造林地的地形地势和水土流失情况而定。

①平地。清理带的方向一般南北向设置，以增加清除带内的光照，有利于苗木生长。

②山地。一般根据坡度大小，水土流失强度决定清理带的方向。

a. 顺山带：清理带的方向与山坡的方向平行。这样方便施工人员通行，在坡度较缓的山地上使用也不会加剧水土流失。

b. 横山带：清理带的方向与等高线平行。由于保留带的方向与地表径流方向垂直，能有效地降低水土流失强度，在坡度较大的造林地上使用可以防止水土流失。但横山带对施工人员通行不便，较少使用。

c. 斜山带：清理带的方向与等高线方向成45°夹角。这样既可以防止水土流失，又方便施工人员通行，多在坡度较大的造林地上应用。

4. 清理施工

使用割除工具（割灌机或手工刀具）割除清理带上的灌木、杂草和杂木，并按规定将灌木、杂草在保留带上堆放好。杂草、灌木的堆放高度1 m，宽度按规定执行。

5. 确定整地技术规格

造林整地技术规格，主要是指整地的断面形式、深度、宽度、长度和间距等，这些指标都不同程度地影响着造林整地的质量。断面形式是指整地时的翻垦部分与原地面构成的断面形状。在干旱和半干旱地区，由于整地的主要目的是为了更多拦蓄降水，增加土壤湿度，防止水土流失，所以，整地深度对整地效果的影响最大，增加整地深度不仅有利于根系的生长发育，还有利于提高土壤的蓄水保墒能力，在立地条件较差的干旱地区更是如此。一般整地深度以30～40 cm为宜（具体规格以造林设计为准）。当苗木和林木根系较大时，则应根据实际情况适当加大整地深度，为了某种特殊需要还可增加至50～60 cm，有些甚至100 cm以上；在一定范围内整地宽度越大，越有利于苗木成活和生长，其拦截的降水数量、水分渗入深度都明显提高，但整地平面规格过大，也可能在造林初期引起土壤侵蚀。整地的规格应该根据造林地的地形、坡度（坡度大则窄一些，坡度小则宽一些）和造林树种等条件合理确定，并在造林设计中做了明确规定。

6. 整地施工

可选择当地常用的1～2种整地方法进行实训。

（1）带状整地

①山地带状整地。山地带状整地时，按照带的断面形态可分为水平带、水平阶（带宽度较大时称为水平梯田）、反坡梯田及水平沟。北方山地，特别是黄土高原地区的造林整地可用带状整地。常用的整地方法是水平阶、水平沟或反坡梯田。

a. 环山水平带状整地：带面与坡面基本持平；带宽一般0.4～3 m；带的长度一般较长；整地深度一般为25～30 cm(图2-2)。

此法适用于植被茂密、土层较深厚、肥沃、湿润的迹地或荒山，坡度比较平缓的地段。

b. 水平阶整地：又称水平条，阶面水平或稍向内倾；阶宽随立地条件而异，石质山地一般0.5～0.6 m，土石质山地和黄土地区可达1.5 m；阶长随地形而定，一般为2～10 m；深度为30～35 cm；阶外缘一般培修土埂(图2-3)。

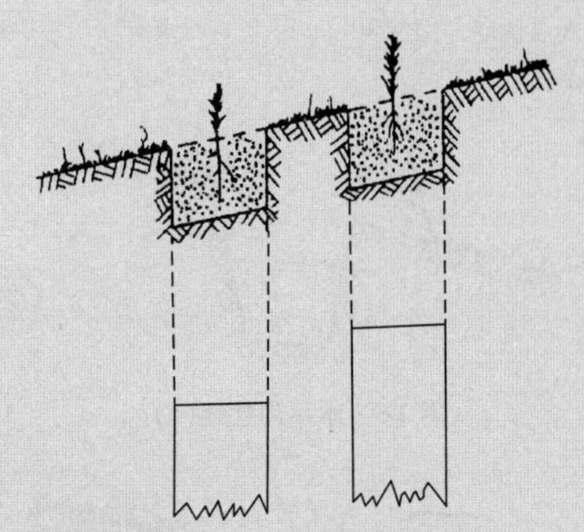
图2-2　环山水平带状整地

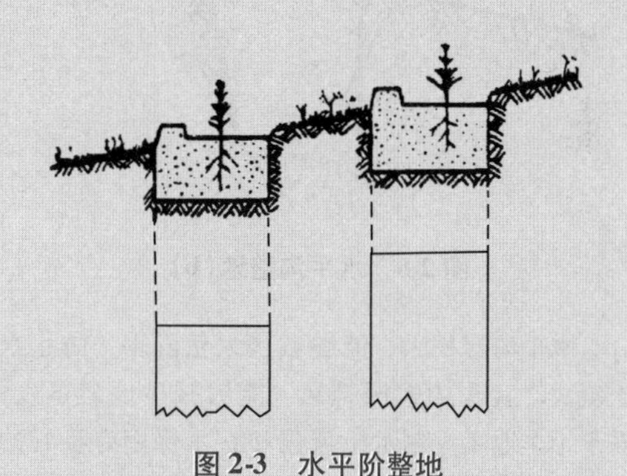
图2-3　水平阶整地

c. 反坡梯田整地：田面向内倾斜成3°～15°反坡；面宽1～3m；每隔一定距离修筑土埂，以汇集水流；深度40 cm以上(图2-4)。

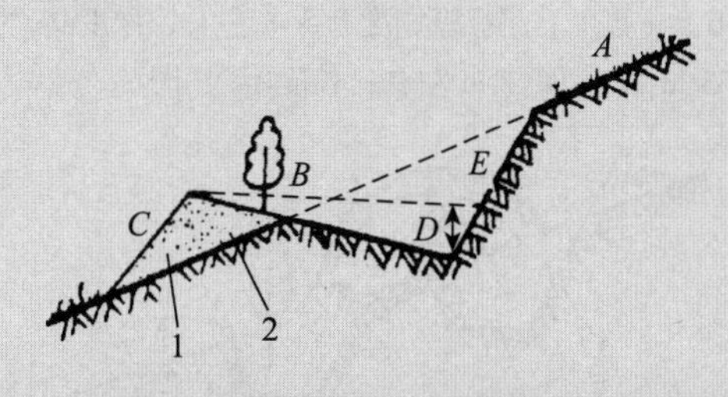

图2-4　反坡梯田整地

此法适用于坡度不大，土层较深厚的地段，以及黄土地区地形破碎的地段。整地投入劳力多，成本高，但抗旱保墒和保肥的效果好。

d. 水平沟整地（堑壕式整地）：沟底面水平但低于坡面；沟的横断面可为矩形或梯形；梯形水平沟的上口宽度0.5～1 m，沟底宽0.3～0.6 m，当沟较长4～10 m，当沟较长时，面隔2 m左右应在沟底留埂，沟深40 cm以上，外缘有埂(图2-5、图2-6)。

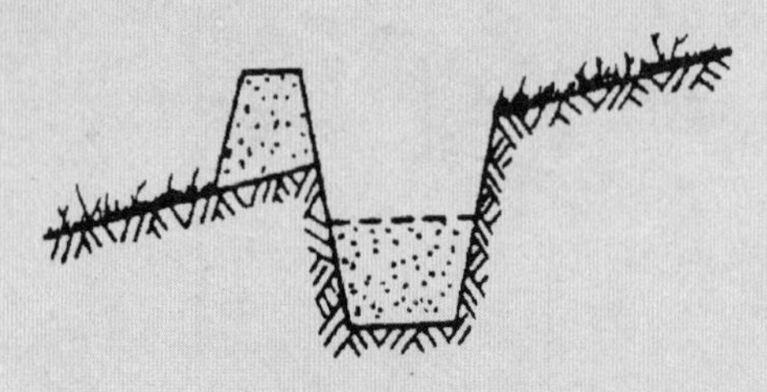

图2-5　水平沟整地(a)

图2-6　水平沟整地(b)

水平沟容积大，能够截获大量降水，防止水土流失，且沟内遮阴挡风，能够减少地表蒸发，对于干旱地区控制水土流失和蓄水保墒有良好的效果，但用工量大，成本高。

e. 撩壕整地：又称抽槽整地、倒壕整地。壕沟的沟面应保持水平，宽度和深度根据不同的要求有大撩壕和小撩壕之分，其中大撩壕宽度约1.5 m，深度为0.5 m以上；小撩壕宽度0.5 m左右，深度0.3～0.35 m；壕间距2 m左右；长度不限(图2-7)。

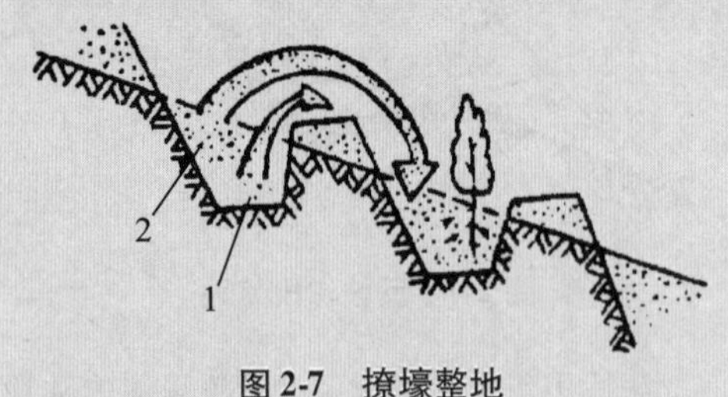

图2-7　撩壕整地
1. 心土　2. 表土

山地进行带状整地时，带的方向应尽可能与等高线平行，带的宽度一般为1 m左右，带的长度不宜太长，太长则难以保持带的水平而导致降水汇集，引起水蚀。

②平原带状整地。平原带状整地应用的方法主要有：带状、高垄和犁沟等。

a. 平地带状整地：为连续长条状，带面与地面平。带宽0.5～1.0 m或3～5 m，带间距等于或大于带面宽度，深度25～40 cm，长度不限(图2-8)。带状整地是平原地区整地常用的方法。适用于无风蚀或风蚀不严重的地区沙地、荒地、采伐迹地、林中空地以及地势平缓的山地。

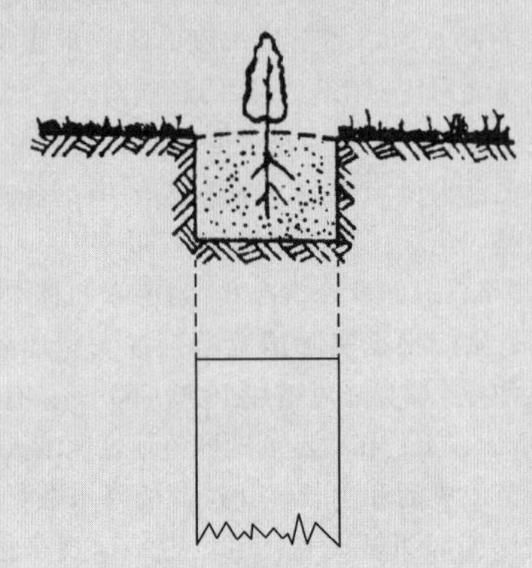

图2-8　平地带状整地

b. 高垄整地：为连续长条状。垄宽30～70 cm，垄面高于地表面20～30 cm。垄向的确定应有利于垄沟的排水(图2-9)。

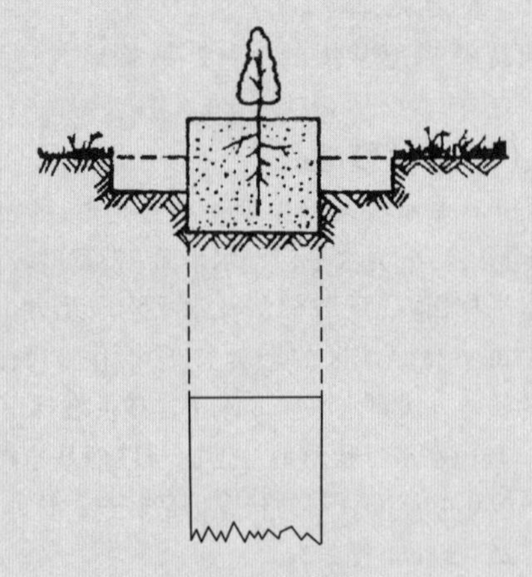

图2-9　高垄整地

适用于水分过多的采伐迹地和水湿地。水湿地和盐碱地常用类似于高垄整地的高台整地。高台整地的台面高度根据水湿情况和地下水位的高度确定。

c. 犁沟整地：为连续长条状。沟宽30～70 cm，沟底低于地表面 20 cm 左右。适用于干旱半干旱地区(图 2-10)。

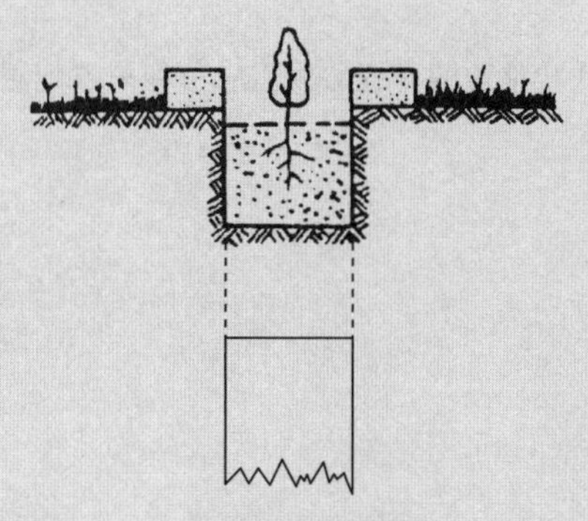

图 2-10 犁沟整地

平原地区进行带状整地时，带的方向一般为南北向，在风害严重的地区，带的走向应与主风方向垂直。带宽与山地带状整地基本相同，但可稍宽些。带长不受限制，以充分发挥机械化作业的效能。

（2）块状整地

①圆形整地。为圆形坑穴，穴面与原坡面基本持平或水平，穴直径 40 ~ 50 cm，整地深度 20 cm 以上(图 2-11)。

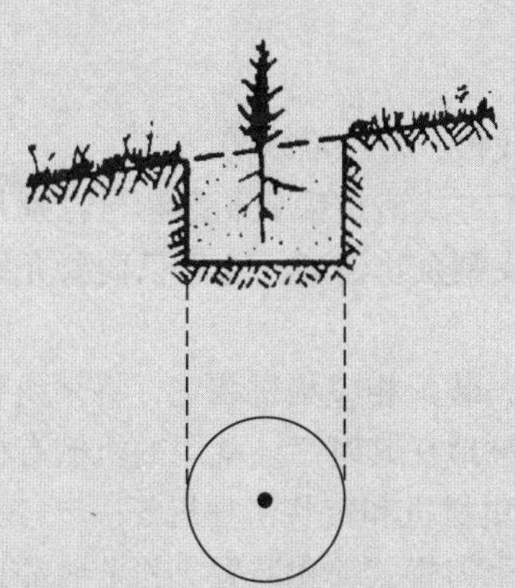

图 2-11 穴状整地

②方形整地。为正方形或长方形坑穴。穴面与原坡面持平或水平，或稍向内侧倾斜。边长 40 cm 以上，深 30 cm 以上，外侧筑埂(图 2-12、图 2-13)。

③鱼鳞坑整地。为近半月形的坑穴。坑面水平或稍向内侧倾斜。一般长径(横向)0. 8 ~ 1. 5 m，短径(纵向)0. 6 ~ 1. 0 m，深 40 ~ 50 cm，外侧用生土修筑半圆形边埂，高于穴面 20 ~ 25 cm 的土埂。在坑的内侧可开出一条小沟，沟的两端与斜向的引水沟相通(图 2-14)。

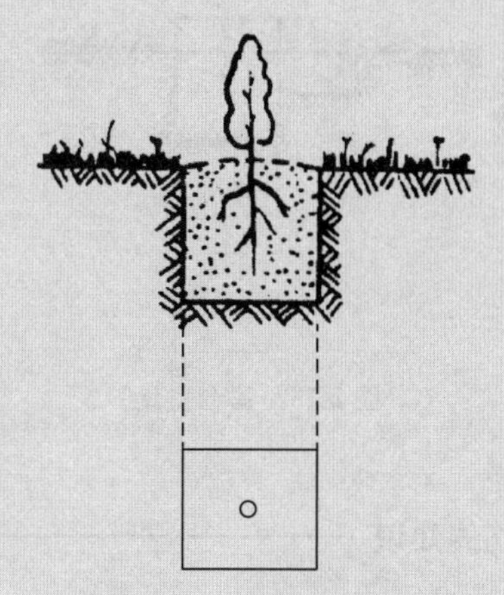

图 2-12 平地块状整地

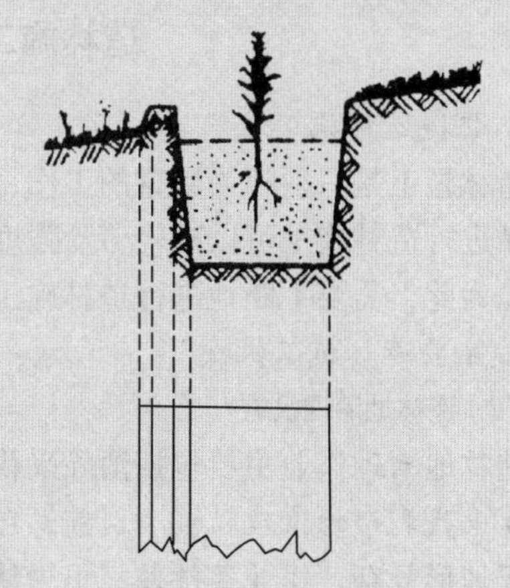

图 2-13 山地块状整地

图 2-14 鱼鳞坑整地

鱼鳞坑主要适用于坡度比较大、土层较薄或地形比较破碎的丘陵地区，水土保持功能强，是水土流失地区造林常用的整地方法，也是坡面治理的重要措施。

④高台整地。为正方形、矩形或圆形平台。台面高于原地面 25 ~ 30 cm，台面边长或直径 30 ~ 50 cm 或 1 ~ 2 m，台面外侧开挖排水沟(图 2-15)。

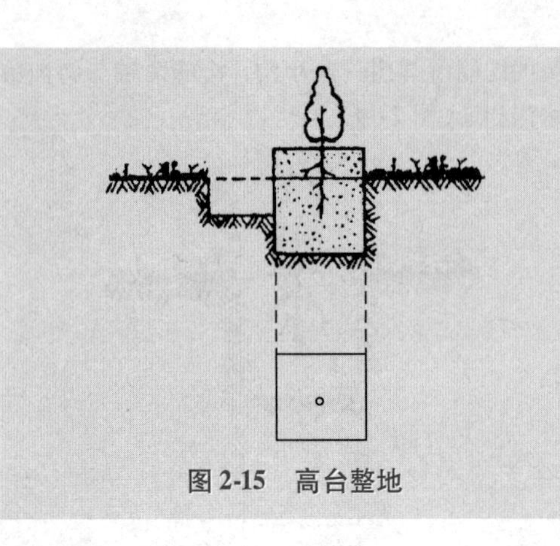
图 2-15　高台整地

高台整地一般用于土壤水分过多的迹地或低湿地，排水作用较好，但是比较费工，整地成本高。

块状整地的排列方式，应与种植点配置方式一致。

拓展知识

造林施工机械的使用和保养

1. 机械造林施工的意义

造林施工是一项相当繁重的工作，其费用在造林更新总支出中所占的比重也很大。使用机械进行造林施工可以减轻劳动强度，提高劳动生产率，降低造林成本，提高造林施工质量。为此，需要不断地进行造林施工的工具改革，逐步实现机械化作业。

2. 主要造林施工机械

（1）造林地清理机械

造林地清理作业主要包括清除采伐剩余物、拔除伐根，清除灌木等。

①采伐剩余物清理机械。目前，在我国多采用人工方式清理采伐剩余物，特别是在山区由于地形复杂，作业条件差，很少使用机械进行采伐剩余物清理。这里只简要介绍几种采伐剩余物清理机械。

a. 枝杈收集机：这类机械多以集材拖拉机为主机，装配相应集材装置，将采伐剩余物（枝杈）收集起来运出加以利用，或按一定方式堆于造林地任其腐烂。常用的机械有枝杈收集打捆机、抓钩式枝杈收集机、ST－30 型人工林间伐集材机和带状清林机等。

b. 刀辊式碎木机：以集材拖拉机为主机，装配1个刀辊式碎木装置。作业时靠刀辊及其自身的质量，将枝杈和灌木切碎并压入地中，使其腐烂。

②伐根清理机械。通常可采用爆破法、化学腐蚀法、铣削法、火烧法、机械拔除法清除伐根。常用的拔根机有钳式拔根机、杠杆式拔根机、推齿式拔根机。这些机械均悬挂在拖拉机上，利用专门机构将伐根拔除。另有一种手动绞盘拔根机则是利用绞盘机直接将伐根拔除。

③灌木清除机械。

a. 灌木铲除机：以拖拉机为动力，在拖拉机前方安装灌木铲。灌木铲由铲刀、铲壁、铲架、护栅及滑橇组成。作业时铲刀下降，并由滑橇保持一定高度，拖拉机前进将灌木切断。铲刀的切灌高度和锋利程度直接影响除灌质量，因此，作业时要注意调节铲刀的高度和磨刃，以防止产生树干弯曲、撕裂、折断现象。灌木铲除机主要是用于地势平缓的造林地。

b. 割灌机：它是一类利用旋转式工作部件切割灌木的机械。这类机械在生产上应用普遍，不仅用于造林地清理，还可用于幼林抚育。

割灌机的常见类型主要可以下几种。

• 背负式割灌机。以小型汽油或柴油发动机为动力，由人背负着作业。具有质量轻、机动灵活、结构简单使用维修方便等特点，应用广泛。分为侧背式割灌机、后背式割灌机、背负式割灌机。

• 悬挂式割灌机。悬挂在拖拉机上，并以拖拉机为动力驱动工作部件工作。一般用于大面积割灌作业。

• 手扶式割灌机。以发动机为动力，由行走轮支承，由人推动前进作业。

（2）造林整地机械

造林整地是一个土壤的疏松、破碎、平整的过程。在平原和地势平缓，土层深厚的造林地上常进行全面整地或带状整地，多使用铧式犁、圆盘整地机、旋耕机、弹齿整地机等大型整地机械。这些机械都是常规农用机械，这里不做具体介绍。在山地，因为地形复杂，作业条件差，大型机械无法使用，但挖坑机一类小型机械，因体积小，灵活性强，操作方便而得到一定的应用。挖坑机也称穴状整地机，既是一种小型的整地机械，也是明穴造林的挖穴机械。

（3）植苗造林机械

用于植苗造林的机械也称植树机，在地势平缓，特别是平原植苗造林中广泛应用。

巩固训练

1. 训练要求

(1) 以小组为单位开展训练，组内同学要分工合作、相互配合、团队协作。

(2) 造林地清理和造林地整地方法应具有科学性和可行性。

(3) 做到安全操作，程序符合要求。

2. 训练内容

(1) 结合当地条件和造林地实际情况，让学生以小组为单位，在咨询学习、小组讨论的基础上，制定某造林地整理准备技术方案。

(2) 以小组为单位，依据技术方案进行一定造林任务的造林地清理和造林地整地训练。

3. 训练成果

整理出合格的可完成既定造林任务的造林地。

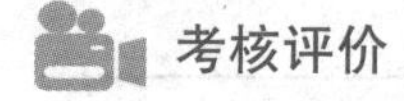

考核评价

造林地整理考核评价见表 2-1。

表 2-1　造林地整理考核评价表

<table>
<tr><td colspan="3">姓名：</td><td>班级：</td><td>造林工程队：</td><td colspan="2">指导教师：</td></tr>
<tr><td colspan="4">教学项目：造林地整理</td><td colspan="3">完成时间：</td></tr>
<tr><td colspan="7">过程考核 60 分</td></tr>
<tr><td colspan="2">评价内容</td><td colspan="3">评价标准</td><td>赋分</td><td>得分</td></tr>
<tr><td rowspan="3">1</td><td rowspan="3">专业能力</td><td colspan="3">会正确准备造林地整理各类器具材料</td><td>5</td><td></td></tr>
<tr><td colspan="3">会依据造林地实际情况实施造林地的清理施工</td><td>10</td><td></td></tr>
<tr><td colspan="3">会依据造林地实际情况实施造林地整地施工</td><td>25</td><td></td></tr>
<tr><td rowspan="2">2</td><td rowspan="2">方法能力</td><td colspan="3">能充分利用网络等资源查找造林清理整地的各类资料</td><td>4</td><td></td></tr>
<tr><td colspan="3">灵活运用所学知识解决造林地清理整地的实际问题</td><td>4</td><td></td></tr>
<tr><td rowspan="4">3</td><td rowspan="4">合作能力</td><td colspan="3">能根据任务需要与团队人员愉快合作，有协作意识</td><td>3</td><td></td></tr>
<tr><td colspan="3">在完成工作任务过程中勇挑重担，责任心强</td><td>3</td><td></td></tr>
<tr><td colspan="3">在生产中沟通顺利，能赢得他人的合作</td><td>3</td><td></td></tr>
<tr><td colspan="3">愉快接受任务，认真研究工作要求，爱岗敬业</td><td>3</td><td></td></tr>
<tr><td colspan="7">结果考核 40 分</td></tr>
<tr><td rowspan="2">4</td><td rowspan="2">工作成果</td><td rowspan="2" colspan="2">实施造林地清理和整地的山场</td><td>造林地清理的方式和方法科学、规范，达到验收标准</td><td>15</td><td></td></tr>
<tr><td>造林地整地的方式和方法科学、规范，达到验收标准</td><td>25</td><td></td></tr>
<tr><td colspan="2">总　评</td><td colspan="3"></td><td>100</td><td></td></tr>
</table>

指导教师反馈：（根据学生在完成任务中的表现，肯定成绩的同时指出不足之处和修改意见）

年　月　日

单元小结

造林地整理任务小结如图 2-16 所示。

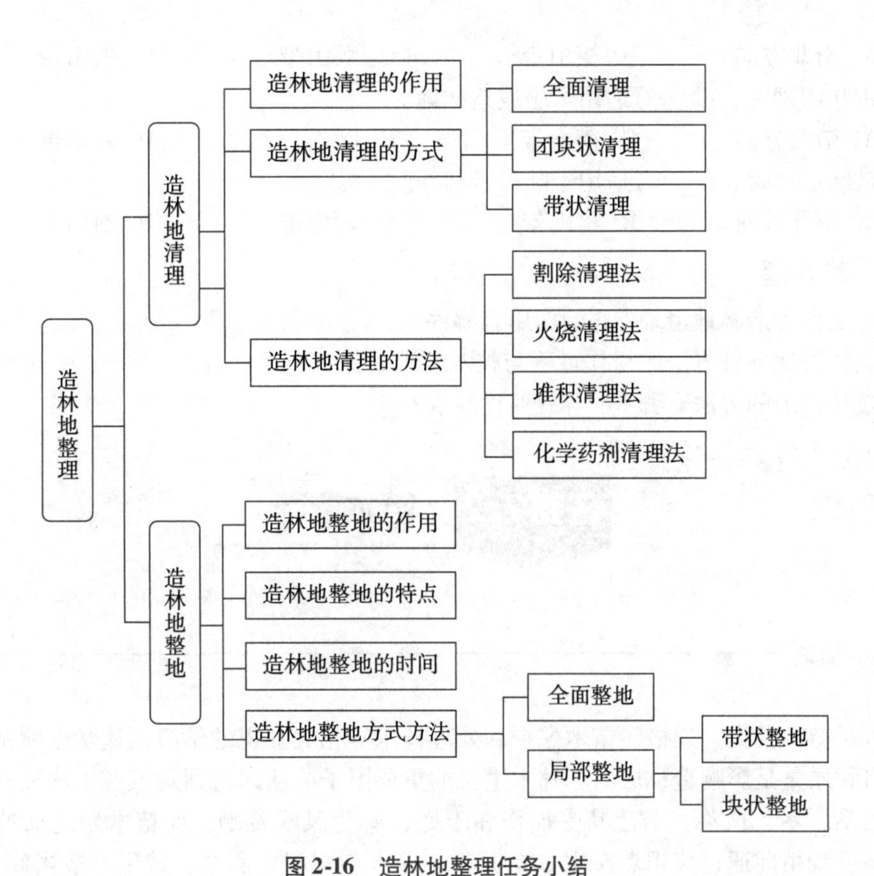

图 2-16　造林地整理任务小结

自测题

一、填空题

1. 常见的块状整地的方法包括(　　　　)、(　　　　)、(　　　　)、(　　　　)。

2. 常见的造林地清理的方式有(　　　　)、(　　　　)、(　　　　)，其中(　　　　)较为常用。

3. 山地带状整地的方法包括(　　　　)、(　　　　)、(　　　　)、(　　　　)、(　　　　)。

二、选择题

1. (　　)适用于干旱瘠薄，阳向陡坡造林地。
   A. 穴状整地　　B. 块状整地　　C. 鱼鳞坑整地　　D. 高台整地

2. (　　)适用于水湿的造林地。
   A. 穴状整地　　B. 块状整地　　C. 鱼鳞坑整地　　D. 高台整地

3. (　　)适用于条件较好的造林地。
   A. 穴状整地　　B. 块状整地　　C. 鱼鳞坑整地　　D. 高台整地

4. 带状清理时，(　　)适用于平地。

A. 南北方向　　B. 横山带　　C. 顺山带　　D. 斜山带

5. 带状清理时，(　　)适用于缓坡造林地。

A. 南北方向　　B. 横山带　　C. 顺山带　　D. 斜山带

6. 带状清理时，(　　)适用于陡坡造林地。

A. 南北方向　　B. 横山带　　C. 顺山带　　D. 斜山带

三、简答题

1. 什么称为造林地清理？它的作用有哪些？
2. 块状整地各种方法的操作过程与技术要求是什么？
3. 造林整地的方法有哪些？各有何优缺点？

任务2.2 苗木准备

任务描述

通过对苗木种类、规格、苗木保护和处理技术等相关知识的学习，让学生明确苗木种类、规格和质量是影响造林成活和林木生长的重要因子。从起苗到栽植各工序要注意保护好苗木根系、茎、顶芽，不让其受损伤和干燥，避免风吹日晒，使苗木始终保持湿润状态。起苗后栽植前通过修根、浸水、蘸泥浆、保水剂浸根、假植、截干，适当修剪枝叶、喷洒蒸腾抑制剂等措施，减少苗木体内水分消耗，保持苗木体内水分平衡，提高造林成活率。本次任务重点介绍苗木截干、修剪、蘸泥浆和假植操作。

任务目标

1. 学会苗木保护和处理技术。
2. 学会苗木假植技术。
3. 掌握苗木保护和处理的技术措施。

知识链接

2.2.1 苗木的种类及规格

2.2.1.1 苗木种类

(1)按照苗木的培育方式分类

①实生苗。用种子繁殖的苗木。多为针叶树种的苗木。

②营养繁殖苗。用树木的营养器官繁殖而成的苗木。多为阔叶树种的苗木。

(2)按照苗木出圃时根系是否带土分类

①裸根苗。根系裸露不带土。起苗容易，重量小，包装、运输、贮藏都比较方便，栽植省工，是目前生产上应用最广泛的一类苗木；但起苗时容易伤根，栽植后遇不良环境条件常影响成活。

②带土坨苗。根系带有宿土，根系不裸露或基本不裸露的苗木，包括一般带土坨苗和各种容器苗。这类苗木根系基本完整，栽植成活率高，但重量大，搬运费工，造林成本比较高。

(3)按照苗圃培育年限及移植情况分类

①留床苗。从育苗到出圃始终生长在原苗床的苗木。

②移植苗。在苗圃中经过一次或多次移植后继续培育的苗木，多为大苗，侧须根发达。用移植苗造林见效快，农田防护林营造、四旁植树等多用。

不同种类苗木的适用条件，依据林种、树种和立地条件的不同而异。一般用材林用经过移植的裸根苗；经济林多用嫁接苗；防护林多用裸根苗；“四旁”绿化和风景林多用移植的带土坨苗；针叶树苗木和困难的立地条件下造林用容器苗。

2.2.1.2 苗龄和苗木规格

(1)苗龄

造林用苗木必须达到一定的苗龄才能出圃。苗龄过小，过大都会影响造林成活率。苗龄小，适应性强，但抵抗力弱；苗龄大，抵抗力强，栽后生长快，但适应性相对较差。一般营造用材林常用0.5～3年生的苗木，速生丰产用材林和防护林常用2～3年生的苗木，经济林常用1～2年生的苗木，“四旁”绿化和风景林常用3年生以上的苗木。速生树种，如杨树、泡桐等，常用苗龄较小的苗木；慢生树种，如针叶树多用2～3年生苗，其中落叶松、油松为2年生，樟子松2～3年生，云杉3～4年生。

(2)苗木规格

应根据《主要造林树种苗木质量分级》(GB 6000—1999)和地方制定的苗木质量分级标准确定。苗木分级是以地径为主要指标，苗高为次要指标。一般应采用Ⅰ、Ⅱ级苗造林。如2.5年生油松移植苗(1～1.5)苗木分级标准，Ⅰ级苗，地径>0.6 cm，苗高>25 cm，根系长>20 cm，>5 cm长Ⅰ级侧根数12根。Ⅱ级苗，地径>0.4～0.6 cm，苗高>20～25 cm，根系长>20 cm，>5 cm长Ⅰ级侧根数8根，顶芽饱满，针叶完整，无多头现象。

2.2.2 苗木的保护措施

苗木保护的目的是保持苗木体内的水分平衡，提高植苗造林成活率。因此从起苗到栽植各工序要尽量减少苗木失水，尽量缩短从起苗到造林的时间，保护好苗木根系，不让其受损伤和干燥，同时要防止芽、茎、叶等受到机械损伤。要做到随起苗、随分级、随蘸泥浆(或浸水)，随包装，随运输，随假植，随栽植，避免风吹日晒，使苗木始终保持湿润状态。具体保护措施包括以下几方面。

2.2.2.1 细致起苗

遇干旱，土壤干燥，起苗前 2～3 d 灌水，使土壤松软，减少对根系的损坏。起苗后，不摔打苗根，尽量保持根系完整，茎芽不受损伤。

2.2.2.2 及时分级、蘸泥浆、包装

起苗后，在阴凉处，及时分级，分级后的苗木捆为 50 株或 100 株的小捆，边捆，边蘸泥浆，边用湿润物包装或假植。

2.2.2.3 及时假植

苗木假植是指用湿润的土壤、沙等将苗木的根系进行覆盖，以防根系失水，保护苗木生活力的处理措施。

苗木从苗圃起出后，不能及时运往造林地，或运至造林地后不能在短时间内栽植完时，要在背风的地方挖假植沟，将苗木的根系甚至整株苗木用湿土、沙等材料覆盖，并浇水，以保持苗木体内的水分平衡。

生产实践中，林场(或经营所)将苗木购回，统一在场部把苗木放置于避风避光的房间内，以锯末覆盖，浇透水，进行临时贮藏，然后按一天施工的用量分发到每块造林地，在造林地设临时假植场进行临时假植。临时假植场要设在造林地中心，同时假植场一定要离水原近，以方便取水。

2.2.2.4 注意保湿

苗木长途运输过程中，要覆盖，勤检查，避免苗木发热、发霉，要及时洒水，保持苗木湿润。

2.2.2.5 采用桶装苗或保湿袋提苗

造林时用盛水桶提苗、或用保湿袋提苗，以保持苗木根系湿润。但已蘸泥浆的苗木，提苗桶不要放水，或少放一点泥浆水，栽植时，边栽边取苗。

2.2.2.6 及时浇水

栽植后，有条件的地方要立即浇透底水。干旱地区一定要浇定根水。

2.2.3 苗木的苗木处理

为了保持苗木体内的水分平衡，在栽植前须对苗木地上部分和地下部分进行适当的处理。

2.2.3.1 地上部分处理

①截干。就是截去苗木大部分主干，仅栽植带有根系和部分苗干的苗木。截干是干

旱、半干旱地区造林常用的抗旱造林技术措施之一。目的是减少苗木地上部分的水分蒸发，避免苗木由于地上部分过渡失水而干枯死亡。在苗木质量较差的情况下，截干对提高苗木质量有一定作用；苗干弯曲或受到损伤时，截干有助于培养良好干形。截干造林适用于萌芽能力强的树种，如杨树、刺槐、元宝枫、黄栌等。

②修枝和剪叶。对常绿阔叶树进行适量修枝剪叶，可减少地上部分蒸腾失水。

③喷洒蒸腾抑制剂。能降低植物蒸腾作用的一类化学物质，称为蒸腾抑制剂。主要有两类：薄膜型蒸腾抑制剂和代谢型蒸腾抑制剂。

薄膜型蒸腾抑制剂的作用是喷洒在叶表面后形成一层极薄的膜，在不影响光合作用和不过高增加体表温度的前提下，减少蒸腾，提高苗木抗旱保水能力。如“京防一号”高效抑蒸剂、十六烷醇、石蜡乳剂、乳胶和树脂等。

代谢型蒸腾抑制剂也称气孔抑制剂，这种蒸腾抑制剂喷洒到叶片上，使气孔开度减少或关闭，增加气孔蒸腾阻力，降低水分蒸腾量。如脱落酸、羟基磺酸、阿特拉津、叠氮化钠等。

2.2.3.2 地下上部分处理

①修根。剪除受伤的根、发育不正常的根以及过长的根，修剪时，剪口要平。使其栽植后迅速恢复根系创伤及吸水功能，同时也便于包装、运输和栽植。

②蘸泥浆。利用吸湿性强的粘土附在根系表面，使根系在较长时间保持湿润、防止风干。达到保持苗木生活力的目的，泥浆稀稠要适宜，过稀根系粘不上泥浆，过稠粘泥过多，会增加重量，还可能在根系上形成泥壳，窒息根系的生理活动，使苗木根系腐烂。一般苗木放入后能蘸上泥浆，以不黏团为宜。主要适用于针叶树裸根苗以及阔叶树、灌木小苗。

③水凝胶蘸根。利用吸水剂加适量水配置成水凝胶蘸根，也可以加入植物生长调节剂或植物激素蘸根，促进根系的恢复和新根的萌发。这种方法具有保水效果好，重量轻，费用低等优点。

常用的植物生长调节剂或激素有：ABT 3 号生根粉、萘乙酸、吲哚乙酸、吲哚丁酸、赤霉素及其复合制剂等。植物生长调节剂或植物激素处理苗木所用的浓度和时间因树种、药剂种类而定，一般使用较高浓度时浸蘸的时间宜短，较低浓度浸蘸的时间宜长。

④浸水。造林前将苗木根系放在水中浸泡，增加苗木含水量，经过浸水的苗木，耐旱能力增强，发芽早，缓苗期短，有利于提高造林成活率。浸泡时间一般为 1 ~2 d，杨树要全株浸水 2 ~4 d，最好用流水或清水浸泡苗木根系。

⑤接种菌根菌。菌根是真菌与植物根系的共生体。菌根能够提高林木的抗逆性，如干旱、瘠薄、极端温度和盐碱度，抗有毒物质的污染，增强和诱导林木产生抗病性，提高土壤的活性，改善土壤的理化性质。接种菌根菌可以采取如下方法：

a. 使用菌根剂处理苗木：菌根剂可以从市场上直接购买，按说明书施用即可。

b. 用带有造林树种菌根菌的土壤处理苗木：菌土可以取自该树种的林地或培育该树种树种苗木的苗圃地。

任务实施

一、工具与材料

铁锹、植苗桶、修枝剪、钢卷尺，苗木、塑料带等。

二、任务实施流程

苗木准备流程如图 2-17 所示。

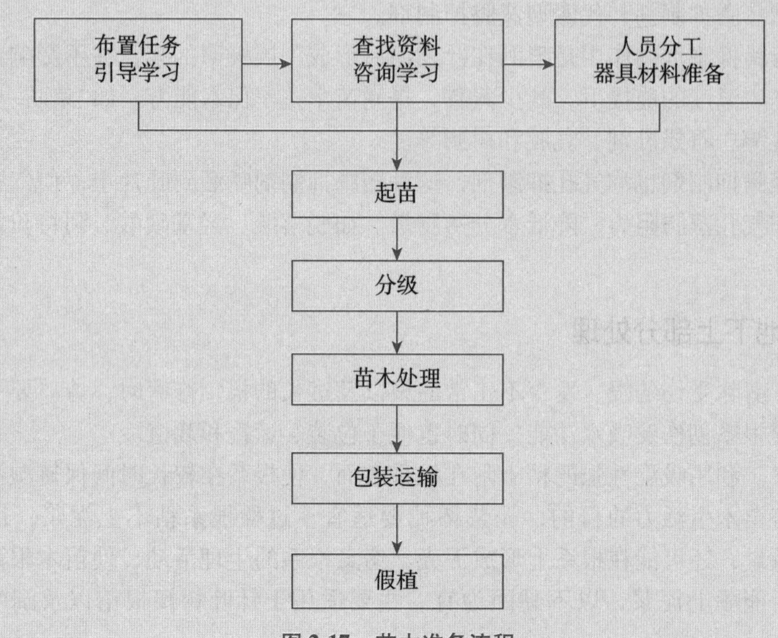

图 2-17　苗木准备流程

三、操作步骤

1. 苗木准备

①裸根起苗。起苗前 2～3 d 浇水、使土壤松软，苗木吸足水分，起苗时，少伤根，多带须根，小苗适当带土。

②带土坨起苗。苗前 2～3 d 浇水，增加土壤的黏结力，以苗干为中心按要求的根幅（一般乔木树种土坨直径为根颈直径的 8～10 倍，土坨高度为土坨直径的 2/3）划圆，在圆圈外挖沟，切断侧根；挖到要求深度的 1/2 时，逐渐向内缩小根幅，达到要求的深度后，土球直径缩小到根幅的 2/3，使土球呈扁圆柱形，用草绳或塑料薄膜包裹好，切断主根，取出苗木。或在阴凉处分级。

2. 苗木分级

按《主要造林树种苗木质量分级》（GB 6000—1999），将苗木分为Ⅰ级苗、Ⅱ级苗、不合格苗。苗木分级工作应在阴凉处进行，做到边起苗边分级，边处理、边包装。

3. 苗木处理

截干、去梢、剪除枝叶、修根、蘸泥浆、浸水等。

①截干。截干高度一般为 5～10 cm，不超过 15 cm。适用于萌芽能力强的树种。

②去梢。用修枝剪将苗木的顶梢剪掉。去梢的强度一般为苗高的 1/4～1/3，不要超过 1/2，具体部位可掌握在饱满芽之上 1 cm 左右。

③剪除枝、叶。用修枝剪将苗木的部分枝、叶剪掉。一般可去掉侧枝全长或叶量的 1/3～1/2，主要用于已长出侧枝的阔叶树种苗木。

④修根。将苗木、受伤或感染病虫害的根系剪掉，修枝剪一定要锋利，剪口要平滑。修根的强度要适宜。注意保护好须根和侧根，侧根只要

不过长，可不必短截。

⑤打捆。裸根小苗每50~100株捆成一捆。

⑥浸水。将成捆苗木的根系放在清水或流水中浸泡1~2 d，使苗木吸水饱和，提高造林成活率。杨树苗要全株浸水2~4 d，最好用流水或清水浸泡。

⑦蘸泥浆。在苗圃地或造林地中心，挖一个大小适宜的坑，坑中放入适量底土加水搅拌成稀稠适宜的泥浆，将成捆苗木的根系以25°倾斜放入泥浆中，慢慢旋转成捆苗木根系，使每株苗木根系表面粘上一层薄薄的泥膜，以保护根系，减少水分的散失。适用于针叶树、阔叶树的裸根苗。

⑧水凝胶蘸根。将吸水剂加水稀释到0.1%~1%，蘸根后栽植；或先将吸水剂(0.1%~1%)与土壤混合，用水调成稀稠适宜的泥浆，然后蘸根。

⑨ABT生根粉溶液浸根。苗木栽植前，将1 g ABT生根粉用少量酒精溶解后加水20 kg，浸根1.5~2 h。1 g ABT生根粉可处理苗木500~1000株。

4. 假植

在苗圃或造林地的中心，选排水良好，背风的地方，与主风向相垂直挖一条沟，沟的规格因苗木大小而异。一般深宽各为30~40 cm(沟的深度必须保证将苗根全部埋入土中)，迎风面的沟壁作成45°的斜壁，短期假植可将苗木在斜壁上成捆排列。长期假植，可将苗木单株排列，然后把苗木的根系和茎的下部用湿润的土壤覆盖，踩紧，浇水，使根系和土壤密接。

5. 注意事项

①修剪用工具必须锋利、无锈，防止切口劈裂。

②截干、修剪枝叶只适宜有较强萌生能力的树种。

③蘸泥浆后苗木必须及时造林，一般不能再假植。

④注意安全实习，避免使用工具不当造成人身伤害。

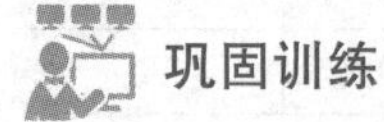

巩固训练

1. 训练内容

刺槐苗木的准备与栽植

2. 训练内容

(1)起苗。遇干旱、土壤干燥，起苗前2~3 d灌水，使土壤松软，减少起苗时对根系的损坏。

(2)分级、修根、截干、蘸泥浆、假植和栽植。

(3)做到安全操作，技术符合要求，操作规范。

3. 实训成果

任务完成后，提交刺槐苗木栽植前处理的技术报告。

考核评价

造林施工考核评价见表2-2。

表 2-2　造林施工考核评价表

<table>
<tr><td colspan="2">姓名：</td><td>班级：</td><td colspan="2">造林工程队：</td><td colspan="2">指导教师：</td></tr>
<tr><td colspan="4">教学项目：植苗造林前苗木准备工作</td><td colspan="3">完成时间：</td></tr>
<tr><td colspan="7">过程考核 60 分</td></tr>
<tr><td colspan="2">评价内容</td><td colspan="3">评价标准</td><td>赋分</td><td>得分</td></tr>
<tr><td rowspan="4">1</td><td rowspan="4">专业能力</td><td colspan="3">能够根据苗圃地土壤墒情，正确起苗，苗木不受损伤</td><td>10</td><td></td></tr>
<tr><td colspan="3">阴凉处进行苗木分级，技术熟练</td><td>10</td><td></td></tr>
<tr><td colspan="3">起出的苗木能及时覆盖或蘸泥浆或假植</td><td>10</td><td></td></tr>
<tr><td colspan="3">苗木处理方法正确、剪口平滑，包装方法正确</td><td>10</td><td></td></tr>
<tr><td rowspan="2">2</td><td rowspan="2">方法能力</td><td colspan="3">充分利用网络、期刊等资源查找资料</td><td>4</td><td></td></tr>
<tr><td colspan="3">能灵活运用所学知识解决生产中的实际问题</td><td>4</td><td></td></tr>
<tr><td rowspan="4">3</td><td rowspan="4">合作能力</td><td colspan="3">能与苗圃技术人员愉快合作，完成起苗任务</td><td>3</td><td></td></tr>
<tr><td colspan="3">有团队意识，勇挑重担，责任心强</td><td>3</td><td></td></tr>
<tr><td colspan="3">在生产中沟通顺利，能赢得他人的合作</td><td>3</td><td></td></tr>
<tr><td colspan="3">愉快接受任务，认真研究工作要求，爱岗敬业</td><td>3</td><td></td></tr>
<tr><td colspan="7">结果考核 40 分</td></tr>
<tr><td rowspan="4">4</td><td rowspan="4">工作成果</td><td rowspan="4">造林前苗木准备工作报告</td><td colspan="2">起苗方法叙述正确</td><td>10</td><td></td></tr>
<tr><td colspan="2">苗木地上部分处理方法叙述正确</td><td>10</td><td></td></tr>
<tr><td colspan="2">苗木地下部分处理方法叙述正确</td><td>10</td><td></td></tr>
<tr><td colspan="2">苗木假植方法正确</td><td>10</td><td></td></tr>
<tr><td colspan="2">总　评</td><td colspan="3"></td><td>100</td><td></td></tr>
</table>

指导教师反馈：（根据学生在完成任务中的表现，肯定成绩的同时指出不足之处和修改意见）

年　月　日

单元小结

苗木准备任务小结如图 2-18 所示。

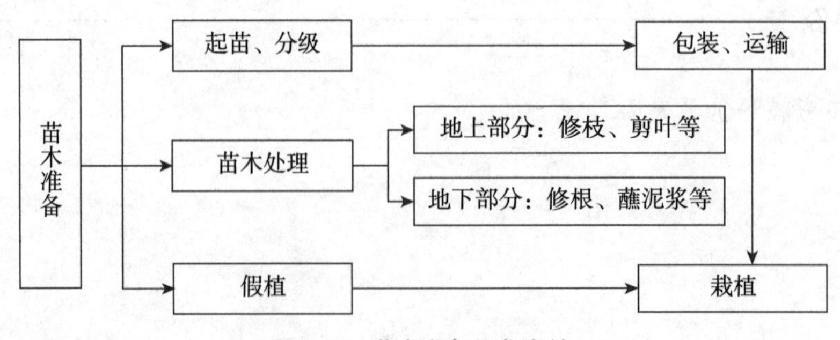

图 2-18　苗木准备任务小结

自测题

一、名词解释

1. 裸根苗；2. 移植苗；3. 带土坨苗；4. 苗木假植；5. 蘸泥浆。

二、填空题

1. 苗木保护中的五随是指(　　　)、(　　　)、(　　　)、(　　　)、(　　　)。五不离水是指(　　　)、(　　　)、(　　　)、(　　　)、(　　　)。

2. 苗木地上部分处理措施主要有(　　　)、(　　　)、(　　　)、(　　　)等。

3. 苗木保护的目的是保持苗木体内的(　　　)。

三、简答题

阐述苗木保护的主要技术措施。

任务2.3 植苗造林

任务描述

植苗造林是以苗木作为造林材料进行栽植的造林方法，又称栽植造林，是目前我国造林的最主要形式。完成植苗造林任务，首先要熟悉各林种和主要造林树种造林技术规程，其次是掌握各主要造林树种苗木生长发育特性，第三要充分了解造林作业设计。根据造林作业设计指导书的作业要求、树种的栽植配置(结构、密度、株行距、行带的走向等)、栽植时间、栽植技术措施等完成植苗造林。该任务主要训练学生了解和掌握植苗造林季节的选择和植苗造林技术措施，最终具备从事植苗造林的能力。重点是植苗造林的季节选择和植苗造林技术措施，难点是植苗造林的技术措施。

任务目标

1. 了解植苗造林的特点及其适用条件。

2. 学会选择合适的植苗造林季节。

3. 掌握植苗造林的操作过程和技术要点。

4. 根据年度造林计划、造林作业设计、造林地立地条件和造林树种特性，合理选择造林季节。

5. 结合造林作业设计、造林树种特性、造林地立地条件，能够独立从事植苗造林。

知识链接

2.3.1 植苗造林的特点

(1) 植苗造林优点

植苗造林是目前人工造林的最主要形式，应用普遍，效果较好，与其他造林方式相比，有如下优点。

①植苗造林初期生长快。植苗造林所用的苗木多来自苗圃，经过专门培育，具有发达而完整的根系，生理机能旺盛，栽植后恢复生长快。虽栽植后苗木在造林地上一般要经过一定时间的缓苗期，但与播种造林相比，造林初期生长快，幼林郁闭早，缩短了幼林抚育期限。

②节约种子。苗木培育是在苗圃中进行的，种子萌发率高，提高了种子的利用率，所以营造相同面积的人工林用种量相对较少。这一点对于种子产量小，价格昂贵的珍稀树种造林尤为重要。

③适用于多种立地条件。苗木完整的根系、旺盛的生理机能，使苗木对不良的环境条件具有较强的抵抗力，故在气候干旱的风沙区、水土流失区、杂草丛生、鸟兽危害严重及冻拔害比较严重的造林地上都可采用植苗造林。“四旁”绿化采用大苗栽植，便于管护，见效快。

④新技术发展应用快。随着育苗造林技术水平的提高，将为更广泛地使用植苗造林方法开创广阔的途径。如容器苗造林、吸水剂、生根剂、草灌覆盖、覆膜、机械植苗、接种菌根菌等先进技术的应用，使植苗造林方法获得显著的效果。

(2) 植苗造林缺点

①造林成本较高。植苗造林的育苗工序复杂，花费劳力多，技术要求高，在一定程度上增加了造林成本。

②根系容易遭受损伤。苗木在起苗、运输、移栽的过程中造成根系损伤，特别是根毛的损失量更大，对人工林的生长发育造成一定的影响。

2.3.2 植苗造林适用条件

植苗造林的应用几乎不受立地条件和造林树种的限制，尤其在下列情况下，采用植苗造林更为可靠。

①干旱的盐碱地。

②干旱和水土流失严重的造林地。

③极易滋生杂草的造林地。

④容易发生冻拔害的造林地。

⑤鸟兽危害严重，播种造林受限制的地区。

⑥种子来源困难，价格昂贵的造林树种。

2.3.3 植苗造林季节选择

为了保证造林苗木的顺利成活，需要根据造林地的气候条件、土壤条件、造林树种的生长发育规律、以及社会经济状况综合考虑，选择合适的造林季节和造林时间。适宜的造林季节应该是温度适宜、土壤水分含量较高、空气湿度较大，符合树种的生物学特性，遭受自然灾害的可能性较小。

适宜的造林时机，从理论上讲应该是苗木的地上部分生理活动较弱(落叶阔叶树种处在落叶期)，而根系的生理活动较强，因而根系的愈合能力较强的时段。从全国来看，一年四季都有适宜的树种用于造林。

(1)春季造林

在苗木发芽前的早春栽植，符合大多数树种的生物学特性。因为在温度较低的早春，根系的生理活动旺盛，愈合能力较强，此时苗木的地上部分尚未解除休眠，生理活动较弱，对苗木成活有利。春季造林宜早，一般来说，南方冬季土壤不冻的地方，立春后就可以开始造林；对于比较干旱的北方地区来说，初春土壤墒情相对较好，土壤化冻后就可以开始造林(即顶浆造林)。所以，春季是适合大多数树种栽植造林的季节。但是，对于根系分生要求较高温度的个别树种(如椿树、枣树等)，可以稍晚一点栽植，避免苗木地上部分在发芽前蒸腾耗水过多。

(2)雨季造林

在春旱严重、雨季明显的地区(如华北、西南和华南沿海等地)，利用雨季造林切实可行，效果良好。雨季高温高湿，树木生长旺盛，利于根系恢复。但雨季苗木蒸腾强度也大，加之天气变化无常，晴雨不定，造林时机难以掌握，过早过迟或栽后连续晴天，都会影响苗木成活。因此，雨季造林成功的关键在于掌握雨情，一般在下过1~2次透雨之后，出现连续阴天时为最好。

雨季造林主要适用于部分针叶树种(特别是侧柏、柏木等)和常绿阔叶树种(如蓝桉等)。造林宜选用小苗，阔叶树可适当修剪枝叶或带土栽植，要妥善保护苗木，防止枯萎。近些年，随着容器苗造林的发展，应用百日苗、半年生苗或1年半生针叶树容器苗雨季造林，已取得成功的经验。

(3)秋季造林

进入秋季，气温逐渐降低，树木的地上部分生长减缓并逐步进入休眠状态，但是根系的生理活动依然旺盛，而且秋季的土壤湿润，所以，苗木的部分根系在栽植后的当年可以得到恢复，翌春发芽早，造林成活率高。秋季栽植的时机应在落叶阔叶树种落叶后。有些树种，例如，泡桐在秋季树叶尚未全部凋落时造林，也能取得良好效果。秋季栽植一定要注意苗木在冬季不受损伤。冬季风大、风多、风蚀严重的地区和冻拔害严重的黏重土壤不宜秋植。在秋冬雨雪少或有强风吹袭的地区，秋季截干栽植萌蘖力强的阔叶树种，能提高造林成活率。

(4)冬季造林

在冬季，苗木处于休眠状态，生理活动极其微弱。所以冬季造林实质上可以视为秋季造林的延续或春季造林的提前。

我国的北方地区冬季严寒，土壤冻结，不能进行常规造林，但可以进行容器苗造林。中部和南部地区的冬季气温虽低，但一般土壤并不冻结，树木经过短暂的休眠即开始活动，是一个常用的造林季节。冬季造林，北方以落叶阔叶树为主，南方林区适合造林冬季造林的树种很多，有些地方也可以栽竹。

2.3.4 栽植方法

栽植方法一般可分为穴植法、缝植法和沟植法 3 种。其中容器苗可采用穴植法、沟植法；裸根苗可以选用穴植法、缝植法和沟植法。

(1)穴植法

穴植法，也称明穴栽植、明穴造林，是指在已整地的林地上挖穴栽苗，是一种最细致，应用最普遍的栽植方法。

①*栽植深度*。栽植穴深度不可小于苗木主根长度，宽度不可小于苗木根幅。栽植时一般要求培植土高于苗木根颈处原土痕 2～5 cm。栽植过浅，根系外露或处于较干旱的表土层，苗木容易受旱死亡；栽植过深，影响苗木根系呼吸，妨碍地上部分同化器官的生理活动，影响枝叶的生长。通常湿润地宜浅栽，干旱地宜深栽；山区的阳坡和陡坡要深栽，阴坡和缓坡要浅栽；黏土地应浅栽，砂土和轻壤土宜深栽；秋季栽植稍深，雨季可略浅；耐水湿树种可深栽，耐干旱树种宜浅栽。

②*栽植位置*。人工栽植应保持苗木栽于穴的中央(特别是大苗)，有利于根系生长发育。西北地区多把苗木紧靠穴壁一侧栽植，称为靠壁栽植。靠壁栽植使苗木根系与未被破坏结构的土壤密接，毛管作用强，能及时吸收水分，适用于各种针叶树小苗。黄土高原造林整地一般为反坡梯田、水平阶、水平沟、鱼鳞坑等，苗木多栽于外侧，外侧土壤疏松，有利于蓄水保墒，由于外高内低，还可以防止苗木被雨水浸淹和泥土淤埋。

③*栽植株数*。阔叶树一般每穴 1 株，针叶树每穴 2～4 株或带宿土丛植，每丛 2～4 株。丛植具有对外界不良环境条件的抵抗力强，特别在与杂草竞争中能发挥群体作用。

④*栽植技术*。栽植时暂时不用的苗木应假植在背阴的地方，随栽随取；正在栽的苗木应放在塑料袋或盛有水的小桶中，或用湿草覆盖，以免苗木失水蔫萎影响成活。当天起的苗木最好当天栽完。

栽植时要做到“苗正、根舒、稍深、踏实”。

栽植后整穴，留坑蓄水，并覆盖草灌或塑料薄膜，以保持土壤水分，提高造林成活率。

(2)缝植法

缝植法是指在栽植点上开缝栽植苗木的方法。具体操作详见拓展任务中缝植法造林的操作过程。缝植法工效较高，也能获得较高的成活率，在高寒地区还可以预防或减轻冻拔造成的危害，不足之处是根系常被挤压变形。因此栽植时必须把土壤压紧压实，严防根系“悬空”。此法在土壤疏松湿润的立地条件下才能达到预期的造林效果，不适宜容器苗造林。目前大面积荒山造林很少用此法。缝植法适用于侧根较少的直根性树种的裸根苗造林，如榆树、松类等。

(3)沟植法

沟植法是指在已经整过地的造林地上，用植树机、畜力或人工按一定行距开沟，并将苗木按一定株距摆放在沟内，再以相反方向开沟翻土覆盖苗根，最后扶正苗木，踏实土壤。这种方法工效较高，但只能在地势较平坦、坡度较缓、土层深厚的地方应用。西北干旱地区在道路和村庄绿化中，也经常采用沟植法，即沿道路两侧挖宽1.0 m、深0.6~0.8 m的沟，然后按一定的株距把苗木放入沟内，填土砸实。此法虽然费工，但栽植质量很高。

任务实施

一、工具材料

苗木、修枝剪、植苗铁锹或镐、喷壶或水桶等。

二、任务流程

植苗造林流程如图2-19所示。

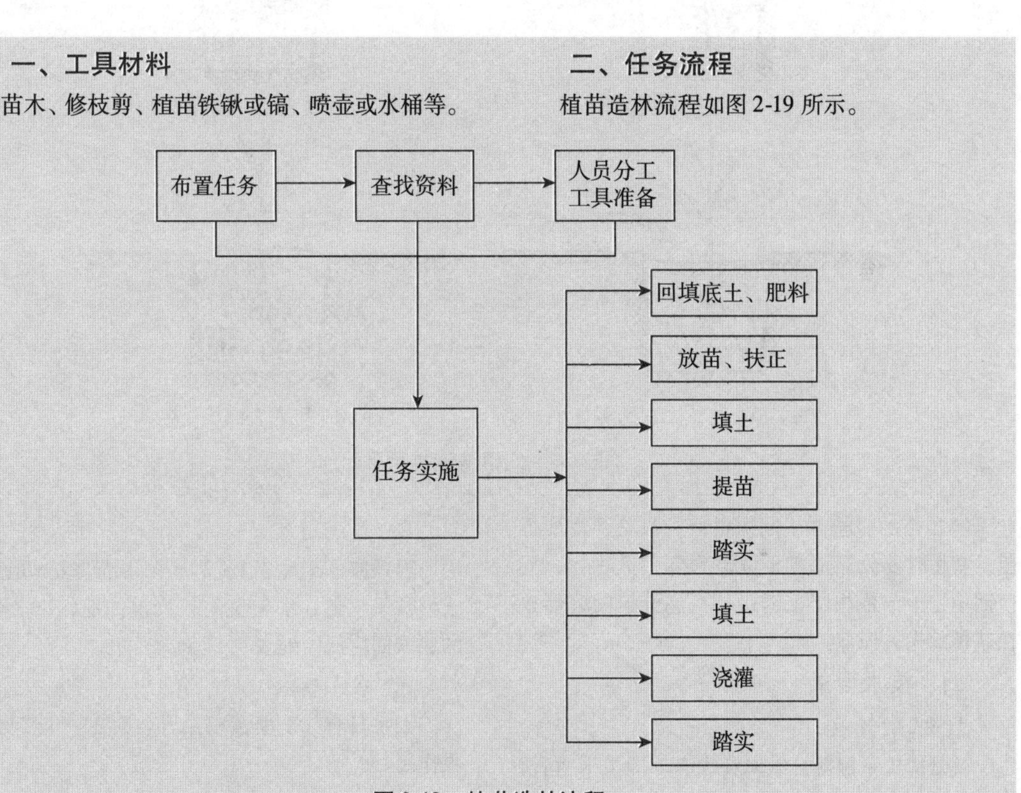

图2-19 植苗造林流程

三、操作步骤

下面以裸根苗穴植法为例加以简要说明。

1. 回填底土、肥料

将挖穴堆积的表土回填至栽植穴内，同时根据造林作业设计要求施入适量基肥，二者充分混合破碎，继续回填细土至栽植穴适宜高度。

2. 放苗、扶正

将栽植苗放入穴中，高度以苗木根颈土痕处低于地表2~4 cm为宜，左手拿住苗木根颈部，右手整理根系，将苗直立扶正于穴正中，使根系舒展不窝根。

3. 填土

继续将细碎的表土、心土填入穴中，均匀铺撒在苗根周围，填至将苗根刚好覆盖住为宜。

4. 提苗

把苗木向上略提一下，使根系舒展不窝根，并与土壤充分接触。

5. 踏实

提苗后将回填土用脚踏实或木棍捣实。

6. 填土

继续回填土壤至苗木原土痕上方 2～5 cm 处，踏实。干旱少雨地区可做围堰，以蓄积雨水；多雨低洼地区应堆小凸堆，以利排水。

7. 浇灌

充分浇透定根水。最后在上面撒一层细土、枯枝落叶或覆盖薄膜，以防止水分蒸发，这种操作过程简称为“三埋两踩一提苗”（图 2-20）。

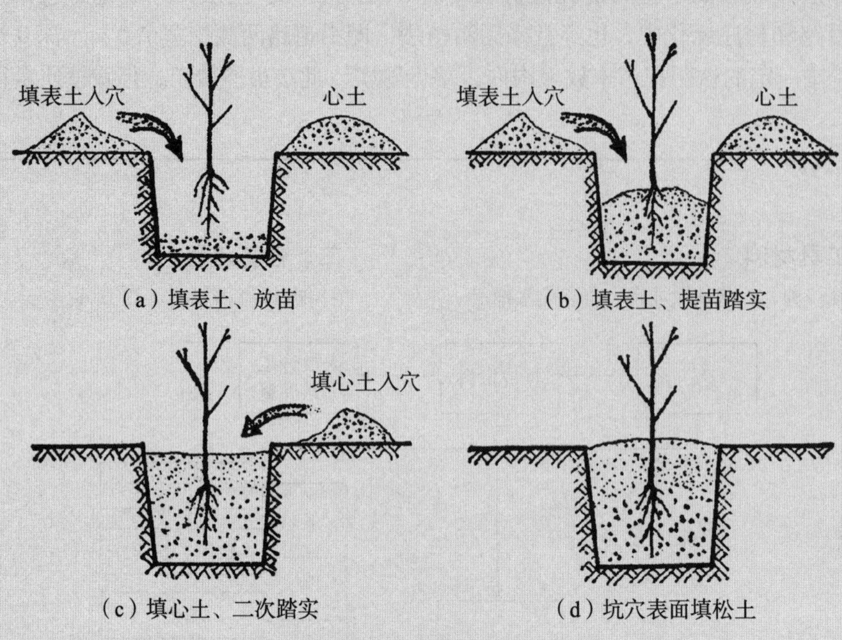

（a）填表土、放苗　（b）填表土、提苗踏实

（c）填心土、二次踏实　（d）坑穴表面填松土

图 2-20　穴植法造林示意

容器苗的栽植方法同裸根苗，只是不需要提苗，栽植时要分层踏实土壤但不要踏散根团，要使回填细土与原根团土密接，不能分解的容器要在栽植前先去掉。

四、技术要求

1. 根系舒展

就是使根系保持自然伸展状态，即主根垂直，侧根与主根之间适当的角度，否则就会影响根系的吸收功能。

2. 深浅适宜

根颈应低于地表 1～2 cm，在干旱多风地区表土易被风吹走，水土流失较严重的地区以及沙丘的迎风面应低于地表 4～5 cm。

3. 根土密接

根系只有与土壤紧密结合（接触）才能起到吸收作用。

五、适用条件

穴植法的应用不受苗木大小、立地条件的限制，但在干旱瘠薄的造林地上应用更显其优点。

考核评价

植苗造林施工考核评价见表 2-3。

表 2-3 植苗造林施工考核评价表

<table>
<tr><td colspan="2">姓名：</td><td>班级：</td><td>造林工程队：</td><td colspan="2">指导教师：</td></tr>
<tr><td colspan="3">教学项目：植苗造林</td><td colspan="3">完成时间：</td></tr>
<tr><td colspan="6">过程考核 60 分</td></tr>
<tr><td colspan="2">评价内容</td><td colspan="2">评价标准</td><td>赋分</td><td>得分</td></tr>
<tr><td rowspan="6">1</td><td rowspan="6">专业能力</td><td colspan="2">能够根据作业设计选择合适的苗木</td><td>6</td><td></td></tr>
<tr><td colspan="2">能够根据苗木大小熟练确定回填土量</td><td>7</td><td></td></tr>
<tr><td colspan="2">能够根据苗木大小熟练摆放苗木位置</td><td>7</td><td></td></tr>
<tr><td colspan="2">能够根据土壤条件、栽植穴大小准确确定浇灌量</td><td>7</td><td></td></tr>
<tr><td colspan="2">能够根据土壤条件踏实回填土，松紧适宜</td><td>7</td><td></td></tr>
<tr><td colspan="2">能够熟练运用植苗造林新技术</td><td>6</td><td></td></tr>
<tr><td rowspan="3">2</td><td rowspan="3">方法能力</td><td colspan="2">充分利用网络、期刊等资源查找资料</td><td>2</td><td></td></tr>
<tr><td colspan="2">灵活运用各项造林技术规程</td><td>3</td><td></td></tr>
<tr><td colspan="2">处理生产中的问题方式得当，能提出多种解决方案</td><td>3</td><td></td></tr>
<tr><td rowspan="4">3</td><td rowspan="4">合作能力</td><td colspan="2">在小组内能根据任务需要与他人愉快合作，有团队意识</td><td>3</td><td></td></tr>
<tr><td colspan="2">在完成工作任务过程中勇挑重担，责任心强</td><td>3</td><td></td></tr>
<tr><td colspan="2">在实训中沟通顺利，能赢得他人的合作</td><td>3</td><td></td></tr>
<tr><td colspan="2">愉快接受任务，认真研究工作要求，责任心强</td><td>3</td><td></td></tr>
<tr><td colspan="6">结果考核 40 分</td></tr>
<tr><td rowspan="6">4</td><td rowspan="6">工作成果</td><td rowspan="6">植苗造林</td><td>苗木选择合适</td><td>6</td><td></td></tr>
<tr><td>回填土回填恰当、熟练</td><td>7</td><td></td></tr>
<tr><td>苗木摆放位于栽植穴中央</td><td>7</td><td></td></tr>
<tr><td>浇灌充分</td><td>7</td><td></td></tr>
<tr><td>回填土踏实，松紧适宜</td><td>7</td><td></td></tr>
<tr><td>熟练选用新技术</td><td>6</td><td></td></tr>
<tr><td colspan="2">总 评</td><td colspan="2"></td><td>100</td><td></td></tr>
</table>

指导教师反馈：（根据学生在完成任务中的表现，肯定成绩的同时指出不足之处和修改意见）

年 月 日

拓展任务

缝植法造林与分殖造林的比较

1. 缝植法造林

（1）操作过程

①划线定点。按造林作业设计的密度和种植点配置方式确定栽植点的位置。

②开缝植苗。1人拿植苗锹在已扒开枯枝落叶层、但未松土的块状地上(大小为50 cm×50 cm)作窄缝，其深度应比苗根稍深1~2 cm，然后将锹拔出放在距离窄缝约10 cm处，此时栽苗人手拿苗木，理直根系，放入窄缝中，再轻轻往上提一下，使根系伸直，并使苗木根颈处在低于地表1~2 cm的位置。接着拿锹从距离窄缝10 cm的地方以同样深度垂直插锹，然后先向反方向压锹，使前个窄缝的底部孔隙闭塞压紧苗根的下部土壤，再往外推锹，使上部的孔隙闭塞压紧苗根上部。为了使第2个窄缝的土壤不致干燥透风，在距离第2个窄缝10 cm的地方，再把锹插入土中，先压后推，拔出后使第2个窄缝上部与下部紧密闭塞，然后把第3个窄缝用脚踏实。窄缝栽植的这个过程可以简称为“三锹踩实一提苗”(图2-21)。

图2-21　缝植法造林示意

(2)技术要求

①深浅适宜、根系舒展、根土密接。

②栽正。使所栽植的苗木的处于垂直状态，保证苗木的正常生长，防止出现幼树的畸形生长。

③不吊苗。所谓吊苗是苗根茎处的土壤踩压紧实，下部的土壤未踩压紧实，使苗木根系悬空的现象。这种现象的结果使根土不能紧密结合，根系难以发挥其吸收功能。

(3)特点

①操作简单，施工效率高。栽苗前仅清理种植点上的枯枝落叶，然后即开缝栽植。而且栽植过程十分简单，省工省力。

②防止冻拔害。该法不需要整地，不翻动腐殖质层和表土层，保持土壤原有结构，能有效防止如东北地区在含水量较大的造林地普遍发生的冻拔害。

(4)适用条件

①土层深厚、水分充足的造林地。

②经过暗穴整地的造林地。

③侧根不甚发达的小苗。如北方在土层深厚、水分充足的地区，应用该法栽植2年生的落叶松苗，不仅省工、防止冻拔害，而且造林成活率高、幼林生长好。

2. 分殖造林

分殖造林，又称分生造林，是利用树木的营养器官(如枝、干、根、地下茎等)作为造林材料直接栽在造林地上进行造林的方法。

(1)分殖造林的特点及适用条件

①分殖造林的特点。分殖造林实际上是营养繁殖，所以它具有营养繁殖的一般特点，如较好地保持母体的优良遗传性状；生长速度较快；多代无性繁殖造成寿命短促，生长衰

退等。和播种造林、植苗造林相比，分殖造林省工、省时、成本低。由于分殖造林所用的繁殖材料没有现成的根系，因而要求比较湿润的土壤条件。分殖造林所用繁殖材料的数量比较多，所以要求母树来源丰富。

②分殖造林的适用条件。能够迅速产生大量不定根的树种，造林地土壤水分条件较好。

（2）分殖造林季节选择

分殖造林的造林季节因具体的树种、地区和造林方法的不同而不同。

插干造林的季节与植苗造林基本相同。根据树种和地区选择具体的造林时间。常绿树种随采随插；落叶树种随采随插或采条经贮藏后再插。有些地区可选择雨季或冬季插植。埋干造林，偏南地区2~3月中旬，偏北地区可延迟到4月上旬。

竹类造林的季节因竹种不同而异。散生竹造林一般适宜在秋冬季节，如毛竹最佳的造林季节是11月至翌年2月。早春发笋长竹的竹种，如早竹、早园竹、雷竹等，宜在12月造林。4~5月发笋长竹的竹种，如刚竹、淡竹、红竹、高节竹等，宜在12月至翌年2月造林。梅雨季节移竹造林只适用于近距离移栽。

（3）分殖造林的技术要求

分殖造林因所用的营养器官和栽植方法不同而分为插条(干)造林、埋条(干)造林、分根造林、分蘖造林及地下茎造林等多种方法。埋条造林技术类似于埋条育苗，其特点也与插条造林相同；分蘖造林适用于能产生根蘖和茎蘖的树种，如杉木、枣树及一些花木类观赏树种，因繁殖材料有限，仅用于零星植树及小片造林；分根造林主要适用于根系萌蘖能力强的树种，如泡桐、楸树、漆树、白杨派杨树等，近来也逐渐被埋根苗的植苗造林所代替。这里仅介绍插条(干)造林和地下茎造林。

①插条造林和插干造林

a. 插条造林：插条造林是截取树木或苗木的一段枝条做插穗，直接插植于造林地的方法。插穗是插条造林的物质基础，插穗的年龄、规格、健壮程度和采集时间对造林成败的影响很大。

造林地以富于保水的壤土和黏壤土为宜，干燥的土壤插穗难以成活，如在这样的立地条件下造林必须选择降水充沛的雨季或具备灌溉条件；黏重的土壤插穗发根不好，也会因透水性差导致插穗腐烂。

b. 插干造林：插干造林是将幼树树干或大树粗枝直接插于造林地的造林方法。

一般采用2~4年生直径约3~5 cm的枝干，截成2~4 m备用。插植深度约1 m。近年来，北方地区和华东地区推广的杨树长干深栽，也是一种插干造林方法。具体方法是把2~3年生的大苗自根颈处截断，并剪去部分枝叶，用此茎干深插2~3 m，使之接近地下水，其余部分则露出地面。栽插所用的孔穴，可以人工挖成，也可用专用机械钻成。长干插入土中后，插孔要填土砸实，有条件灌水则更佳。由于深栽的下截口可以直接吸收地下水，插干的下端处于湿润的土层中，所以发根快，成活率高，长势旺。长干深栽主要适用于生根比较容易的杨树、柳树等。

②地下茎造林。地下茎造林是竹类的造林方法之一。中国是世界上最主要的产竹国，无论是竹子的种类、面积、蓄积量及竹材、竹笋的产量都居世界首位。据统计，全世界共有竹类植物70多属1000余种，我国产竹类植物有39属500余种。

a. 地下茎概述：地下茎是竹类孕笋成竹、扩大自身数量和范围的主要结构。来自同一地下茎系统的一个竹丛或一片竹林，本质上是同一个“个体”，我们可以把地下茎看成该个体的主茎，竹秆则是主茎的分枝。根据竹子地下茎的生长状况可将其分为3种类型。

• 合轴型。合轴型竹类的地下茎由秆柄和秆基两部分组成，秆基的芽直接萌笋成竹。它们一般不能在地下做长距离的蔓延生长，新竹以短而细的秆柄与母竹相连，靠近母竹，由此形成秆茎较密集的竹丛。具有此种繁殖特性的竹类，称为合轴丛生竹类，如龙竹。但是，也有的种类，秆柄可延长生长形成假鞭，顶芽在远离母竹的地点出土成竹，竹秆呈ii中的散生状，称为合轴散生竹类。这种假鞭一般为实心，节上无根无芽，仅包被着叶性鞘状物，如箭竹、泡竹。

• 单轴型。单轴型竹类的地下茎包括细长的竹鞭、较短的秆柄和秆基3部分。秆基上的芽不直接出土成竹，而是先形成具有顶芽和侧芽，节上长不定根，并能在地下不断延伸的竹鞭。因此地面的竹秆之间距离较长，呈散生状态，并能逐步发展成林。具有此种繁殖特性的竹类，称为单轴散生型竹类，如毛竹、刚竹、淡竹等。

• 复轴型。复轴型竹类的地下茎兼有合轴型和单轴型地下茎的特性，秆基上的芽既可直接萌笋成竹，又可长距离延伸成竹鞭，再由鞭芽抽笋成竹，因此，地面竹秆为复丛状。具有此种繁殖特性的竹类，称为复轴混生竹类，如箬竹、苦竹等。

b. 竹类造林方法：竹类的造林方法可分为6种：移母竹法、移鞭法、诱鞭法、埋节法、扦插法和种苗法。前5种为分殖造林法，但仅前3种属于地下茎造林方法。

• 移母竹造林。它包括母竹选择、母竹挖掘、运输和栽植等环节。

母竹的优劣是造林成功与否的关键，优良的母竹成活率、发笋率高，成林快。母竹的选择要把握好年龄、大小和长势三关。散生竹造林的母竹以1~2龄为佳，因1龄的母竹所连的竹鞭一般都是处于壮龄鞭阶段，鞭上着生的健壮饱满的芽多，竹鞭根系发达。母竹的粗细以胸径3~4 cm（毛竹等大径竹）或2~3 cm（小径竹）为宜。过粗，因竹子高大，挖掘、运输、栽植均困难，造林后易受风吹摇动，影响成活与生长；过细则生长不良，不能作母竹。母竹应是分枝较低、枝叶茂盛、竹节正常、无病虫害的健康立竹。

散生竹母竹的规格一般要求来鞭长30~40 cm，去鞭长50~70 cm，竹秆留枝3~5盘，截去顶梢，鞭蔸多留蓄土。挖出的母竹在打梢并妥善包装后运至造林地。

挖穴栽植，穴宜稍大，在整地的穴上，先将表土垫于穴底，将母竹解除包装后放入穴中，使鞭根伸展下部与土壤密切接触，先垫表土，后垫心土，分层踏实，覆土深度比母竹腺上部分深3~5 cm，穴面壅土成丘状。

• 移鞭造林。它就是从成年的竹林中挖取根系发达、侧芽饱满的壮龄鞭，以竹鞭上的芽抽鞭发笋长竹成林。移植的竹鞭要求年龄2~5年生，鞭段长30~50 cm，每个鞭段必需有不少于5个具有萌芽能力的健壮侧芽。所挖的鞭段要求保持根系完整，侧芽无损，多带蓄土。远距离运输需进行包装。穴应大于鞭根，栽植时将解除包扎物的竹鞭段平放，让其根系摆放舒展，再填土、压实、浇水，然后盖表土略高于地表面。移鞭造林取鞭简单，运输方便，适合于交通不便的地区造林和长距离引种。

• 诱鞭造林。由于散生竹的竹鞭在疏松的土壤中即可延伸，所以，在其附近创造适宜延伸的土壤条件就能达到造林目的。具体做法是：清除林缘的杂草和灌木，翻耕土壤，在翻耕松土时，将林缘健壮的竹鞭向林外牵引，覆以肥土。

• 埋节育苗造林。它是丛生竹分殖造林的重要方法之一。利用大多数丛生竹竹秆和枝芽上的部分尚未萌发的隐芽，在适当条件下能萌发生根长竹的特性育竹造林的方法。具体做法是：将母竹竹秆截成段，每段最好有 2 个竹节，直埋、斜埋或横埋在深 20 ~ 30 cm 的沟内，节上的枝芽向两侧摆放，覆土、压实、盖草。

单元小结

植苗造林任务小结如图 2-22 所示。

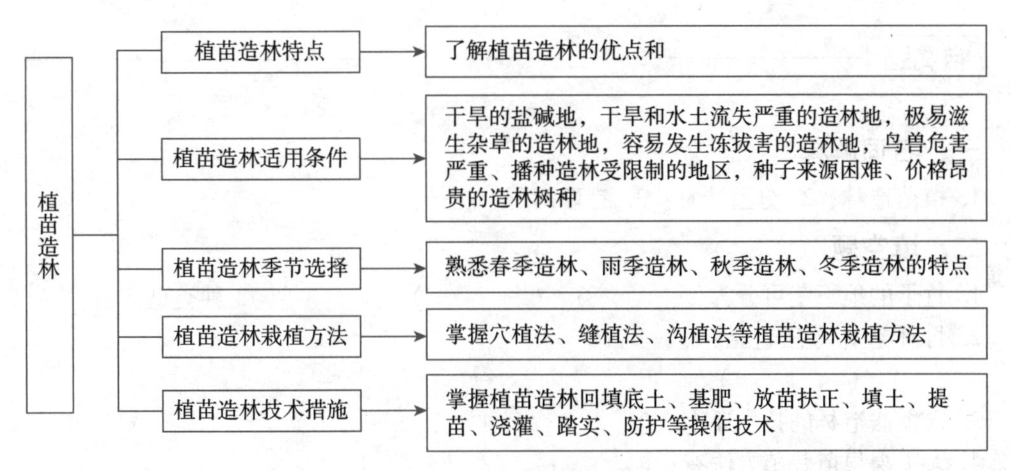

图 2-22　植苗造林任务小结

巩固训练

插条造林

1. 实训材料

插条、枝剪、铁锹、水桶等。其他材料视实训内容确定。

2. 实训内容

（1）土地准备

根据造林地土壤、地形等条件，选择适当方式方法进行造林地清理和整地。

（2）插穗准备

①采条。插条宜在中、壮年母树上选取，也可在采穗圃或苗圃采取。最好用根部或干基部萌生的粗壮枝条。枝条的适宜年龄随树种而不同，一般以 1 ~ 3 年生为宜，柳杉、垂柳、旱柳等为 2 ~ 3 年；杉木、小叶杨、花棒、柽柳等为 1 ~ 2 年；紫穗槐、杞柳等为 1 年。采集时间选秋季落叶后至春季放叶前。插条要在避风的地方埋入湿沙中贮藏。

②剪穗。插穗粗 1 ~ 2 cm，长 30 ~ 70 cm（针叶树 30 ~ 60 cm），选择具有饱满侧芽的枝条中部截取。下切口平或切成马耳形。

（3）插穗催根处理

先用水浸泡插穗 12 ~ 24 h，再后用 10 ~ 100 mg/kg 的 ABT 生根粉溶液浸泡 0.5 h 或几个小时后扦插。

（4）扦插

多用直插。即将插穗垂直于地面插入土壤中。扦插深度以第一个芽刚刚没入土壤为宜，在寒冷的北方应使上切口没入土壤。

3. 注意事项

①注意繁殖材料的保护，防止插条失水，影响成活率。

②修剪用工具必须锋利、无锈，防止切口劈裂。

③注意安全实习，避免使用工具不当造成人身伤害。

自测题

一、名词解释

1. 植苗造林；2. 分殖造林；3. 三埋两踩一提苗。

二、填空题

1. 竹子的地下茎可分为(　　　　)、(　　　　)、(　　　　)3 种类型。

2. 竹林造林方法包括：(　　　　)、(　　　　)、(　　　　)、(　　　　)、(　　　　)、(　　　　)。

3. 穴植法造林的技术要求：(　　　　)、(　　　　)、(　　　　)。

4. 人工裸根苗栽植方法有：(　　　　)、(　　　　)、(　　　　)。

三、选择题

1. 应用最普遍的造林方式是(　　)。

A. 植苗造林　B. 播种造林　C. 分殖造林　D. 飞机播种造林

2. 我国植苗造林最常用的季节是(　　)。

A. 春季　B. 雨季　C. 秋季　D. 冬季

3. 植苗造林成活的关键是(　　)。

A. 整地质量　B. 造林季节的选择

C. 苗木体内水分平衡　D. 抚育管理

4. 植苗造林适用的条件是(　　)。

A. 立地条件好的造林地　B. 立地条件差的造林地

C. 不受树种和立地限制　D. 小苗

四、简答题

1. 为什么植苗造林应用最普遍？

2. 简述穴植法、缝植法栽植苗木的操作过程与技术要点。

3. 简述分殖造林的特点及适用条件。

任务2.4 播种造林

任务描述

播种造林也称直播造林，是指把林木种子直接播种到造林地上，使其发芽生长成林的造林方法。播种造林可分为人工播种造林和飞机播种造林。完成播种造林任务，首先要熟悉各林种和主要造林树种造林技术规程，其次是掌握主要造林树种种子特性，第三要充分了解造林作业设计。根据造林作业设计指导书的作业要求、树种的配置(结构、密度、株行距、行带的走向等)要求、播种时间、播种技术措施等完成播种造林。该任务主要训练学生选择合适的播种季节和播种的技术措施及注意事项，最终具备从事播种造林的能力。重点是播种造林的季节选择和技术措施，难点是飞机播种造林的技术措施。

任务目标

1. 了解播种造林的特点及其适用条件。
2. 学会选择合适的播种造林季节。
3. 掌握播种造林的操作过程和技术要点。
4. 根据年度造林计划、造林作业设计、造林地立地条件和造林树种特性，合理选择造林季节。
5. 结合造林作业设计、造林树种特性、造林地立地条件，能够独立从事播种造林。

知识链接

2.4.1 人工播种造林

2.4.1.1 播种造林的特点

①播种造林能使植株形成发育完全而匀称的根系，避免了植苗造林时可能引起的根系损伤。

②播种造林，幼林可塑性强，易适应造林地的环境条件。

③播种造林有时比植苗造林省工、省经费。

④播种造林后，种子、幼苗易遭受鸟、兽、杂草的危害，因此要求较细致的抚育管理。

⑤种子消耗多，在缺种子地区应用受到限制。

⑥要求较严格的造林环境条件，干旱、寒冷、风大、杂草灌木多的地方，播种造林不易成功。

2.4.1.2　播种造林适用条件

①土壤湿润疏松、立地条件较好的造林地。

②杂草较少，鸟兽害较轻的地区。

③具有大粒种子的树种(如橡子、栎类、板栗、核桃、山杏和文冠果等)，或者发芽迅速、生长较快、适应性强的中小粒种子的树种(如油松、华山松、柠条、花棒等)。

④种子来源丰富，价格较低，幼苗生长快而且适应能力强的树种。

2.4.1.3　播种前种子处理

(1)种子消毒、浸种和催芽

①*种子消毒*。在病虫害比较严重的地区，特别是对于针叶树种子，在播种前可利用药剂拌种处理，或用药液进行浸种或闷种。

②*浸种和催芽*。春季播种时，对于深休眠种子、被迫休眠种子要进行浸种和催芽处理。如果造林地比较干旱或晚霜、低温危害严重，则可不浸种、催芽，直接播干种子。雨季一般播干种子，但如能准确地掌握雨情，也可以先浸种再播种；秋季播种时，则不宜进行催芽处理。

(2)种子包衣

种子包衣是以精选种子为载体，应用手工或者机械途径在种子外面均匀包裹一层种衣剂。种衣剂包括杀虫剂、杀菌剂、微肥、植物生长调节剂、着色剂、填充剂、成膜剂等材料。包衣的种子种下后，种衣剂遇水吸胀但几乎不溶解，而在种子周围形成一个屏障，随着种子的萌动、发芽、成苗，有效成分缓慢有序释放，并被根系吸收传导到幼苗各部分，使药、肥得到充分利用，以增强种子及幼苗对病菌和病虫害的抗性，达到节本增效的目的。种子包衣不仅可以防治病虫害，调控作物生长，从而提高产量，而且省种、省药、省工，减轻环境污染，提高了效益。

2.4.1.4　播种量确定

播种量根据树种的生物学特性、种子质量、立地条件和造林密度确定。种粒大、发芽率高、幼苗期抗逆性强的树种，播种量可小些，反之则应大些。造林地水热条件好，整地细致，集约经营的造林地，播种量可小些，反之则应大些。

目前播种造林多用大粒种子或萌芽力强的中小粒种子，穴播作业。在生产上，胡桃、核桃楸、板栗、油桐等特大粒种子，每穴2～3粒；栎类、油茶、山桃、山杏、文冠果等大粒种子，每穴3～4粒；红松、华山松等中粒种子，每穴4～6粒；油松、马尾松、樟子松等小粒种子每穴10～20粒；柠条、花棒等特小粒的种子，每穴20～30粒。不同的播种方法用种量不同，一般穴播的用种量比条播、撒播低2～3倍，甚至10倍。如穴播柠条、杨柴每公顷用种为3.75～7.5 kg。花棒、毛条7.5 kg，而条播柠条每公顷用种达22.5 kg，毛条每公顷用种为22.5～26.25 kg。

2.4.1.5 播种造林季节

播种季节和时间，影响种子出苗率、出土时间和成苗数量，而且关系到苗木木质化程度和抗旱越冬能力。根据造林地区的气候特点，特别是温度、降水条件和灾害性因子特点，以及土壤条件，并结合树种的生物学特性和造林技术要求，选定适宜的播种期，是搞好播种造林工作的基础。就全国范围来说，四季都可以进行播种造林，但北方应把水分和低温作为确定播种期的首要条件，而南方则应将伏旱、高温和降水强度作为主导因素，同时还要分析不同树种播种方法和技术上的异同，作为最后确定适宜播种季节和时间的依据。

①春季播种　在湿润地区或水分条件好的高海拔、高纬度地带的山地或采伐迹地进行。适用于多种树种造林。播种时间最好在土壤水分条件较好的土壤解冻初期。

②雨季播种(夏季播种)。春旱严重的地区，可利用多雨的夏季播种。这一时期气温高、降水多，水热同期，播种后种子发芽出土快。播种时间，可根据当地的气候特点确定。一般可在雨季开始初期，即 6 月上旬至 7 月中旬为宜。适用于小粒种子，如松类、沙棘、柠条、毛条、花棒等。

③秋季播种。适宜于大粒、硬壳、休眠期长、不耐贮藏的种子，如栎类、胡桃、山杏、油茶、油桐、银杏、白蜡等都可以秋季播种。秋播种子在土壤内越冬具有催芽作用，翌春发芽早，生长快。

④冬季播种。冬季，北方地区天气严寒，土壤冻结，一般没有播种造林的条件。而南方某些地区，气温较高，土壤也比较湿润，可以进行马尾松、黄山松、云南松、麻栎等树种的造林。

2.4.1.6 播种方法

播种造林方法可分为穴播、条播、撒播、缝播等。

①穴播。在植穴中均匀地播入数粒(大粒种子)至数十粒(小粒种子)，然后覆土镇压，覆土厚度一般为种子短径的 2～3 倍，土壤黏重的可适当薄些，沙性土壤可适当厚些。

②条播。是按一定行距开沟，将种子均匀地撒播在播种沟内，然后覆土镇压。

③撒播。将种子直接均匀地撒播在造林地上的造林方法。主要适于地广人稀、劳力缺乏、交通不便的大面积荒山荒地、沙漠和采伐迹地。全面撒播一般播前不整地，播后不覆土，因而比较粗放。

④缝播。又称偷播，在鸟、兽害严重，植被覆盖度不太大的山坡上，选择灌丛附近或有杂草石块掩护的条件，用锹或刀开缝，播入适量种子，缝隙踏实，地面不留痕迹。此法可避免种子被鸟兽发现，同时又可借助灌丛杂草庇护幼苗，防止风吹日晒，但不宜大面积应用。

2.4.1.7 覆土厚度

覆土厚度对种子发芽、出土及保蓄水分的影响很大，往往是决定造林成败的关键。覆土过厚不仅影响种子发芽，幼芽受到的机械阻力大，出土困难，造成幼芽弯曲，甚至引起腐烂；覆土过薄又会使种子处于干土层中，不利于吸收水分和保持湿度，甚至可能会使已经发芽的种子干缩。覆土厚度因种粒大小、播种季节，以及土壤质地和湿度的不同而不同。大粒种子覆土厚5～8 cm；中粒种子2～5 cm；小粒种子1～2 cm。一般覆土厚度是种子短径的2～3倍。沙性土可厚些，黏土薄些；秋季播种宜厚，春季播种宜薄。播种要均匀，防止重播和漏播。

大粒种子出苗，还与放置方式有关，如核桃、核桃楸等，种子的缝合线要与地面垂直，种尖朝向同一侧为最好，而栎类、板栗等则可以横放使种子缝合线与地面平行。

2.4.2 飞机播种造林

飞机播种造林，是指利用飞机把林木种子直接播种在造林地上的造林方法。飞播造林具有活动范围大、造林速度快、投资少、成本低、节省劳力等特点。多用于人烟稀少、交通不便、劳力缺乏的大面积荒山、沙荒地造林。

2.4.2.1 播区选择

正确选择播区是飞播造林成功的关键。播区应具备的条件参考以下几方面。

①播区面积要集中连片。最好为长方形，其长边与飞机航向一致，与主要山脊走向平行。面积一般不少于飞机一架次的作业面积。其中，宜播面积不少于播区总面积的70%～80%。北方山区和黄土丘陵沟壑区的播区应尽量选择阴坡、半阴坡，阳坡面积原则上不超过30%。

②地形条件要便于飞机飞行作业。飞行作业的方向，地形高差不宜过大，播区周围要开阔，以利飞机转弯和退出。两端及两侧的净空距离应满足所选机型的要求。如运－5型飞机，进出航两端3 km，播区两侧2 km范围内，不宜有高大山脊，突出山峰及其他影响飞机飞行的高大建筑物等(表2-4)。

表2-4　飞机播种作业地形条件

机型	飞行作业高度(m)	播区内10 km范围内的高差(m)	净空条件	
			播种区两端(km)	播种区两侧(km)
运－5型	2600	<300	>3	>2
伊尔－14型	3300	<500	8～10	>5

③播区附近应有符合使用机型要求的机场。播区距机场一般不宜过远。如运－5型飞机，机场与播区距离最好在90 km内，不宜超过120 km；伊尔－14型飞机不超过200 km。如果播区面积很大，可设临时机场。

④播区立地条件。如地形、海拔、土壤、植被、气温、水分和光照等适宜所播树种(草种)生长，自然植被覆盖度30%～70%，平均高度不超过1.2 m。

2.4.2.2 树种选择

飞播造林的成功与选用的树种关系甚大。飞播造林树种要求种源丰富，种子吸水力强，发芽容易，鸟兽危害较轻，适应性强，耐干旱，耐高温，对周围灌草有较强的竞争力。我国试播过的树种、草种不下数十种，但效果好，成林面积大的有马尾松、云南松，油松。另外，华山松、黄山松、思茅松、黑松、台湾相思，以及灌木树种踏郎，半灌木沙蒿和多年生植物沙打旺等，也都有相当的发展前途。还有侧柏、臭椿、漆树、赤杨、桦木、乌桕、马桑、花棒、沙棘和梭梭等都曾进行过试播，并取得了一定的效果。

2.4.2.3 播种量

飞播造林的用种量，应根据造林地区的气候、土壤、种子质量及经营条件加以确定。各地不同树种的播种量大致如下：油松、云南松为3.75～7.5 kg/hm²，黑松、马尾松、高山松3.75 kg/hm²，侧柏4.5～6 kg/hm²，漆树3.75～4.5 kg/hm²，臭椿3～4.5 kg/hm²，沙棘6～9 kg/hm²（表2-5）。

表2-5 主要飞机播种造林树(草)种可行播种量 kg/hm²

树(草)种	飞机播种造林的地区类型			
	荒山	偏远荒山	能萌生阔树地区	黄土丘陵区、沙区
马尾松	2250～2625	1500～2250	1125～1500	—
云南松	3000～3750	1 500～2250	1500	—
思茅松	2250～3000	15 000～2250	1500	—
华山松	3000～37 500	22 500～30 000	15 000～22 500	—
油松	5250～7500	4500～5250	3570～4500	—
黄山松	4 500～5250	3750～4500	—	—
侧柏	1500～2250(混)	1500～2250(混)	3750～4500(混)	—
柏木	1500～2250(混)	1500～2250(混)	3750～4500(混)	—
台湾相思	1500～2250(混)	—	—	—
木荷	750～1500(混)	—	—	—
漆树	3750(混)	3750～7500	—	—
柠条	—	—	—	7500～9000
沙棘	—	—	—	7500
踏郎	—	—	—	750～7500
花棒	—	—	—	750～7500
沙打旺	—	—	—	3750

2.4.2.4 播种期

飞机播种造林有很强的季节性，春季播种过早，种子因水热条件不够而不能萌发，易受鸟鼠危害，造成种子的大量损失，影响后期成苗；秋季播种太晚，苗木生长期短，难以度过严寒；雨季播种，种子能得到适宜的水热条件，迅速发芽出苗，在地表的滞留时间短，鸟鼠危害轻，保证苗木有较长的生长过程，增强了幼苗对干旱、日灼和低温的抵抗能力。如黄土高原地区冬、春寒冷干燥，水分不足和低温影响，不能飞播；秋播后温度逐渐降低，幼苗生长期短，不能木质化，也不能飞播。飞播时间主要集中在夏季(6~8 月)，这一时期雨热同期，对飞播十分有利。但最适宜的播期，应在开始进入雨季后的两个降水过程间隙播种，效果好(表2-6)。

表2-6　黄土高原地区部分树(草)种适宜的飞播期

树(草)种	适宜飞播期	最适飞播期
油松	6月下旬至7月上中旬	7月下旬
侧柏	6月下旬至7月上中旬	7月下旬
沙棘	6月中旬至7月上旬	7月下旬
柠条	6月下旬至7月下旬	8月上旬
踏郎	5月中旬至6月下旬	7月上旬
沙打旺	6月下旬至7月上中旬	8月初

2.4.2.5　种子准备与处理

飞播用种，要坚持使用国家规定等级内的良种，建立严格的种子检查、检验制度。

一般情况下均直接播种干种子，但有些不易发芽的林木种子，则应按常规方法加以处理。近年来，在干旱、半干旱地区开始采用一项大粒化处理技术，即利用吸水物质、胶结剂、黏土、腐殖土和农药等做配料，使之粘着在种子表面进行造粒用于播种。

2.4.2.6　植被处理

凡是覆盖度在0.3~0.7的矮草植被宜林地上均可飞播造林，当草类盖度在0.7以上，灌木盖度在0.5以上的地块，采取人工割灌或炼山等方法应进行植被处理；水土流失和植被稀少地区应提前封山育林。

2.4.2.7　整地

在干旱少雨地区和干湿季节明显地区，根据社会、经济条件，可采取全面或部分粗放整地。

2.4.2.8　航标的设置及播幅宽度

航标是飞机播种地区设置信号进行导航的依据，一般设在播种区的两端和中部，航标线间距一般2~3 km，两航标之间可以设置接种样方，以供检查播种质量。飞机进入播种区作业时，要先按航标摆正航向，播种人员依作业图和地面信号，准时打开和关闭种子箱，并调准种子箱开口，以控制播种量，地面信号人员要做好指挥工作，接种人员要准确测定有效播幅宽度和单位平均落种粒数，判定有无重播、漏播现象，及时与机组联系，以提高飞机播种质量。

2.4.2.9　播后管理

飞播造林的面积大，范围广，造林地处理粗放，幼苗生长的环境条件差，从播种到成林所需的时间比人工造林长，因而，封山育林是巩固飞播造林成效的重要手段。飞播后播区要全封3~5年，再半封2~3年。全封期内严禁开垦、放牧、砍柴、挖药和采摘等人为活动；半封期间可有组织地开放，开展有节制的生产活动。

任务实施

一、工具材料

当地适合播种造林的2~3种树种种子、锄头、铁锹、喷壶或水桶等。

二、任务流程

播种造林流程如图2-23所示。

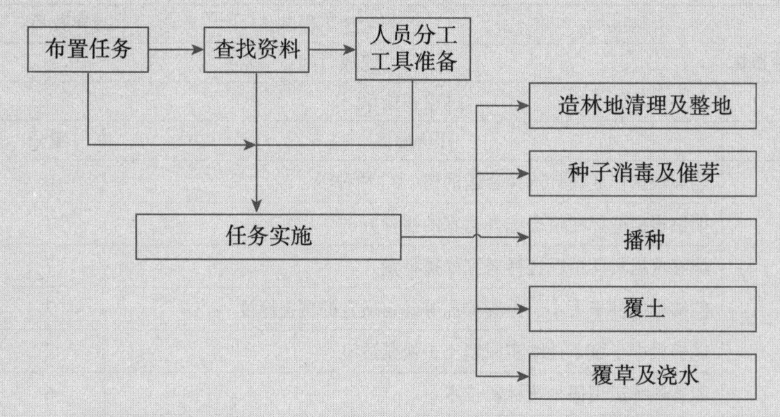

图2-23 植苗造林流程

三、操作步骤

1. 造林地清理和整地

播种前需要对造林进行清理和整地。根据造林地情况和播种方式选择适宜的清理方式方法。根据播种方法选择相应的块状整地、条沟整地。整地深度一般为20~30 cm。

2. 种子处理

播种前根据造林地病虫害、含水量等和种子情况，确定播种前种子是否需要进行消毒和催芽处理。

根据具体情况选择适宜的药剂如高锰酸钾、福尔马林、敌克松等，按照相应浓度配制进行消毒。根据种子休眠类型选择适宜方法进行催芽。

3. 确定播种季节

在土壤水分条件好的地方可选择春季或冬季播种(土壤不结冻，土温稳定在7~8℃以上时进行)。春旱严重的地方可在雨季播种，适宜小粒种子；大粒种子可在秋季播种。

4. 播种

根据种粒大小和造林地情况选择适宜的播种方法和播种量。

（1）穴播

适于大粒种子，每穴播入几粒或数十粒种子。覆土厚度为种子短径的2~3倍。干旱地、沙土地应厚些，反之应薄些。

（2）条播

适于中小粒种。种子均匀撒在沟内，覆土镇压。

（3）撒播

将种子均匀撒在造林地上，一般不提前整地。适于地广人稀、交通不便的地方。

（4）缝播

在鸟兽危害严重的地方，选择灌丛附近或有杂草石块掩护的地方挖缝播入适量种子，盖严踩实。

5. 覆草和浇水

对于穴播和条播，在有条件的造林地，可在播种后进行覆草和浇灌，有利于种子发芽出土。

四、适用条件

播种造林受立地条件的限制，一般只适用于土壤湿润疏松、立地条件较好、杂草较少，鸟兽害较轻的造林地。种子应选择大粒种子或者发芽迅速、生长较快、适应性强的中小粒种子。

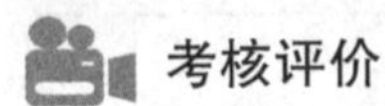

考核评价

播种造林考核评价见表2-7。

表2-7　播种造林考核评价表

<table>
<tr><td colspan="2">姓名：</td><td colspan="2">班级：</td><td colspan="2">造林工程队：</td><td>指导教师：</td></tr>
<tr><td colspan="4">教学项目：播种造林</td><td colspan="3">完成时间：</td></tr>
<tr><td colspan="7">过程考核60分</td></tr>
<tr><td colspan="2">评价内容</td><td colspan="3">评价标准</td><td>赋分</td><td>得分</td></tr>
<tr><td rowspan="6">1</td><td rowspan="6">专业能力</td><td colspan="3">能够根据作业设计选择合适的树(草)种种子</td><td>6</td><td></td></tr>
<tr><td colspan="3">能够根据造林地情况选择适宜的播种方法</td><td>7</td><td></td></tr>
<tr><td colspan="3">能够根据具体情况选择适宜的播种量</td><td>7</td><td></td></tr>
<tr><td colspan="3">能够根据种子大小、土壤情况等确定适宜的覆土厚度</td><td>7</td><td></td></tr>
<tr><td colspan="3">能够根据土壤条件踏实回填土，松紧适宜</td><td>7</td><td></td></tr>
<tr><td colspan="3">能够熟练运用播种造林新技术</td><td>6</td><td></td></tr>
<tr><td rowspan="3">2</td><td rowspan="3">方法能力</td><td colspan="3">充分利用网络、期刊等资源查找资料</td><td>2</td><td></td></tr>
<tr><td colspan="3">灵活运用各项造林技术规程</td><td>3</td><td></td></tr>
<tr><td colspan="3">处理生产中的问题方式得当，能提出多种解决方案</td><td>3</td><td></td></tr>
<tr><td rowspan="4">3</td><td rowspan="4">合作能力</td><td colspan="3">在小组内能根据任务需要与他人愉快合作，有团队意识</td><td>3</td><td></td></tr>
<tr><td colspan="3">在完成工作任务过程中勇挑重担，责任心强</td><td>3</td><td></td></tr>
<tr><td colspan="3">在实训中沟通顺利，能赢得他人的合作</td><td>3</td><td></td></tr>
<tr><td colspan="3">愉快接受任务，认真研究工作要求，责任心强</td><td>3</td><td></td></tr>
<tr><td colspan="7">结果考核40分</td></tr>
<tr><td rowspan="6">4</td><td rowspan="6">工作成果</td><td rowspan="6">植苗造林</td><td colspan="2">树(草)种种子选择合适</td><td>6</td><td></td></tr>
<tr><td colspan="2">播种方法选择合适</td><td>7</td><td></td></tr>
<tr><td colspan="2">播种量合适</td><td>7</td><td></td></tr>
<tr><td colspan="2">覆土厚度适宜</td><td>7</td><td></td></tr>
<tr><td colspan="2">回填土踏实，松紧适宜</td><td>7</td><td></td></tr>
<tr><td colspan="2">熟练选用新技术</td><td>6</td><td></td></tr>
<tr><td colspan="2">总　评</td><td colspan="3"></td><td>100</td><td></td></tr>
<tr><td colspan="7">指导教师反馈：（根据学生在完成任务中的表现，肯定成绩的同时指出不足之处和修改意见）

年　月　日</td></tr>
</table>

单元小结

播种造林任务小结如图2-24所示。

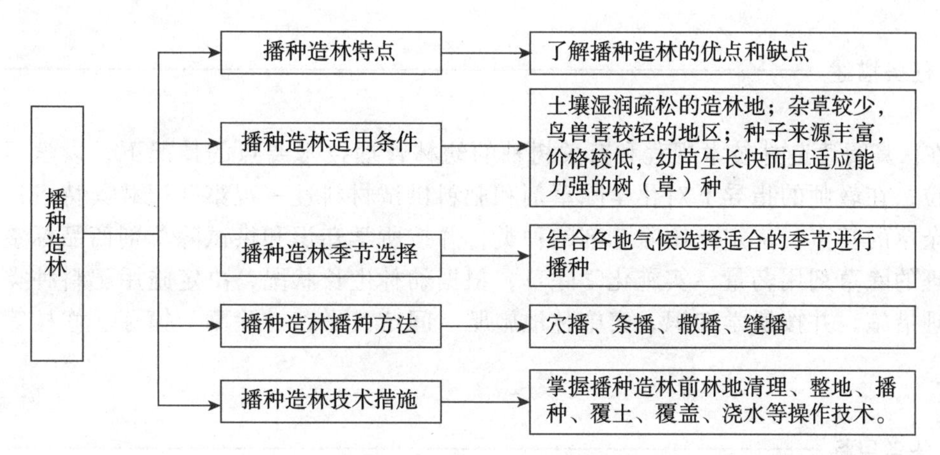

图2-24 播种造林任务小结

自测题

一、填空题

1. 大粒种子播种时，种子的出苗还与放置方式有关，如胡桃、核桃楸等，种子的缝合线要与地面(　　　)，种尖朝向同一侧为好；而栎类、板栗等则可以横放使种子缝合线与地面(　　　)。

2. 播种造林可分为(　　　)播种造林和(　　　)播种造林。人烟稀少、交通不便的荒山荒地造林应选择(　　　)播种造林。

二、选择题

1. 我国播种造林最常用的季节是(　　)。

A. 春季　　B. 雨季　　C. 秋季　　D. 冬季

2. 播种造林适用的条件是(　　)。

A. 生长迅速的树种　　B. 土壤湿润的造林地

C. 立地条件差的造林地　　C. 不受树种和立地条件的限制

3. 飞播造林的时间主要集中在(　　)效果好。

A. 春季　　B. 雨季　　C. 秋季　　D. 冬季

三、简答题

1. 简述播种造林的特点及运用条件。

2. 飞机播种造林时，选择什么样的树种容易成林。

任务2.5 幼林抚育管理

任务描述

在认真阅读造林技术规程和有关树种的幼林管理技术要点的情况下，以学习小组为单位，在教师的指导下对化学除草剂和肥料供试材料逐一观察并记载其特点；结合林地杂草的特点，决定施用除草剂的种类，并按所学知识和供试除草剂商品标签，确定合理的除草剂用药量，实施化学除草；根据幼林生长状况，决定施用肥料种类和幼树管理措施，并按所学知识，实施林地施肥、间苗、平茬、除蘖、摸芽、修枝等管理技术。

任务目标

1. 了解幼林抚育管理的意义和任务。
2. 掌握人工幼林的土壤管理和幼林管理的内容、方法。
3. 掌握幼林保护措施。
4. 具有良好的组织、准备安排能力，能够根据林种、树种和生产任务要求完成幼林地土壤管理和幼树管理工作。
5. 具有进行幼林抚育管理的技术指导能力。
6. 具有进行幼林抚育管理计划的综合能力。

知识链接

幼林抚育管理，是指造林后到幼林郁闭成林这段时间(一般 3 ~5 年)，人为调整林木生长发育与环境条件之间的相互关系，提高造林成活率和保存率，促进幼林适时郁闭成林，加快林木生长的重要环节。

2.5.1 幼林地管理

2.5.1.1 松土除草

(1)松土除草的作用

松土除草是幼林抚育最重要的一项工作，在松土的同时清除杂草。松土的作用在于切断土壤表层与底层的毛细管联系，减少水分的物理蒸发；改善土壤的通气性、透水性和保水性；促进土壤微生物的活动，加速土壤有机物的分解和转化，从而提高土壤营养水平，有利于幼林的成活与生长。

除草的作用在于清除与幼树幼苗竞争的各种植物，保障幼树幼苗成活和生长的空间，并满足其对水分、养分和光照的需要，使其度过成活阶段并迅速进入旺盛生长时期。松土和除草一般可同时进行，但在实际工作中，有时也可以以某一项为主。在湿润地区或土壤水分条件充分的造林地上，也可以单独进行除草(割草、割灌)，而不进行松土。在杂草灌丛繁茂的幼林地上，应先割灌、除草，然后再松土，同时挖去草根、藤根和灌丛根蔸。

(2)松土除草的持续年限、次数和时间

松土除草的持续年限应根据造林树种、立地条件、造林密度和经营强度等具体情况而定。一般情况下，应从造林后开始，持续进行到幼林全部郁闭为止，一般需要 3 ~ 5 年。在培育速生丰产林和经济林时，松土除草要长期进行，不以郁闭为限。

每年松土除草的次数受造林地的气候、立地条件、树种、幼林年龄以及当地的社会经济条件等因素的制约。通常造林的当年就开始松土除草，第 1 ~ 2 年分别 2 ~ 3 次，第 3 ~ 4 年分别 1 ~ 2 次，第 5 年 1 次，以后视杂草和林木生长情况决定松土除草的次数。

松土除草的季节要根据杂草灌丛的生态学特性，幼树年生长规律和生物学特性，当地气象条件以及土壤的水分、养分状况动态确定。一般在幼树高生长旺盛期来临前和杂草生长旺盛季节进行松土除草，以减少杂草和灌丛对水分、养分的争夺，促进幼树生长。秋季除草，应在杂草和灌丛结籽前进行，以减少翌年杂草和灌丛的滋生。

(3)松土除草的方式和方法

松土除草的方式依据整地方式和经济条件不同而有差异。在全面整地的情况下，可以进行全面翻土除草；也可以在第 1 年先进行 1 次带状或块状松土除草、培土整地，第 2 次再进行全面松土除草；有机械化条件的，行间可用机械中耕，树蔸处松土除草。局部整地的幼林，采取人工松土除草并逐步扩大松土范围，如采用块状、穴状整地的，通过 1 ~ 2 次扩穴连成水平带。原为带状整地的，可逐年扩带培土，以满足幼林对营养面积日益扩大的需要。

松土除草原则是要做到“三不伤，二净，一培土”。三不伤：不伤根、不伤皮、不伤梢；二净：杂草除净、石块拣净；一培土：是把疏松的土壤培到幼树根部。

松土除草的深度应根据幼树生长情况和土壤条件确定。造林初期浅，随幼树年龄增大逐步加深；土壤质地黏重、表土板结或幼林长期失管，而根系再生能力又较强的树种，可适当深松；特别干旱的地方，可再深松一些。总之，松土除草要做到：里浅外深；坡地浅，平地深；树小浅，树大深；砂土浅，黏土深；土湿浅，土干深。一般松土除草的深度为 5 ~ 15 cm，深松时可加大到 20 ~ 30 cm。

夏季酷热、冬季寒冷的地区，夏秋两季除草时，应在不影响幼树生长的前提下，根据杂草和灌丛生长的繁茂情况，适当保留一部分杂草和灌丛，为幼树遮阴或防寒；长期荒芜、杂草和灌丛较多的幼林地，以及耐阴树种、播种造林的针叶树幼林，应避免在干旱炎热的季节除草，以免幼树幼苗暴晒枯死。

目前，人工林松土除草多为手工作业，在条件许可的地方，应尽量采用机械抚育，也可在幼林中间种农作物，实行以耕代抚。

(4) 化学除草

利用化学除草剂除草，具有简便、有效期长、效果好、省时、省力、成本低、便于机械化作业等优点。因此，在幼林抚育管理中采用化学除草，也是一种比较好的方法。

使用除草剂时应特别注意人身安全，对于除草剂的种类和剂型的选用、除草机理、施用方法和施用时注意事项等知识详见《林木种苗生产技术》，在此不再赘述。

2.5.1.2 水分管理

(1) 灌溉

灌溉是指造林时和林木生长过程中人为补充林地土壤水分，提高造林成活率、保存率，促进幼树幼苗生长的有效措施。造林时进行灌溉，可以提高造林成活率，林木生长过程中灌溉可以提高保存率。这主要是由于灌溉后土壤有效水分含量增加，土壤水势增高，有利于植物细胞组织保持紧张状态，加快根系吸收水分的速度，促进新根的形成和发育。

林木培育过程中进行灌溉，可以促进林木生长，提高单位面积的木材产量。这主要是由于水分是许多地区林木生长的限制因素，灌溉后能够增加树冠叶片数量、单叶面积和叶面积系数，扩大受光面积，使光合产物较多地向枝条运输，有利于有机物质的积累。

灌溉有漫灌、畦灌、沟灌、喷灌、滴灌等方法。漫灌工效高，但用水量大，且要求地势平坦，否则容易引起土壤侵蚀和灌水量不均匀。畦灌应用方便，灌水均匀，节省用水，但要求作业细致，投工较多。沟灌的利弊介于漫灌和畦灌之间。喷灌和滴灌是先进和高效的灌溉方法，在坡度较大的丘陵山地，应逐步改用喷灌和滴灌装置。

幼林灌溉可以采取量多次少的方法，以造成较大的湿润强度，延长灌水间隔期，减少灌溉次数。一般两次灌溉间隔期以保持土壤含水量在最大田间持水量的60%左右为宜。灌溉后要及时松土，减少土壤水分蒸发，提高灌溉效益。

(2) 排水

在多雨季节或低洼地造林，由于雨水过多或地下水位过高，往往会造成林地积水，可采用高垄、高台等降低水位的整地方法造林。同时，在林地内修建排水沟，及时排除积水，增加土壤通气性，促进林木生长。

2.5.1.3 林地施肥

(1) 林地施肥特点

幼林施肥是集约经营森林的重要技术措施之一。它可改善幼林营养状况，增加土壤肥力，促进幼林提早郁闭，提高林分质量，缩短林分成熟周期。同时也是促进林木结实的有效措施。林地施肥具有以下特点。

①林木系多年生植物，以施长效有机肥为主。

②用材林以生长枝叶及木材为主，应施用以氮肥为主的完全肥料。幼林时适当增加磷肥，对分生组织的生长，迅速扩大营养器官有很大促进作用。

③林地土壤，尤其是针叶林下的土壤酸性较大，多施用钙质肥料。

④有些土壤缺乏某种微量元素，在施用N、P、K的同时，配合施入少量的Zn、B、Cu等微量元素，往往对林木的生长和结实极为有利。

⑤幼林阶段林地杂草较多，施肥应与松土除草结合起来比较好。

(2)林地施肥方式

幼林施肥的方式有人工施肥、机械施肥和飞机施肥等多种方式。

林木是多年生植物，栽培周期长，最好在采伐利用前能进行多次施肥。施肥的时期应以3个时期为主，即造林前后、林分全面郁闭后和主伐前数年。造林前施肥可在整地时结合施基肥(撒施或穴施)，直播造林时可用肥料拌种或结合拌菌根土后播种。实生苗造林时可使用蘸根肥；造林后施肥可多结合幼林抚育在松土后开沟施肥，也可全面撒施。林分全面郁闭后和主伐前施肥，可用人工、机械或飞机全面撒肥。

施肥量可根据树种的生物学特性、土壤贫瘠程度、林分年龄和施用的肥料种类确定。施肥深度一般应使化肥或绿肥埋覆在地表以下20~30 cm或更深一些的地方。

2.5.1.4 林农间作

林农间作又称林粮间作，是指幼林郁闭前，利用幼树幼苗行间的间隙，种植各种农作物，通过对间种农作物的中耕管理，同时也抚育了幼林，达到以耕代抚的目的。不仅节省了幼林抚育的用工，降低营林成本，增加经济收入，而且能够改良林地土壤和林分环境，促进林木生长。因此，无论从生物学还是经济效益等各方面来看，林农间作都有重要的意义。

(1)幼林林农间作应注意的问题

①*以抚育林木为主*。幼林的林农间作是以抚育林木、充分利用林地资源为主的经营措施，其目的在于养地增肥，以耕代抚，减少水土流失，改善林分环境，促进林木生长，并取得林农双丰收。因此，不能只顾间作，单纯追求农作物产量和效益，不顾幼林抚育，甚至损伤林木。

②*做好规划*。幼林的林农间作必须因地制宜地作好规划。林农间作一般在林地比较湿润、肥沃的立地条件下进行，山地坡度在25°以上严禁间作农作物，以免引起林地水土流失。在比较干旱瘠薄的林地上进行林农间作时，一般应选用消耗水肥较少，能改良土壤的豆类或绿肥作物为宜，以免争水肥，影响树木的生长。

③*选好间作植物*。以林为主的林农间作成功的关键是在适地适树的基础上，根据树种的生物学特性和立地条件，选择适宜的间作植物(作物)和间作方式，并随林龄的增加正确处理和调节不同植物间的相互关系，以充分发挥植物物种间的相互促进作用。按幼林地类型不同，间作植物的选择可分为3种类型：

a. 林地土壤已熟化：间作植物可选择花生、豆类、油菜及药用草类植物。

b. 林地土壤尚未熟化：间作植物可选择绿肥、谷子、荞麦等。

c. 林地土壤较好的缓坡地：可以开成水平耕地，间作植物可选择各种农作物、绿肥等。

间作的作物应选择适应性强，矮秆直立，不与林木争夺水肥、光照，最好是早熟、高产的豆科类作物，以及栽培技术简便、经济价值较高的作物；避免选择那些对林木生长不利的高秆、块茎(根)和爬藤攀缘性作物；避免选择同林木有共同病虫害的农作物；南方山地应选择秋收农作物，避免选择夏收作物。一般情况下，速生、喜光树种或年龄较大的幼林，宜选择矮秆耐阴作物；慢生、早期耐阴树种或年龄较小的幼林，可选择高秆作物，但只能在造林后 1 ~2 年内进行间作；浅根性树种宜间作深根性作物，深根性树种宜间作浅根性作物。

(2)间作的方法

①实行轮作。在同一块林地上如果连年间作同一种作物，土壤中的某些养分就会缺乏，造成作物生长不良，且易引起病虫害，采取林地轮作农作物的方法就可避免这些问题。实行轮作的方法有两种：一是 1 年 1 轮作，如第 1 年间种药材、小麦，第 2 年间种大豆、绿肥，第 3 年间种花生、大麦、小麦等；二是 1 季 1 轮作，如春季间种植豆科类作物，秋季间种绿肥，第 2 年春季间种农作物前，把绿肥翻入土壤中作为基肥，这样既有利于农作物的增产，又有利于幼树的生长。

②间作距离。林农间作是在幼林的行间进行，要注意保持幼树幼苗与间种作物之间的距离。应以树木上方能得到充足光照而侧方可以庇阴，且间种作物的根系不与幼树幼苗根系争夺水、肥为原则。一般 1 ~2 年生幼林中，间作距离 30 ~50 cm 比较适宜。

③加强管理。林农间作要及时中耕除草、施肥、灌溉和防治病虫害。在间种作物播、管、收的全过程中，注意有利于幼树幼苗生长，防止损伤幼树幼苗，坚持作物秸秆还地，以增加土壤有机质，促进林木生长。

任务实施

一、器具材料

造林登记簿、有关林业技术标准、规程，各种调查记载表；测绳(或皮尺)、钢卷尺、小锄头、锄头、手锯、修枝剪、铁锹、量筒、水桶、喷雾器、橡胶手套、口罩等；化学除草剂(不同种类和剂型)、肥料(有机、无机和微生物肥料)等。

二、任务流程

幼林地管理流程如图 2-25 所示。

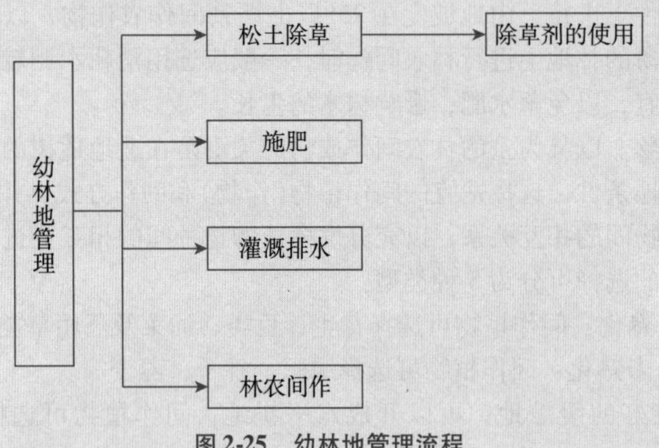

图 2-25　幼林地管理流程

三、操作步骤

1. 松土除草

根据幼林地杂草灌木生长情况，确定松土除草任务，松土与除草一般情况下可结合进行。对杂灌较少的幼林地只进行松土，并记载操作过程。

2. 识别和区分化学除草剂

观察不同种类和剂型的化学除草剂，通过阅读化学除草剂商品标签，并结合所学知识进行比较，记载比较内容。

3. 化学除草剂使用操作

按照林地杂草的特点，决定使用化学除草剂的种类和剂型，并按该种除草剂的施用方法，进行林地化学除草，记载操作过程。

4. 林地施肥

观察并比较不同类型有机、无机和微生物肥料，根据幼林生长状况，决定施用肥料种类，并按各种肥料的施用方法，实施林地施肥，记载操作过程。

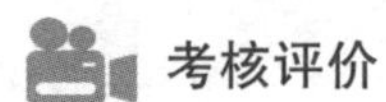

考核评价

幼林地管理考核评价见表2-8。

表2-8 幼林地管理考核评价表

姓名：		班级：		指导教师：	
教学项目：幼林地管理			完成时间：		
过程考核60分					
评价内容		评价标准		赋分	得分
1	专业能力	能正确进行幼林地管理		10	
		能够按实际情况选择和使用化学除草剂(种类、剂型、使用量)		15	
		按时保质保量完成所有规定操作		10	
2	方法能力	提前预习相关知识并查找资料		4	
		处理问题方式得当，能提出多种解决方案		5	
3	合作能力	在组内能根据任务需要与他人愉快合作，有团队意识		4	
		在完成工作任务过程中勇挑重担，责任心强		4	
		在生产中沟通顺利，能赢得他人的合作		4	
		愉快接受任务，认真研究工作要求，爱岗敬业		4	
结果考核40分					
4	工作成果	幼林地管理	土壤管理操作方法正确	20	
			土壤管理任务及时完成，效率高	10	
			报告简明清晰完整	10	
				100	

技术员意见反馈：(教师根据学生在完成任务中的表现，评定成绩的同时指出不足之处和修改意见)

年 月 日

单元小结

幼林地管理任务小结如图2-26所示。

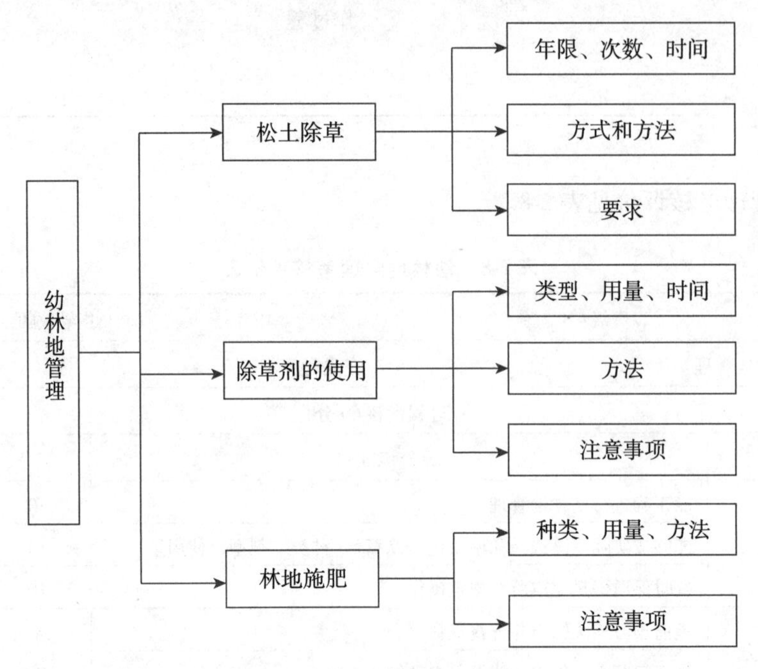

图2-26 幼林地管理任务小结

2.5.2 幼树管理

(1)间苗

播种造林或丛状植苗造林后，苗木密集成丛，幼林在全面郁闭之前，先达到簇内或穴内郁闭，随着个体的生长，对营养面积的要求不断加大，小群体内的个体开始分化，出现生长参差不齐的现象。因此，造林后必须及时进行间苗；通过调节小群体内部的密度，保证优势植株更好地生长。

①间苗的时间。根据立地条件、树种特性、小群体内植株个体生长情况以及密度确定。若立地条件好，树种生长速度快，小群体内植株个体分化早，密度大，可在造林的第2、3年进行。反之，可推迟到4~5年进行。

②间苗强度及次数。生长迅速的树种林分，间苗强度宜大些；生长中等的树种林分，间苗强度应稍小；生长缓慢的树种林分，间苗强度宜更小。在立地条件差的地方，林木保持群体状态更有利于抗御不良环境，也可以不进行间苗。间苗一般进行1~2次，特别是小群体内株数太多时，不可一次完成，以防环境发生急剧变化，反而影响保留植株的生存和生长。

③间苗的原则。去劣留优、去小留大。要把生长比较高大、通直、健康并且树冠发育

良好的优势株保留下来，间去密度较大、生长瘦弱、干径弯曲、损伤及病虫害危害的幼树幼苗。

(2)平茬

平茬是指利用树木的萌芽能力，截去幼树的地上部分，使其重新萌生枝条，择优培养成优良树干的一种抚育措施。它适用于萌芽能力强的树种，如杨树、泡桐、檫树、刺槐、臭椿、桉树、樟树等。平茬不是必须的抚育措施，只是在造林后，幼树的地上部分由于某种原因(如机械损伤、冻害、旱害、病虫害、动物危害等)不能成活或失去培养前途时才采取的复壮措施。

平茬时应紧贴地面，不留树桩，所用工具要锋利，茬口要平滑，平茬后及时覆土，防止茬口冻伤及水分散失。

平茬一般在幼林时期进行，灌木树种平茬的期限可适当延长。平茬时间以在树木休眠季节为宜，避免晚春树木发芽后进行，以免伤流量过多，感染病虫害；也不要在生长季节进行，以防萌条组织不充实，木质化程度低，抗性弱，冬季易遭受寒害。

(3)除蘖

除蘖是指除去萌蘖性强的幼树幼苗基部的多余萌蘖条，如杉木、刺槐、杨树等，以促进主干生长的一项抚育措施。

除蘖一般在造林后 1 ~2 年进行，部分树种有时需要延续很长时间，反复进行多次，才能取得良好的效果。

(4)抹芽

抹芽是指促进幼树幼苗生长，培育良好干形的一项抚育措施。当幼树幼苗的主干上萌发出来的嫩芽未木质化时，将主干2/3 以下的嫩芽抹掉。此方法可防止养分分散，有利于幼树幼苗的高生长，同时还可以避免幼树过早修枝，既省工又可培育无节良材。

(5)修枝

修枝是指通过人为的措施调整林木内部营养的重要手段。修枝的同时，也给幼树幼苗进行了整形。其主要作用是：一是增强幼树树势，特别是促进树高生长旺盛，增加主干高度和通直度，减少节疤，提高干材质量；二是培养良好的冠形，使主枝分布均匀，形成主次分明的枝序；三是对减少病虫害及火灾的发生，同时满足一些地区对薪材的需要。但是，修枝的时间、强度、方法应该适当，否则，易对幼树的生长造成不良的影响。要达到合理修枝，必须注意以下几方面。

①开始修枝的时间。树种不同，开始修枝的时间也不同。以用材林树种为例，一般生长较慢的阔叶树和针叶树，要在高生长旺盛时期后进行修枝，对直干性强的树种，如杉木、落叶松、云杉、水曲柳等，在幼林郁闭前一般不宜修枝，当林分充分郁闭，林冠下出现枯枝时才开始修枝。对于主干不明显，培育目的在于利用干材的树种和一些速生阔叶树种，如泡桐、白榆、樟树、栎类、黄檗等，开始修枝要早些，宜在造林后 2 ~3 年内进行。

②修枝的季节。修枝应该在晚秋和早春树木休眠期进行。这时修枝不易撕裂树皮，且伤流轻，愈合快。但对萌芽力强的树种如刺槐、杨树、白榆、杉木等，也可在夏季生长旺盛期修枝，这时树木生长旺盛，伤口容易愈合，修枝后也能抑制丛生枝的萌生。切忌在雨

季或干热时期修枝，以防伤口渍水感染病害或很快干燥影响愈合。伤流严重的树种，如核桃等，应在果实采收后修枝。

③修枝的强度。合理的修枝强度，应当以不破坏林分郁闭和不降低林木生长量为原则。

幼树修枝主要是修去树冠下过多，过密的侧枝，改善林分的通风、透光条件，以集中养分促进主干生长。一般常绿树种、耐阴树种和慢生树种修枝强度宜小；落叶阔叶树种、喜光树种和速生树种修枝强度可稍大。树种相同，立地条件好、树龄大、树冠发育好修枝强度可稍大；否则修枝强度宜小。通常情况下，在幼林郁闭前后，修枝强度约为幼树高度的1/3～1/2，随着树龄的增长，修枝强度可达树高的2/3。

以生产果实为目的的经济林树种，修枝是为了促进其开花结实，在定植2～5年内，根据不同树种的要求剪去顶枝，使树冠发育均衡，并剪去过密枝、徒长枝、枯枝和病虫害枝，这样有利于树木生长和开花结实。

④修枝的方法。小枝可用修枝剪紧贴树干修剪或用砍刀由下向上进行剃削，保证茬口平滑，以利伤口愈合；对粗大枝条，用手锯由下向上锯开下口，然后再从上向下锯除枝条，避免撕破树皮或造成粗糙的切口和裂缝，影响树木生长。

(6)幼林保护

①封山育林。封山育林是促进幼林成林的重要措施之一。在造林后2～3年内幼林平均高度达1.5 m之前，应对幼林进行封山护林。新造幼林比较矮小，对外界不良环境的抵抗力弱，容易遭受损伤；人和牲畜对林地的践踏，造成林地结构变差，土壤肥力降低，直接影响幼林的成活和生长。因此，造林后除对林分进行抚育以外，还应对幼林实施封山管理，严禁放牧、砍柴、割草，加强宣传教育，建立和健全各项管护制度，把封山护林和育林结合起来，促进幼林迅速生长。

②预防火灾。人工幼林多处于人为活动比较频繁的地方，防火具有十分重要的意义。

特别是森林防火等级较高的地区和林种，更应该注意防火工作。根据林区和林种的特点，建立健全科学的防火体系(组织、制度、设施、手段和方法等)，做好幼林的护林防火工作。

③生物灾害控制。幼林生物灾害控制，必须认真贯彻“预防为主，综合治理”的方针。从造林设计和施工时起就应该采取各种预防措施，如营造混交林等。在林木培育过程中，加强抚育管理，改善幼林生长的环境条件和卫生状况，促进幼林健壮生长，增强抗性。因地制宜地保护天敌，以生物控制为主，并辅以人工捕杀等物理措施控制林业有害生物，尽量避免药剂防治，特别是禁止使用高毒、高残留化学药剂。同时，建立和健全森林有害生物的检验检疫机构，认真做好林业有害生物检验检疫及监测，控制林业有害生物的传播、蔓延和成灾。

④预防寒害、冻拔、雪折和日灼危害。在冬春旱风严重的地区，造林后容易受寒害的树种，可在秋末冬初进行覆土防寒；在排水较差或土壤粘重，容易遭受冻拔危害的地区，可采取高台整地，降低地下水位，林地覆草，以避免冻拔害的发生；在容易发生雪折的地区，应注意树种选择或混交林的营造；对容易遭受日灼危害的地区，除注意林分树种组成以外，还应避免在盛夏高温季节进行松土除草。另外，在选择造林地时，适当注意选择低海拔山地造林，成林后适时抚育间伐和适当修枝，也可减少和避免各种危害。

任务实施

一、器具材料

造林登记簿、有关林业技术规程、各种调查记载表；测绳（或皮尺）、钢卷尺、小锄头、锄头、手锯、修枝剪、铁锹、水桶、手套等用具。

二、任务流程

幼树管理流程如图 2-27 所示。

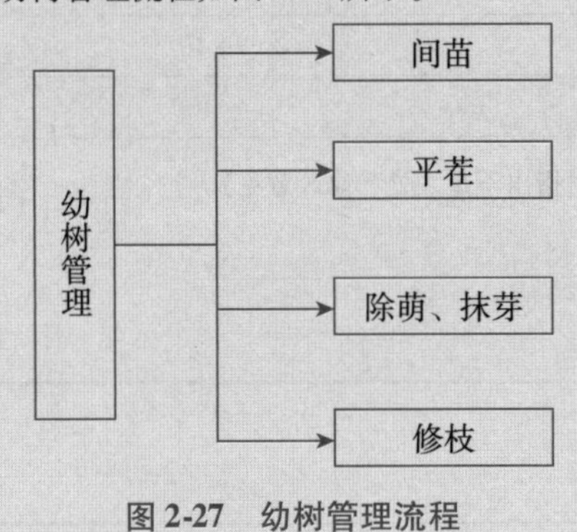

图 2-27 幼树管理流程

三、操作步骤

在认真阅读有关树种的各项幼林管理技术要点和林业技术规程的情况下，在教师的指导下实施各项操作，并认真记载各项幼树管理操作过程和技术关键。

1. 间苗

对播种造林或丛状植苗造林的林地实施间苗。根据树种和林分的具体情况，选择适宜的间苗时间、强度和次数，并记载操作过程。

2. 平茬

选择林分中无培养前途的幼树，进行平茬。掌握平茬的技术要点。记载操作过程。

3. 除蘖和抹芽

除蘖和抹芽可以同时进行，掌握其技术要点。记载操作过程。

4. 修枝

熟悉并掌握修枝的技术和方法。记载操作过程。

考核评价

幼树管理考核评价见表 2-9。

表 2-9 幼树管理考核评价表

姓名：		班级：		指导教师：	
教学项目：幼树管理			完成时间：		
过程考核 60 分					
评价内容		评价标准		赋分	得分
1	专业能力	能正确进行幼树管理		10	
		能够按实际情况选择幼树管理（间苗、平茬、修枝、除蘖和抹芽）		10	
		按时保质保量完成所有规定操作		10	
2	方法能力	提前预习相关知识并查找资料		5	
		处理问题方式得当，能提出多种解决方案		5	

（续）

评价内容		评价标准		赋分	得分
3	合作能力	在组内能根据任务需要与他人愉快合作，有团队意识		5	
		在完成工作任务过程中勇挑重担，责任心强		5	
		在生产中沟通顺利，能赢得他人的合作		5	
		愉快接受任务，认真研究工作要求，爱岗敬业		5	
结果考核40分					
4	工作成果	幼树管理	幼树管理操作方法正确	20	
			幼树管理效率高	10	
			报告简明清晰完整	10	
				100	

技术员意见反馈：（根据学生在完成任务中的表现，评定成绩的同时指出不足之处和修改意见）

年　月　日

单元小结

幼树管理任务小结如图2-28所示。

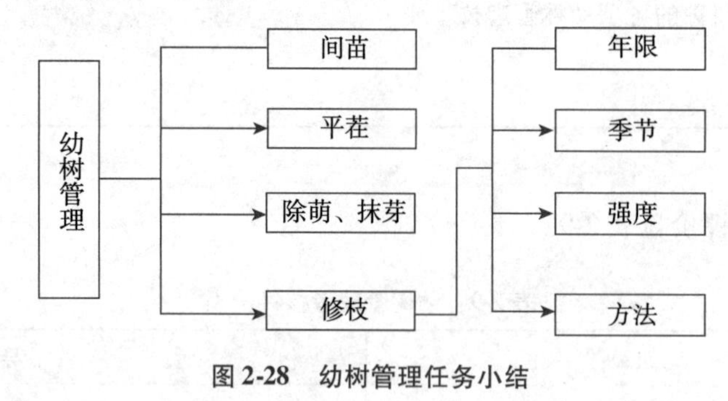

图2-28　幼树管理任务小结

自测题

一、填空题

1. 每年松土除草的次数，受造林地区的(　　　　)、(　　　　)、(　　　　)、(　　　　)和(　　　　)等因素的制约。

2. 幼林灌溉可以采取量多次少的方法，以造成(　　　　)、(　　　　)、(　　　　)。

3. 间苗要掌握(　　　　)、(　　　　)的原则。要把(　　　　)、(　　　　)的优势株保留下来。

4. 合理的修枝强度，应当以(　　　　)和(　　　　)为原则。

5. 幼林生物灾害控制，必须认真贯彻“(　　　　)，(　　　　)”的方针。

二、判断题

1. 松土除草的持续年限应根据造林树种、立地条件、造林密度和经营强度等具体情况而定。(　　)

2. 林地土壤，尤其是针叶林下的土壤酸性较大，对钙质肥料需要量较少。(　　)

3. 生长迅速的树种林分，间苗强度宜大些；生长中速的树种林分，间苗强度应稍小；生长缓慢的树种林分，间苗强度宜更小。(　　)

4. 一般两次灌溉间隔期以保持土壤含水量在最大田间持水量的30%以上为宜。(　　)

5. 幼林生物灾害控制，必须认真贯彻“预防为主，综合治理”的方针。(　　)

三、简答题

1. 简述林地施肥的特点。

2. 在幼林中实施林农间作应注意哪些问题？

3. 简述幼树管理中修枝的技术要点。

项目3 营造林工程项目管理与监理

知识目标

1. 理解工程造林内涵和意义。
2. 熟悉营造林工程项目管理、营造林工程项目监理的内容。
3. 掌握造林生产管理的基本知识和技能。
4. 理解林业生态工程“三制”实行的必要性，熟悉林业生态工程项目法人制、招标投标制、建设监理制。
5. 理解营造林工程监理规划的内容。
6. 熟悉营造林工程投资、进度、质量三控制的内涵、基本知识和实施要点。

技能目标

1. 会进行造林检查验收和造林质量评定。
2. 会编写营造林工程项目监理日志。
3. 会编写营造林工程项目监理报告。

任务3.1 造林检查验收

任务描述

本次任务是进行造林面积检查、造林成活率检查、计算已造林小班成活率，并依据行业标准评价造林质量。

任务目标

1. 通过造林成果评价的学习，使学生明确造林成果评价的类别，掌握造林成果评价

的方法和标准，能评价造林质量是否合格。

2. 能按《造林技术规程》(GB/T 15776—2016)的要求，对造林成果进行评价。

3. 能根据《造林质量管理暂行办法》对营造工程进行造林质量指导监督和评价。

4. 通过本项目实施，基本具有造林成果评价的能力。

知识链接

3.1.1 造林质量检查验收

3.1.1.1 施工作业检查

原则上每项造林施工作业(如造林地清理、整地、苗木出圃、播种或植苗造林、幼林抚育和补植等)完成后，都要进行检查，其中关键的是整地及种植造林后的两次检查。检查工作可在自检、互检(如工队间)的基础上，由上级单位派专业人员会同当地技术人员进行检查。检查要以调查设计、施工设计中的规定及其他技术规程(规范)要求为标准。

(1)整地作业检查的主要内容

整地作业检查的主要内容，包括整地的规格和质量。在机械化全面整地时，主要检查翻地深度是否合乎设计要求，扣垡是否严密，是否留有生格(特别注意地头两端情况)，翻后是否耙平耙细等。在局部整地，特别是山地带状或块状整地时，主要检查整地的长、宽、深规格，包括地埂或垅沟的规格，是否合乎设计要求，整地范围内土壤是否松碎，石头、树根是否拣尽，松土深度是否均匀一致(避免出现锅底形)等。

(2)造林作业检查的主要内容

造林(播种或植苗)作业检查的主要内容，包括造林的面积和质量。

①造林面积检查。是落实造林面积、防止虚报浮夸、按完成任务量付酬的重要环节，要花较大的力量去做。在造林面积不大时，可采用逐块造林地实测检查的方法；在造林面积较大时，可采用抽样实测的抽查方法，一般造林时可用地形图现场勾绘代替实测。抽查时要注意抽样的随机性，并保证抽样数量所提供的可靠性。抽样实测面积与上报造林面积之间的差距不能超过一定的界限(一般定为1%～3%，工程造林从严要求)，如超过此界限，应视为上报数字不实，需更改上报数字或采用其他补救办法。情况严重的要通报批评。造林面积检查可在造林作业完成后进行，也可延缓至幼林成活率检查时结合进行。

②造林质量检查。应在造林作业完成后(甚至在造林施工过程中)立即进行，主要检查播种或栽植的质量。在播种造林时，重点检查播种量、播种深度(覆土厚度)、播种位置及间距等是否符合要求，种子质量的好坏及催芽程度如何，播后覆盖情况及各项作业是否适时等。在植苗造林时则要重点检查苗木质量(规格及保护情况)好坏，栽植深度是否适宜，苗根是否舒展并踩(或挤)实，栽植位置及间距是否符合要求，栽植作业是否适时等。种植间距也是质量检查的重点项目，那是因为它们决定了实际的造林密度。如果检查结果发现造林质量上存在重大问题，或造林密度与设计要求有较大出入，就要提出各种改进措施直

至要求返工，责成施工单位去执行。

3.1.1.2 幼林检查验收

(1)成活率调查

对新造幼林经过一个完整的生长季后，要进行成活率调查。成活率调查必须遍及每一块造林地(小班)，采用标准地或标准行的方法，随机或机械布点，抽查面积应不小于每个造林地块(小班)面积的2%～5%(造林地100亩以下时为5%，500亩以上时为2%)。植苗造林和播种造林，每个种植点(穴)只要有1株以上(含1株)的苗木成活，即可作为成活点(穴)计数(有时苗木虽仍活着，但从生长、色泽、硬度各方面看，估计还有死去的可能，这样的种植点(穴)列为可疑，统计时只将可疑点(穴)数的50%算作成活率。)。埋干造林若长达1 m的间段没有萌条，即算作1株死亡数。成活株(穴)数占检查总株(穴)数的百分比即为成活率。各级经营单位的平均造林成活率，要按各小班面积及成活率作加权平均。

经检查确定，造林成活率不足40%的小班，要从统计的新造幼林面积中注销，列入宜林地重新造林。成活率在41%～84%的小班，要求进行补植。补植应按原设计树种(特殊情况也可另作专门安排)用大苗及时完成，以免引起幼林的早期分化。在调查成活率时，还要对苗木死亡和种子不萌发的原因进行调查统计分析，有多少是因为种苗质量不好，有多少是因为播种或栽植作业上存在问题，有没有病、虫、兽害的干扰，不利气象因素的影响有多大，有没有人为因素(樵采、放牧、践踏等)危害等。把这些问题弄清楚，对于积累造林经验，改进今后工作，都将有很大好处。

(2)保存率调查

一般幼林经3年左右的抚育管理，成活已经稳定，此时应再作调查，核实幼林保存面积及保存率，评价其生长状况，提出今后应进一步采用的抚育管理措施。当幼林确已达到规定的保存率及生长指标时，可作最后的复查验收，并拨放全部造林投资款或补助款。当幼林达到郁闭成林时，可划归有林地，小班全部技术档案列入有林地资源档案。

3.1.1.3 造林工程的竣工验收

(1)验收依据

属于大的、立过项的或受合同约束的造林工程项目，在其全部工程完成以后，要履行竣工验收这个法定手续。验收的主要根据包括以下几方面。

①上级主管部门批准的计划任务书及有关文件。

②建设单位与主管部门签订的工程合同书。

③专为此项目进行的总体规划设计及有关作业设计的成果材料。

④国家现行的技术规程及成果评价规范。

(2)验收标准

造林工程的竣工验收工作，由上级林业主管部门(下达任务单位)组织由行政负责人及技术专家组成的验收工作组负责进行。竣工验收的标准包括以下几方面。

①工程项目按合同规定和规划设计要求竣工，达到国家规定的质量标准(平均株数保存率、面积保存率、林木生长指标、经济效益及生态效益的主要指标等)。

②技术档案齐全，包括总体规划设计资料、作业设计资料、阶段性成果评价资料以及在此基础上建立的完整的造林技术档案等。除此以外，工程完成的期限也是在验收时评价工程的重要因素。

造林工程经由验收工作组检查，如确认完全符合计划任务书及总体规划设计要求，验收合格，即可由工程执行单位向主管部门办理竣工手续。竣工验收意味着原来签订的工程合同终止，对于施工单位即解除了在合同中承担的一切经济责任和法律责任。在验收过程中，如发现有些方面尚存缺陷，需要采用重造、补植、林分改造等措施来补救，可视情况及形成这些情况的原因（施工技术、指挥管理、不可预见的灾害等因素），或按期验收并指明情况，限期更正；或不予验收，暂缓办理竣工手续。

造林工程竣工验收后，人工林即进入正常的经营状态，由森林经营单位（可能与造林施工单位为同一单位，也可能不同）接收经营。对所有已经郁闭的人工林及尚未郁闭的新造幼林，均需为之建立森林资源档案，纳入森林资源管理系统。各经营单位应尽量利用计算机数据库及动态模拟等先进技术，管好新的森林资源。

3.1.2　检查验收程序

造林单位先行全面自查，上级林业主管部门组织复查和核查。

3.1.2.1　县级自查

造林当年，以各级人民政府及其林业行政主管部门下达的造林计划和造林作业设计作为检查验收依据，县级负责组织全面自查，提出验收报告报地级林业行政主管部门，地级林业行政主管部门审核后，报省级林业行政主管部门。

3.1.2.2　省级（地级）抽查

在县级上报验收报告的基础上，地级林业行政主管部门严格按照造林检查验收的有关规定组织抽样复查，省级林业行政主管部门根据实际需要组织抽样复查或组织工程专项检查，汇总报国务院林业行政主管部门。

3.1.2.3　国家级核查

根据省级上报的验收报告、统计上报的年度造林完成面积，国务院林业行政主管部门组织对造林进行核（检）查，纳入全国人工造林、更新实绩核查体系中，并将核（检）查结果通报全国。

3.1.3　检查验收方法

3.1.3.1　检查验收方法

采取随机、机械、分层抽样等方法进行抽样，被抽中的小班，以作业设计文件、验收卡等技术档案为依据，按照造林质量标准，实地检查核对，统计评价。

国家级核查比例实行县、省两级指标控制的办法，即以县为基本单元，核查县数量比例不低于10%，所抽中的县抽查面积不低于上报面积的5%；以省为单位计算，抽查面积不低于上报面积的1%。省级(地级)检查，在保证检查精度的原则下，由各地根据实际情况自行确定。

各级林业行政主管部门要设立举报电话和举报信箱，认真受理举报电话和信件，自觉接受社会、舆论和群众监督。根据群众举报和有关部门或新闻单位反映的问题，按照事权划分原则，林业行政主管部门可牵头组成检查组进行直接检查。

3.1.3.2　检查验收内容

作业设计、苗木标准、造林面积、建档情况、混交类型以及“五证”等。具体考核指标为作业设计率、苗木合格率、面积核实率、成活率、面积合格率；抚育率、管护率、混交率；保存率；建档率、检查验收率以及生长情况、病虫危害情况、森林保护和配套设施施工情况。

任务实施

一、材料与工具

全站仪(或GPS)、皮尺、铁锹、卷尺、游标卡尺、计算器、各种记录表等。

二、任务实施流程(图3-1)

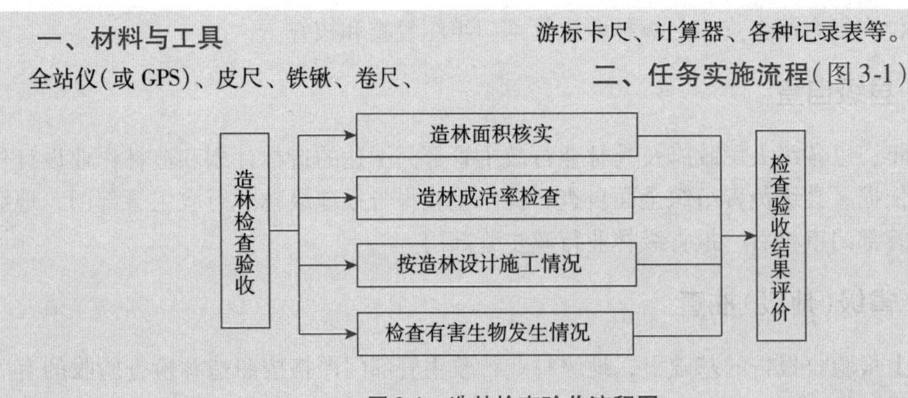

图3-1　造林检查验收流程图

三、操作步骤

1. 造林面积检查

按作业设计图逐块核实，或用仪器实测。造林面积按水平面积计算。

凡造林面积连续成片在0.067 hm² 以上的，按片林统计，其他按四旁造林统计。两行及两行以上的林带，按片林统计。缺口长度不超过宽度3倍的林带按一条林带计算，否则应视为两条林带。单行林带按四旁造林统计。

当造林小班检查面积与作业设计面积差异(以检查面积为分母)在5%(含)以内，以作业设计面积为准。当检查面积与作业设计面积差异在5%(不含)以上，以检查面积为准。

2. 造林成活率检查

确定标准行，然后在标准行内调查。以小班为单位，采用随机抽样方法检查造林成活率。成片造林面积在10 hm² 以下、11～20 hm²、21 hm² 以上的，抽样强度分别为造林面积的3%、2%、1%；防护林带抽样强度为10%；对于坡地，抽样应包括不同部位和坡度。

造林成活率，按式(3-1)、式(3-2)计算：

$$P = \frac{\sum_{i=2}^{n} S_i \times P_i}{S} \times 100\% \tag{3-1}$$

式中：P ——（小班）造林成活率，%；

S_i——第 i 样地面积(样行长度)；

P_i——第 i 样地(样行)成活率，%；

S ——样地总面积(样行总长度)。

$$P_i = \frac{n_i}{N_i} \times 100\% \qquad (3\text{-}2)$$

式中：n_i ——第 i 样地(行)成活株(穴)数；

N_i——第 i 样地(行)栽植总株(穴)数；

n ——样地数或样行数。

造林成活率保留一位小数。

3. 检查造林是否按照作业设计进行施工

依据实际情况进行核查。

4. 未成林林业有害生物发生情况检查

检查内容包括以下几方面。

①是否有林业检疫性有害生物及林业补充检疫性有害生物。

②蛀干类有虫株率。

③感病指数。

其中感病指数、蛀干类有虫株率，分别按式(3-3)、式(3-4)计算：

$$I = \frac{\sum B_i \times V_i}{B \times V} \times 100 \qquad (3\text{-}3)$$

式中：I ——感病指数；

B_i——第 i 发病等级的株数；

B——感病总株数；

V_i——第 i 发病等级的代表数值；

V——发病最重一级的代表数值。

$$A = \frac{\sum C_i}{\sum N_i} \times 100\% \qquad (3\text{-}4)$$

式中：A ——（小班）蛀干类有虫株率，%；

C_i——第 i 样地(样行)蛀干类有虫株数；

N_i——第 i 样地(行)栽植总株(穴)数。

5. 检查验收结果评价

（1）造林面积核实率

造林面积核实率，是指年度实施造林作业的各小班相应的作业设计面积之和与各小班检查面积之和的百分比。造林面积核实率应达到100%。

（2）确定造林合格面积和造林合格率

达到造林合格标准的造林面积，称为造林合格面积。造林合格面积与当年造林总面积的百分比，称为造林合格率，应对照标准进行确定。

经补植的造林合格面积只参加补植前造林年度的造林合格率计算，不同造林年度的造林合格面积不能一起计算造林合格率。

造林合格的标准：

①年均降水量在400 mm以上地区，造林成活率在85%以上为造林合格；造林成活率在41%～84%，可进行补植，补植后达到85%以上可确定为合格。

②年均降水量在400 mm以下地区，热带亚热带岩溶地区、干热（干旱）河谷等生态环境脆弱地带，造林成活率在70%以上为合格；造林成活率在41%～69%，可以进行补植，补植后达到70%以上，可确定为合格。

③造林成活率在41%以下，为不合格，应进行重新造林。

④速生丰产用材林，应按树种专业标准进行成果评价。

造林合格率，按式(3-5)计算：

$$D = \frac{\sum_{i=2}^{q} H_i}{S} \times 100\% \qquad (3\text{-}5)$$

式中：D ——造林合格率；

H_i——（小班）造林合格面积；

S ——年度造林面积；

q ——造林合格小班数。

（3）确定造林综合合格面积和造林综合合格率

达到造林综合合格标准的造林面积，称为造林综合合格面积。

商品林同时满足以下3项条件为造林综合合格。

①造林合格。

②未成林未受林业有害生物严重危害。

同时具备以下条件为未受林业有害生物严重危害：

a. 没有林业检疫性有害生物及林业补充检疫性有害生物。

b. 蛀干类有虫株率在20%（含）以下。

c. 感病指数在50(含)以下。

③造林施工符合作业设计。

造林综合合格率，按式(3-6)计算：

$$G = \frac{D + E + F}{3} \qquad (3\text{-}6)$$

式中：G——造林综合合格率；

D——造林合格率；

E——未受林业有害生物严重危害率；

F——作业设计符合率。

式(3-6)中的E、F，分别按式(3-7)、式(3-8)计算：

$$E = \frac{\sum_{i=1}^{m} L_i}{S} \times 100\% \quad (3\text{-}7)$$

式中：L_i——未受林业有害生物严重危害（小班）面积；

S——年度造林面积；

m——未受林业有害生物严重危害的小班数。

$$F = \frac{\sum_{i=1}^{k} W_i}{S} \times 100\% \quad (3\text{-}8)$$

式中：W_i——造林作业符合作业设计的（小班）面积；

S——年度造林面积；

k——造林作业符合作业设计的小班数。

单元小结

造林检查验收任务小结如图3-2所示。

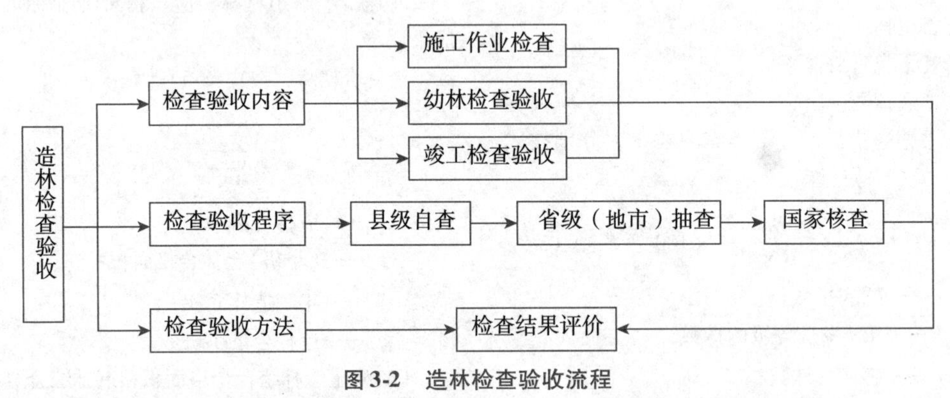

图3-2　造林检查验收流程

自测题

一、填空题

1. 造林质量检查验收的内容有（　　　　）、（　　　　）、（　　　　）。

2. 幼林成活率检查抽查面积要求：10 hm^2 以下为（　　　　），11～20 hm^2 为（　　　　），21 hm^2 以上为（　　　　）；防护林抽查强度为（　　　　）。

3. 检查比例实行县、省两级制，以县为基本单元。核查县的数量为（　　　　），所抽中的县抽查面积不低于上报面积的（　　　　），以省为单位计算，抽查面积不低于上报面积的（　　　　）。

二、简答题

1. 怎样进行造林面积检查验收？

2. 怎样进行造林成活率检查验收？

3. 怎样进行未成林有害生物情况检查？

三、论述题

怎样正确评价造林检查结果？

任务3.2 营造林工程项目管理

任务描述

按照生产环节进行造林工程的管理，从造林工程的招标开始，完成工程的招标与组织管理和生产管理。

任务目标

1. 了解工程造林的基本知识。
2. 掌握造林工程招标管理与组织管理的程序和内容。
3. 熟练掌握造林工程的生产管理内容与要求。
4. 能根据造林工程管理要求，基本懂得造林工程招标管理、组织管理。
5. 能进行造林工程的生产管理。

知识链接

3.2.1 工程造林

3.2.1.1 工程造林的概念

工程造林，是指把普通的植树造林纳入国家的基本建设规划，运用现代的科学管理方法和先进的造林技术，按国家的基本建设程序进行植树造林。即

工程造林 = 国家基建程序 + 现代管理方法 + 先进造林技术

工程造林是伴随着社会的进步、现代科学技术的发展和林业的发展战略需要而产生并逐步扩大形成体系的。

工程造林的产生，是对传统的植树造林在认识上的一次飞跃，是林业生产改革的一个重要突破。首先，工程造林把造林的全过程看作一个整体工程，并把各造林项目视为若干个子系统，对每个子系统的技术要求都从实现整个系统技术协调的观点来考虑。其次，工程造林致力于综合运用林业生产中各学科和技术领域内与其有关的成果及经验，达到各种技术相互配合以及工程造林整体系统的最优化。所以，工程造林不仅具有一般工程的特点，而且具有系统工程的特点。另外，在工程造林中，同时还有两个并列的过程，一个是技术过程，另一个是对工程造林技术的控制过程。工程造林技术的控制过程包括工程的规划、组织、进度和质量控制等，对各种方案进行分析、比较和决策，评价方案的技术经济效果。

目前，工程造林还不能完全按照国家的基本建设程序进行，只能比照或参照国家基本建设程序进行，逐步达到工程造林的要求。

3.2.1.2 工程造林的意义

我国现有的森林资源与国民经济的发展及人民生产、生活的需要极不适应。再加上长期以来造林质量不高，面积不实，浪费了人力、物力、财力，延误了国土绿化进程。这些都是林业上亟待解决的重大问题。实行工程造林，有利于从根本上打破林业生产上那种根深蒂固的粗放经营思想，扭转和改变由于缺乏科学的造林态度而造成的效益差、责任不明确等弊端，使造林质量和造林速度同步提高和增长，逐步扭转我国林业落后的面貌。

工程造林是在充分考虑社会经济条件、科学技术发展水平和生产布局的合理性等基础上，依据自然条件进行立项，并进行充分的论证、可行性分析和决策等，最后才进行规划设计和作业施工的，其造林面积集中，便于资金的统一使用。所以工程造林全过程都采取了现代的科学管理方法和手段，目标明确，责任明确，技术先进，措施有力，彻底改变了常规造林时只注意发挥自然力的独立作用，靠增加造林地面积保证扩大再生产。逐渐地使自然力在营林生产中所起的决定作用退居到从属地位，或是为自然力的发挥创造适宜的条件。

3.2.1.3 工程造林的内容

(1)项目的确定

项目的确定也称立项。根据项目的级别，分别由执行机构(主要是地方政府或国有营林场、集体林场、联合体及个人等)，逐级编制工程造林的项目申报书，由业务指导机构对各项申报书分别进行综合，最后报请项目的决策机构进行审批，并下达计划任务书。审批的原则是根据所报请的项目是否符合本地的林业区划、发展战略布局及发展方向等。

(2)方案决策

项目确定后，要拟定各种工程造林实施方案，对各方案所涉及的各项内容进行决策，主要解决工程的规模、范围、技术原则、工程进度、投资概算、效益预测等问题。在此基础上，拿出项目实施的最优方案，编制出工程造林的设计任务书。

(3)总体规划设计

总体规划设计主要是以决策机构对项目的批复文件为依据，并参照执行机构对项目的有关内容的决策，由专业设计部门进行设计。

(4)年度施工设计

在工程建设期内，以某一级的执行机构为单位，根据整体规划设计要求，进行年度施工设计。由于林业生产周期长，地域广阔，生产条件多变，年度施工设计原则上限于本年度施工部分，以便按照工程造林的要求，准确地掌握生产条件，清晰当年的植树造林工作。但是，在特定的情况下，也可以跨年度进行设计，在不超越整体规划的范围内，把各个年度的施工设计分别设计出来，在具体执行过程中，视当年的自然、经济及社会发展情况而定。

(5)工程管理

工程管理包括工程的组织管理、技术管理、质量管理、资金管理、现场管理、目标管理等。管理的方法和手段灵活多样，且要有效。为了使工程顺利实施，要经常进行阶段性成果评价，竣工后，要进行全面的检查验收。

从以上的工程造林内容可以看出，工程造林与一般造林的主要区别在于如下5个方面：造林项目要有一定的规模；要有一定的资金补助；有经过批准的总体设计方案和作业设计方案；造林成果必须经过成果评价；有系统的工程管理组织和方法。

3.2.2 招标管理

3.2.2.1 工程项目招标投标制

招标投标制是适应市场经济规律的一种竞争方式，对维护工程建设的市场秩序，控制建设工期，保障工程质量，提高工程效益具有重要意义，也是与国际惯例接轨的措施。

(1)招标方式

常规的工程招标由项目法人通过公开发表公告等形式，邀请具有一定实力的单位参与投标竞争，通过招标程序，选择具备资质、条件较好的单位承担项目的部分工作。

从经常采用的招标方式看，一般有公开招标、邀请招标、邀请议标等。公开招标就是向社会上一切有能力的承包商进行无限制竞争性招标。邀请招标则是项目法人根据自己的实践经验，承包商的信誉、技术水平、质量、资金、技术、设备、管理等条件和能力，邀请承包商参加投标，一般为5~10家。议标是一种谈判招标，适合工期较紧、工程投资少、专业性强的工程，一般应邀请3家以上的单位参加，择优确定。

(2)招标投标程序

①招标准备。招标申请经批准后，首先是编制招标文件(也称标书)，主要内容包括工程综合说明，投标须知及邀请书，投标书格式，工程量清单报价，合同协议书格式，合同条件，技术准则及验收规程，有关资料说明等。其次是编制标底，即项目费用的预测数。

②招标阶段。过程有发布招标公告及招标文件，组织投标者进行现场勘察，接受投标文件。

③决标与签订合同阶段。首先是公开招标，接着是由专家委员会评标，双方进行谈判，最后签订合同。

3.2.2.2 林业生态工程项目招投标制

在长期的计划经济体制下，生态环境建设项目的规划设计、施工、材料供应等，多是由行政管理部门指定，使得工程设计质量、施工进度控制及质量、物资供应的时效及质量等难以保障。实行招投标将有利于克服这些弊端。

林业生态工程项目的招标投标，主要在项目前期的规划设计，主要设备、材料的供应，工程监理，重点工程的施工等方面。

根据国家林业局制定的《造林质量管理暂行办法》，规定要推行造林工程项目招标投标制度或技术承包责任制。规定国家单项投资在50万元以上和种子或基础设施等建设项目，实行招标投标；推行有资质的造林专业队(工程队、工程公司等)承包造林；其他造林项目由县级林业行政主管部门做好组织、指导、监督和提供技术咨询服务等工作，实行技术承包。

(1)规划设计招标投标

为保证林业生态工程的科学性、经济性、合理性，今后国家级、省级重点工程项目均应实行规划设计的招标投标制，由项目法人或各级行政主管部门负责招标，经公开竞争，择优选择设计单位。

投标单位应具备设计资质，其等级要与项目规模相适应，设计证所属专业主要应为水土保持、林业、环境工程、水利水电等行业的设计资质；以往承担过生态工程项目的规划设计工作，具有较好信誉，其技术人员层面较全，高、中级人员齐备；具有计算机、测绘、试等基本设备和仪器；所设计工程在实践中经受考验，质量有保障；在中标后能按经济合同履行义务，尽职尽责。

(2)设备材料招标投标

林业生态工程的质量、效益好坏与材料质量关系非常密切，以往没有专门的规定，造成许多项目建设效果不明显。特别是林业生态工程中林草措施占较大比重，由于管理不规范，导致以下结果：一是由于质量不高，其成活率、保存率难以保障，造成年年造林不见林，特别是北方地区显得尤为突出；二是由于苗木品种、规格等未达到要求，因品种不适应及产品不合乎规格使得工程原设计的效益难以正常和全面发挥。因此，无论是哪一级的项目，在材料供应上都必须实行公开招标，国家和省级生态工程项目应实行政府采购，严把材料质量关。

(3)工程监理招标、投标

根据国家对基本建设项目建设管理规定，林业生态工程项目应实行建设监理制，工程监理协助项目法人对项目的设计、施工招标，负责项目的质量、进度、投资控制。在监理单位的选择上，也应公开进行，选择具有相应监理资质，有对生态建设项目进行监理的能力和经验，社会信誉较好，能按法律规定履行监理职责的单位承担项目的监理。

(4)施工招标、投标

现在，林业生态工程已列入国家和地方的基本建设中，有许多项目应通过招标落实施工单位。如机修梯田、治沟骨干工程、开发建设项目水土保持工程、经济开发型果园、经济林果等项目的建设完全可以实行招标投标。这样，既可以节约建设资金，又保障了工程质量，效益也能正常发挥。

投标单位的条件：一是要有相应施工资质，不能无任何施工资质也参与项目的施工；二是要有一定的施工业绩，参与或完成过类似项目的施工，质量合格或优秀，在以往的施工中能较好地履约；三是具有相应的技术人员和设备，特别是有经验丰富资历较高的工地管理负责人，有一定的能投入工程施工的机械、设备；四是具有一定的经济实力，要有足够的资金承担工程建设，大型项目的施工招标，投标单位应开具银行的资信证明。

国家林业和草原局明确规定，造林合同一经签订，不允许擅自转包或分包。要求各级林业行政主管部门对本辖区内所发现的擅自转包或分包行为及时进行调查处理；不调查、不处理的，其上一级林业行政主管部门要追究该主管部门及其领导人员的责任。造林合同执行过程中发生合同纠纷时，由双方协商解决；协商不成的，任何一方可以向有管辖权的人民法院提起诉讼。

3.2.3 组织管理

3.2.3.1 组织管理的概念及意义

组织管理，是指建立一个适当的有效的管理体系，把人、才、物合理地组织起来，并建立起相应的管理机构，明确相互间的关系和责任，使之充分发挥应有的作用。组织既是一种机构，也是一种行为。组织机构主要是指管理的组织设施，如工程决策单位的组织设施，工程建设单位的组织设施(林场、林班、小班等组织)等。组织行为主要是指对经济活动中人、财、物等要素进行合理的组织、发挥组织职能的作用。

组织管理是工程造林管理中的关键环节，组织工作的好坏，直接关系到工程造林的成败。工程造林是社会科学与自然科学的有机结合，是实现生产科学化、管理现代化的具体实践过程。且工程造林涉及的地域范围广阔，施工人员多，资金耗费量大，政策性与技术性强，所以，从工程项目的确定到具体施工，组织工作将一直贯穿始终。组织工作做得好，工程就能顺利地实施；反之，其后果则不难设想。因此，做好工程造林的组织工作，意义是非常重大的

3.2.3.2 组织的职能作用

(1)发挥政府机构的管理经济职能

任何国家都有一定的经济职能。根据我国的实践经验，政府机构管理经济的主要职能是制订经济和社会发展战略、计划、方针、政策，制定资源开发、技术改造和技术引进方案，协调地区、部门、各企业之间的发展计划和经济关系，布置重点工程建设工作，汇集和传递经济与科学信息等。开展工程造林必须发挥各级政府的管理经济职能，仅靠林业部门的本身努力是适应不了形势发展需要的，只有把本部门的工作纳入政府工作中去，才能使其工程顺利实施。

(2)建立系统的科学职能规范与组织机构

工程造林不同于一般性质的造林，它要求生产科学化、管理现代化、经营集约化，所以，工程决策机构必须按照社会化大生产的组织原则，实行职能标准化和规范化，只有这样。才能有利于建立责任制度，使管理组织系统正常运转，提高管理组织水平。此外，还必须按照社会化大生产的要求，建立健全工程造林的管理组织机构，分清管理层次，明确管理职能和管理权利

(3)建立健全生产责任制

要使管理组织系统正常运转，协调各类人员在工程造林中的行动，就必须制定出一整套符合客观实际的生产责任制和工作细则。没有行之有效的生产责任制及各项工作细则，

就难以协调组织内管理人员和工作人员的基本行动，也难以组织系统内各环节围绕工程造林项目的协调行动，也就发挥不出来人员的主观能动性。

(4)配备好人员、并适时地进行调整

长期以来，我国重点林业工程项目都由政府职能部门组织实施，即建立造林工程的管理队伍，并健全制度与规范。同时建立好一支素质高、责任心强的工程监督队伍，对营造林全过程实施有效监督；对于造林工程施工的基层单位，应选拔业务素质与思想素质较高的职工或对现有职工进行培训，以适应工程造林工作的要求。

林业部门应加快对工程管理现代化、科学化、规范化的研究，向管理要效益，提高劳动者的积极性和项目的品质，建立健全适应市场规则需求的项目激励机制，调整不适应的人员，保证项目成功

3.2.3.3 工程造林的人员组织培训

造林的过程是人改造自然的过程，是人以自身的活动来改变、调整、控制人和自然之间的物质交换过程。生产力的基本要素是生产资料和劳动力，而人是生产力中最活跃的因素，把人的素质作为一种主要资源来开发，是生产力发展的客观要求，努力提高造林者的科学文化水平和基本技能，是提高劳动生产率，提高工程造林效益的重要途径。因此，在工程造林过程中，要不断地对各级有关人员进行政治与业务培训，使之适应其工程开展的需要。

(1)领导干部的组织培训

作为承担工程造林项目的各级领导干部，必须是精通业务的内行；没有一定的政策水平、专业知识和管理能力，是不能胜任工程造林的领导工作的。因此，在工程预建和建设过程中，要对领导干部分期分批地进行政治业务及管理能力的培训。其培训形式是多种多样的；可以举办不同类型的业务讲座和短期轮训班；可以聘请有关的专家、教授及有一定工作实践经验的业务人员进行讲课；在有条件的地方还可以选派一定数量的干部外出进修，或委托高等学校、学术团体开设学习班、研究班及短训班。

总之，不论采取何种组织培训形式，目的都是在工程预建到竣工，使各级领导干部能胜任本职工作并能率领本行业人员开创出一流的工作局面。

(2)技术人员的组织培训

加强工程造林技术人员的培训，为工程造林工作的开展提供高素质的人力资源。就目前来看，我国从事工程造林技术人员缺乏先进的林业发展理念，在进行造林管理工作时缺乏先进的管理经验，同时其素质已经不适应我国林业工程发展的趋势。因此，工程造林技术人员必须提高自身的素质，转变林业工程造林管理的基本思路，不断提高自身造林方面的技术水平，提高掌握与应用现代造林技术的能力，提高工程造林技术人员的劳动效率，为我国林业工程造林工作的顺利开展奠定坚实的基础。

(3)林业两户、林业站人员、林场职工的组织培训

林业两户即“专业户”和“重点户”，是社会主义农村商品经济产生的新的经营机制。各级林业部门对林业“两户”，特别是造林大户，要帮助进行核实面积，做出育苗、造林等规划设计。造林大户要签订技术承包合同，实行奖罚制度。在造林季节和抚育阶段，林业

技术人员要深入到户，亲临现场，进行指导。加强对林业“两户”的技术培训，帮助他们科学地掌握造林、育苗、抚育管护等方面的应用技术。做好技术咨询和信息传递工作。

林业站人员培训主要进行林业法律法规、林业经营与管理、林业基本技术等内容培训。各级林业主管部门应定期组织林业站站长培训班和林业站管理人员培训班；同时林业站可定期聘请林业院校及科研院所专家、教授，以及在林业生产中具有一定影响力的一线专业技术人员进行专门化的培训，以不断提高林业站各类人员的职业素质和专业素质。

林场职工培训应根据林场生产产业结构调整与现代林业的要求，围绕解决林业企业职工年龄偏大、素质偏低；观念趋于老化、知识过于陈旧，与现代林业的发展难以接轨；抓紧抓好职工业务素质和技术技能素质的提高。职业技能和业务素质的提高，应分层次，因人而异，可以通过学历教育和职业资格教育提高业务素质。对林业两户、林业站人员、林场职工的组织培训。

3.2.4 造林生产管理

造林生产管理包括施工设计、苗木准备、整地、栽植、幼林调查、补植、幼林抚育、造林技术档案建立等多项内容。

3.2.4.1 造林检查验收

在造林施工期间，造林项目管理单位应对各项作业随时检查验收，发现问题及时纠正；造林结束后，要根据造林作业设计及时地对造林施工质量进行全面检查验收。造林一年后对造林成活率、森林病虫害发生与危害情况、公益林混交林比例进行检查，造林后3~5年进行成林验收和造林保存率检查。其中，公益林混交林比例通过检查造林施工是否符合造林作业设计确定。

3.2.4.2 人工造林评定

(1)造林合格面积和造林合格率

造林合格面积，是指达到造林合格标准的造林面积。造林合格面积占当年造林总面积的百分比，称为造林合格率。

经补植的造林合格面积只参加补植前造林年度的造林合格率计算，不同造林年度的造林合格面积不能一起计算造林合格率。

(2)造林综合合格面积和造林综合合格率

造林综合合格面积，是指达到造林综合合格标准的造林面积。当生态公益林混交林比例在30%(含)以上时，按要求计算造林综合合格率、质量健康率和作业设计符合率。当生态公益林混交林比例在30%(不含)以下时，综合造林合格率为零。

3.2.4.3 造林整改措施

(1)补植

造林成活率满足以下条件的，需要进行补植：年均降水量在400 mm以上地区，造林成活率在41%~84%；年均降水量在400 mm以下地区，热带亚热带岩溶地区、干热(干旱)河谷等生态环境脆弱地带，造林成活率在41%~69%。

(2)调整

生态公益林混交林比例达不到30%以上的，要调整到30%以上；没有按作业设计进行造林施工的，要按照作业设计进行调整。

(3)成林验收和造林面积保存率

造林后达到成林年限时，要进行成林验收。当郁闭度达到0.2(含)以上或盖度达到30%(含)以上、质量健康，进入成林。

根据成林面积和与成林面积相对应的造林年度的造林总面积计算造林面积保存率。

3.2.4.4 造林技术档案建立

①造林技术档案是分析造林生产活动，评价造林成效，拟定经营措施的依据，各造林小班均要纳入造林技术档案管理。

②国有林场造林、重点工程造林和各种所有制投资的工程造林，均要建立造林技术档案，纳入造林技术档案管理。

③造林技术档案主要内容。包括：造林设计文件和图表，造林面积，整地方式和规格，林种、造林树种、立地条件、造林方法、密度情况，种苗来源(包括产地、植物检疫证书、质量检验合格证书和标签等)、规格和处理，保水材料和肥料，未成林抚育管护，林业有害生物种类和防治情况，造林施工单位和施工日期，监理单位和监理日期，施工、监理的组织、管理、检查验收和成林验收情况，各工序用工量及投资等。

④县级林业主管部门、乡林业站和国有林场，要建立造林技术档案，并确定专人负责，坚持按时填写，不要漏记和中断，不得弄虚作假。

⑤造林技术档案归档前要经主管业务领导和档案管理人员审查签字，否则不能归档。

⑥国有林业局、国有林场、森林公园等森林经营单位和县级林业主管部门应建立造林技术档案信息管理系统，实行档案自动化管理和更新。

任务实施

一、材料与工具

全站仪(或GPS)、皮尺、铁锹、卷尺、游尺、计算器、各种记录表及资料。

二、任务实施流程

造林工程管理流程如图3-3所示。

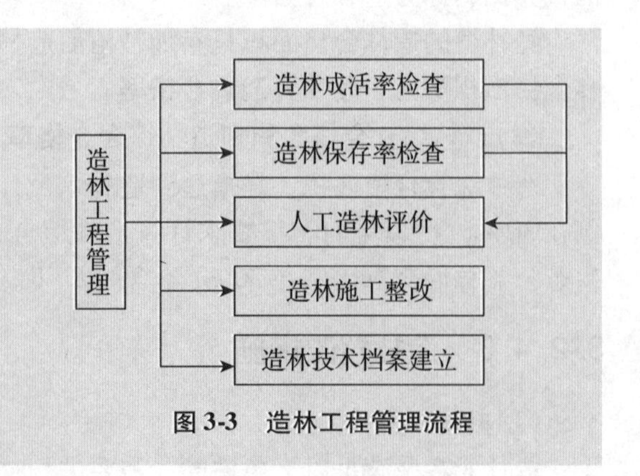

图3-3 造林工程管理流程

三、操作步骤

1. 造林检查验收

在造林施工期间，造林项目管理单位应对各项作业随时检查验收，发现问题及时纠正；造林结束后，要根据造林作业设计及时地对造林施工质量进行全面检查验收。造林一年后对造林成活率、森林病虫害发生与危害情况、公益林混交林比例进行检查，造林后3～5年进行成林验收和造林保存率检查。其中，公益林混交林比例通过检查造林施工是否符合造林作业设计确定。

2. 人工造林评定

(1)造林合格面积和造林合格率

造林合格面积，是指达到造林合格标准的造林面积。造林合格面积占当年造林总面积的百分比，称为造林合格率。

经补植的造林合格面积只参加补植前造林年度的造林合格率计算，不同造林年度的造林合格面积不能一起计算造林合格率。

(2)造林综合合格面积和造林综合合格率

造林综合合格面积，是指达到造林综合合格标准的造林面积。当生态公益林混交林比例在30%(含)以上时，按要求计算造林综合合格率、质量健康率和作业设计符合率。当生态公益林混交林比例在30%(不含)以下时，综合造林合格率为零。

3. 造林施工整改

(1)补植

造林成活率满足以下条件的，需要进行补植；年均降水量在400 mm以上地区，造林成活率在41%～84%；年均降水量在400 mm以下地区，热带亚热带岩溶地区、干热(干旱)河谷等生态环境脆弱地带，造林成活率在41%～69%。

(2)调整

生态公益林混交林比例达不到30%以上的，要调整到30%以上；没有按作业设计进行造林施工的，要按照作业设计进行调整。

(3)成林验收和造林面积保存率

造林后达到成林年限时，要进行成林验收。当郁闭度达0.2(含)以上或盖度达到30%(含)以上、质量健康，进入成林。

根据成林面积和与成林面积相对应的造林年度的造林总面积计算造林面积保存率。

4. 造林技术档案建立

①造林技术档案是分析造林生产活动，评价造林成效，拟定经营措施的依据，各造林小班均要纳入造林技术档案管理。

②国有林场造林、重点工程造林和各种所有制投资的工程造林，均要建立造林技术档案，纳入造林技术档案管理。

③造林技术档案主要内容。包括造林设计文件和图表，造林面积，整地方式和规格，林种、造林树种、立地条件、造林方法、密度情况，种苗来源(包括产地、植物检疫证书、质量检验合格证书和标签等)、规格和处理，保水材料和肥料，未成林抚育管护，林业有害生物种类和防治情况，造林施工单位和施工日期，监理单位和监理日志，施工、监理的组织、管理、检查验收和成林验收情况，各工序用工量及投资等。

④县级林业主管部门、乡林业站和国有林场，要建立造林技术档案，并确定专人负责，坚持按时填写，不要漏记和中断，不得弄虚作假。

⑤造林技术档案归档前要经主管业务领导和档案管理人员审查签字，否则不能归档。

⑥国有林业局、国有林场、森林公园等森林经营单位和县级林业主管部门应建立造林技术档案信息管理系统，实行档案自动化管理和更新。

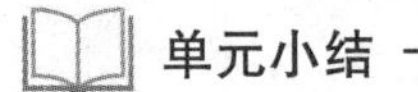

单元小结

营造林工程项目管理任务小结如图3-4所示。

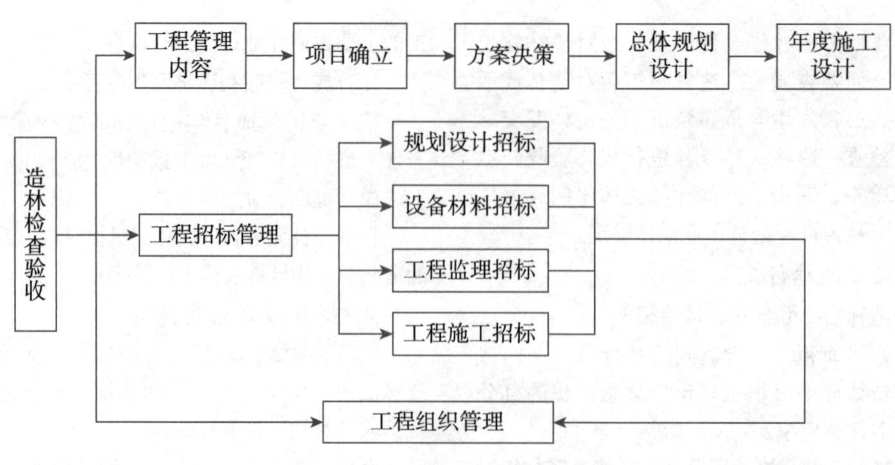

图 3-4　营造林工程项目管理任务小结

自测题

一、填空题

1. 工程造林的内容有(　　　　)、(　　　　)、(　　　　)、(　　　　)。
2. 工程招标方式有(　　　　)、(　　　　)和(　　　　)等。
3. 工程造林生产管理内容有(　　　　)、(　　　　)、(　　　　)、(　　　　)。
4. 施工阶段质量控制的要求：坚持(　　　　)，重点进行(　　　　)；结合(　　　　)，制订(　　　　)；坚持(　　　　)，严格(　　　　)。

二、简答题

1. 什么是工程造林的组织管理，其作用是什么？
2. 什么是公开招标、邀请招标、议标？
3. 投资控制的主要工作内容是什么？
4. 工程计量的依据和方法有哪些？
5. 怎样进行实际进度与计划进度的比较分析？
6. 尝试绘制施工阶段质量控制内容结构图。

任务3.3　营造林工程项目监理

任务描述

本任务依托实训基地和校企合作的实际工作任务为载体，以学习小组为单位，完成造林工程项目的投资控制、质量控制和进度控制。

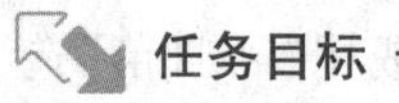

1. 了解营造林工程项目监理的概念、特点。
2. 熟悉营造林工程项目监理的步骤和内容。
3. 掌握营造林工程项目施工阶段的投资控制、进度控制和质量控制。
4. 学会营造林工程项目监理日志、监理报告等的撰写方法。

知识准备

3.3.1　营造林工程项目监理概述

3.3.1.1　营造林工程项目监理的概念

工程监理是指监理单位受项目法人的委托，依据国家批准的工程项目文件、有关工程项目建设的法律、法规和工程项目建设监理合同及其他工程项目建设合同，对工程项目建设实施的监督管理。营造林工程项目监理，是指在营造林工程项目建设中，设置专门机构，指定具有一定资质的监理执行者依据营造林行政法规和技术标准，运用法律、经济或技术手段，对营造工程项目建设参与者的行为和他们的责、权、利进行必要的约束与协调，保证营造林工程项目建设有序、顺利地进行，达到营造林工程项目建设的目的，并能以求取得最大投资效益、最佳工程质量的一项专门性工作。我们把执行这种职能的专门机构，称为监理单位。

3.3.1.2　营造林工程项目监理的特点

营造林工程项目监理既具有一般工程(工业、建筑民用)项目监理的特点，同时又因其与其他工程项目的差异，而具有自己独有的特点。这些特性是由营造林工程项目本身的特点所决定的。营造林工程项目与其他工程项目相比，受自然条件影响较大，这些影响很多时候可直接影响到营造林工程项目的成败。

(1)地域性差异明显

营造林工程项目监理的地域性较强，一方面，营造林工程项目通常所涉及的面积比较大，涉及多个乡镇。如此大的面积与其他工程项目相比，对监理人员的配备及要求都不相同。为此就不可能按照面积配备那么多人员实行旁站监理。只能根据实际情况，制定切实可行的质量保证体系和制度以保证工程项目的顺利进行。另一方面，因为地域广大，各个地区自然条件存在差异，不可能像普通建筑工程项目那样具有整齐划一的质量标准，而国家标准也不可能包罗万象，面面俱到。这些因素对监理规划的制定与实施影响均比较大，在生产实践中，肯定会遇到一些新情况、新问题。监理人员必须在实践中摸索规律，在科学基础上具有灵活性，才能有效地处理解决这些问题，保证工程项目按时优质、高效地完成。如云南省嵩明县植树造林工程项目监理中，施工单位根据本地实际情况大胆探索，运用华山松“双月苗”造林，成活率非常高。而以前通常采用的是播种造林或用“百日苗”造林；成活率远较“双月苗”低，但国家及省内苗木标准都没有“双月苗”标准，这就给监理工作提出了新的问题。

(2)时序性较强

营造林工程项目通常都是具有“生命”的，工程项目实施起来受季节性因素的制约较大。例如，要完成植树造林工程项目，必须根据当地自然条件和所造树种的生物学和生态学特性选择适当时节育苗、栽植，不能以人的主观意志而随意变更。要完成工程项目，必须根据季节变化合理安排各个工序，一个环节跟不上就可能导致整个工程项目的失败。所以在具体的监理工作中，要制订出合理的进度计划，育苗、整地、植树等各个工序一定要符合当地的自然、社会和经济条件，并根据当地、当年的气候情况灵活掌握、确定开工时间。

(3)不可逆性和可补救性

与其他工程项目相比，营造林工程项目各项工序是不可逆的，必须遵循自然规律进行，任何违背自然规律的指挥都要造成严重后果，同时，营造林工程项目又具有可补救性。即有时可通过一些补救措施能够达到预期的施工要求。如植树造林、由于特殊的自然灾害，导致苗木成活率达不到工程项目设计的要求，因此在资金使用上就要充分考虑到这一特点，从工程项目拨款中预留一部分作为补救植、补造费用。因此预留一些苗木作为补植用苗等相关措施也要事先予以考虑。

(4)工程质量直观性强

营造林工程项目质量具有极强的直观性。造林工程项目的成活率是否合格，可以通过直观看出，通常不需要破坏性检验或借用先进仪器检测，相对来讲检查起来比较容易。但同时也应该看到，由于营造林工程项目一般所涉及的面积较大，监理人员认真负责地进行检查，任务是比较艰巨。首先要熟悉地形、地貌、而且造林小班要了然于胸，然后还需借助于仪器和施工图，否则就达不到监理要求。直观不等于简单，行之有效的检查方法是确保工程项目质量合格的根本保证。

(5)监理的长期性

对于一般的工程项目，项目竣工通过验收就基本告一段落，而营造林工程项目自身特点决定了它具有质量监控的长期性。如封山育林，一般封育期限不低于3～5年，而工程造林需要补植、补造和管护，这些都要求后期监理工作的长期性。事实上，我国长期存在的“重造轻管”正是“年年造林不见林”的重要原因之一。作为营造林工程监理人员，应对已实施的工程项目进行跟踪检查，不能够当年工程项目通过验收就万事大吉。工程项目完工后还要定期检查，确保工程项目质量和投资效益。

3.3.1.3 营造林工程项目监理的步骤与内容

(1)工程项目准备监理

营造林工程项目实施准备阶段的各项工作是非常重要的，它将直接关系到建设的工程项目是否能达到优质、低耗和如期建成。有的营造林工程项目工期延长、投资超支、质量欠佳，很大一部分原因是准备阶段的工作没有做好。在这个阶段中，由于一些建设单位是新组建起来的，组织机构不健全、人员配备不足、业务不熟悉，加上急于要把工程推入实施阶段，往往使实施准备阶段的工作不充分而造成先天不足。营造林工程项目建设实施准备阶段包括组织准备、技术准备、现场准备、法律与商务咨询准备，需要统筹考虑、综合安排等内容，对此均应实施监理。虽然营造林工程项目实施准备阶段的监理非常重要，但是目前我国的营造林工程项目监理活动主要发生在营造林工程项目的施工阶段，因此，仅简要介绍营造林工程项目实施准备阶段的监理工作内容(表3-3)。

表3-3　营造林工程项目实施准备阶段的监理工作内容

分项	主要内容
建议	为建设单位对营造林工程项目实施的决策提供专业方面的建议。其工作内容主要是： ①协助建设单位取得建设批准手续； ②协助建设单位了解有关规则要求及法律限制； ③协助建设单位对拟建工程项目预见与环境之间的影响； ④提供与工程项目有关的市场行情信息； ⑤协助与指导建设单位做好施工方面的准备工作； ⑥协助建设单位与制约工程项目建设的外部机构的联络
勘察监理	营造林工程项目勘察监理主要任务是确定勘察任务，选择勘察队伍，督促勘察单位按期、按质、按量完成勘察任务，提供满足工程项目建设要求的勘察成果。其工作内容主要是： ①编审勘察任务书； ②确定委托勘察的工作和委托方式； ③选择勘察单位、商签合同； ④为勘察单位提供基础资料； ⑤监督管理勘察过程中的质量、进度及费用； ⑥审定勘察成果报告，验收勘察成果
设计监理	营造林工程设计监理是工程项目建设监理中很重要的一部分，其工作内容主要是： ①制定设计监理工作计划。当接受建设单位委托设计监理后，就要首先了解建设单位的投资意图，然后按了解的意图开展设计监理工作； ②编制设计大纲(或设计纲要)； ③与建设单位商讨确定对设计单位的委托方式； ④选择设计单位； ⑤参与设计单位对设计方案的优选； ⑥检查、督促设计进行中有关设计合同的实施，对设计进度、设计质量、设计的造价进行控制； ⑦设计费用的支付签署； ⑧设计方案与政府有关规定的协调统一； ⑨设计文件的验收
现场准备	其工作内容主要是：拟订计划，协调与外部的关系，督促实施，检查效果
施工委托	①商定施工任务委托的方式； ②草拟工程项目招标文件，组织招标工作； ③参与合同谈判与签订

(2)设计阶段监理工作程序

设计阶段监理工作程序如图3-5所示。

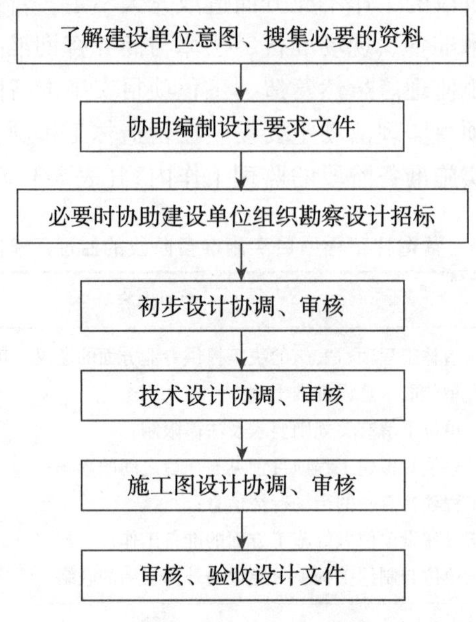

图3-5　设计阶段监理工作程序流程

(3)施工阶段监理

①工程项目材料、设备等采购监理。监理的主要内容包括以下几方面。

a. 审查施工单位或业主提供的材料和设备清单及其所列的规格与质量，不符合要求者不得用在工程项目中，并提出更换要求。

b. 对质量、价格等进行比选，确定生产与供应单位并与其谈判。

c. 对进场的材料、设备进行质量检验，对用于工程项目的主要苗木的出厂合格证、材质化验单等进行核定，如发现不合格或不符处，有权责成施工单位(并指定化验单位)对材质进行再化验，防止不合格的苗木等用于工程项目。

d. 检查工程项目采用的主要苗木是否符合设计文件或标书所规定的质量标准。不符合要求者不得用在工程项目中，并提出更换要求。

e. 对确定采购的材料、设备进行合同管理，不符合合同规定要求的提出合理索赔。

②现场监理。

a. 协助建设单位与承建单位编写开工报告。

b. 审查承建单位提出的施工组织设计、施工技术方案和施工进度计划，提出改进意见。并监督检查其实施。

c. 确认承建单位选择的分包单位。

d. 督促检查承建单位严格执行工程项目承包合同和工程项目技术标准。检查施工单位是否严格执行合同和严格按照国家和地方技术规范、标准和设计图纸文件的要求进行施工。检查施工过程中的主要部位、环节的施工验收签证，未签证不得进行下道工序；控制工程项目质量，对违反规范、标准及安全规定者，有权向施工单位签发停工通知单，工期及发生的费用由施工单位负责，并及时向业主报告处理的情况。

e. 监理人员应驻现场，实行现场盯班，全过程、全天候、全方位监理，发现问题及时解决，每月一次向业主提交有关监理情况的书面报告，把进度控制、质量控制、投资控制及合同管理、信息管理及现场文明施工、安全防护措施管理落到实处。

f. 根据规定的施工进度计划，核查施工单位的工程项目进度及其填报的旬、月、季等报表，并及时向业主汇报对工程项目进度执行情况的意见。

g. 对于重大的设计修改和技术洽商决定，除提出监理意见之外，应向业主报告并得到业主的同意，设计修改应由原设计单位负责。

h. 检查工程项目进度和施工质量，验收分部分项工程项目，根据付款规定，对已完工程项目的质量、数量进行核实，工程项目完工后，审查工程项目结算价款，签署工程付款凭证。

i. 监督检查工程项目的文明施工及安全防护措施，对不合格者督促施工单位定期整改。检查工程项目所用材料、苗木和设备的质量安全防护设施。

j. 协助业主主持与审查工程项目中出现的质量事故的处理，提出处理意见，由此所发生的费用支出由责任方负担。认真处理好质量、进度、投资三者之间的关系，把整个工程项目管理好。

k. 调解建设单位与承建单位之间的争议，督促业主与施工单位签订合同的履行，主持协调业主与施工单位签订的合同条款的变更，调解合同双方的争议，处理违约索赔事项，索赔发生前，应向业主及时提出避免索赔的意见。

l. 组织设计单位和施工单位进行工程项目竣工初步验收，提出竣工验收报告。

③竣工阶段监理。

a. 组织工程项目竣工预验收，提出竣工验收报告。根据施工单位提出的完工验收申请报告，负责组织初验，签署由施工单位提出的全部工程项目的竣工验收报告，参加业主组织的最终验收。

b. 督促整理合同文件和技术档案资料。督促检查施工单位完成各阶段及全套竣工图的工作和整理各种必须归档的资料，交林业主管部门归档。

c. 核查工程决算。

d. 保修期间内负责鉴定质量问题责任，督促保修。

e. 根据林地、林权等政策、协议，督促及时发放林地权属证明。

3.3.2 营造林工程项目监理工作文件

3.3.2.1 营造林工程项目监理大纲

(1) 大纲编制目的与意义

监理大纲是监理单位在工程项目建设单位委托监理的过程中，为承揽监理业务而编制的监理方案性文件，它的主要作用体现在以下 2 个方面。

①使工程项目建设单位认可监理大纲的方案，其目的是让工程项目建设单位信服本监理单位能胜任该项监理工作，从而承揽到监理业务。

②为监理单位对所承揽的监理项目，开展监理工作制订方案，也是作为监理规划的基础。

(2)大纲编制的主要内容

工程项目监理大纲主要包括以下3个方面的内容。

①监理单位拟派监理工程项目的主要监理人员，并对这些人员资格情况作介绍。

②监理单位根据工程项目建设单位所提供的和自己初步掌握的工程项目信息，制订准备采用的监理方案(如监理组织方案、目标控制方案、合同管理方案、组织协调等)。

③明确说明将提供给工程项目建设单位的、反映监理阶段性成果的文件。

3.3.2.2 营造林工程项目监理规划

监理规划是在总监理工程师组织下编制，经监理单位技术负责人批准，用来指导工程项目监理机构全面开展监理工作的指导性文件。监理规划是针对一个具体的工程项目编制的，主要是说明在特定工程项目监理工作中做什么，谁来做，什么时候做，怎样做，即具体的监理工作制度、程序、方法和措施的问题，从而把监理工作纳入到规范化、标准化的轨道，避免监理工作中的随意性。它的基本作用是：指导监理单位的工程项目监理机构全面开展监理工作，为实现工程项目建设安排好“三控制”“两管理”和“一协调”，是监理公司派驻现场的监理机构对工程项目实施监督管理的主要依据，也是工程项目建设单位确认监理机构对工程项目实施监督管理的主要依据，也是工程项目建设单位确认监理机构是否全面履行工程建设监理合同的主要依据。

一个工程项目监理的监理规划编制水平的高低，直接影响到该工程项目监理的深度和广度，也直接影响到该工程项目的总体质量。它是一个监理单位综合能力的具体体现，对开展监理业务有举足轻重的作用，所以要圆满完成一项工程项目监理任务，做好工程项目监理规划就显得非常必要。

(1)监理规划编制的依据

监理规划总涉全局，其编制既要考虑工程项目的实际特点，考虑国家的法律、法规、规范，又要体现监理合同对监理的要求和施工承包合同对承包商的要求。具体应包括以下内容。

①工程项目外部环境资料。

a. 自然条件：包括工程项目地质、工程水文、历年气象、地域地形、自然灾害等。这些情况不但关系到工程项目的复杂程度，而且会影响施工的质量、进度和投资。

b. 社会和经济条件：包括社会治安、市场的状况、材料和设备厂家、勘查和设计单位、施工单位、工程项目咨询和监理单位、交通设施、通讯设施、公用设施、能源和后勤供应、金融市场等。同样，社会问题对工程项目施工的三大目标也有着重要的影响。如果工程项目的承包能力差，再强的监理单位也难以完成工程项目的监理目标。毕竟监理单位不能代替承包单位进行施工。在监理单位撤换承包单位的建议被建设单位采纳后，势必又引发进场费与出场费问题，对投资产生影响。

②工程项目方面的法律、法规。

a. 中央、地方、和部门的政策、法律、法规。

b. 工程项目所在地的法律、法规、规定及有关政策等。

c. 工程项目的各种规范、标准。

监理规划必须依法编制，要具有合法性。监理单位跨地区、跨部门进行监理时，监理规划尤其要充分反映工程项目所在地区或部门的政策、法律、法规、和规定的要求。

③政府批准的工程项目文件。

a. 可行性研究报告、理想批文。

b. 规划部门确定的规划条件、土地使用条件、环境保护要求、市政管理规定等。

④工程项目监理合同。

a. 监理单位和监理工程项目的权利和义务。

b. 监理工作范围和内容。

c. 有关监理规划方面的要求。

⑤其他工程项目合同。

a. 项目建设单位的权利和义务。

b. 工程项目承建商的权利和义务。

⑥项目建设单位的正当要求。

根据监理单位应竭诚为客户服务的宗旨，在不超出合同职责范围的前提下，监理单位应最大限度地满足业主的正当要求。

⑦工程项目实施过程输出的有关工程信息。

a. 方案设计、初步设计、施工图设计。

b. 工程项目实施状况。

c. 工程项目招标投标状况。

d. 重大工程项目变更。

e. 外部环境变化等。

⑧工程项目监理大纲。

a. 工程项目监理组织计划。

b. 拟投入的主要监理人员。

c. 投资、进度、质量控制方案。

d. 信息管理方案。

e. 合同管理方案。

f. 定期提交给建设单位的监理工作阶段性成果。

(2)监理规划编制的原则

监理规划是指导监理机构全面工作的指导性文件。监理规划的编写一定要坚持一切从实际出发，根据工程项目的具体情况、合同的具体要求、各种规范的要求等进行编制。监理规划编制的原则如下。

①可操作性原则。作为指导工程项目监理机构全面开展监理工作的指导性文件，监理规划要实事求是地反映监理单位的监理能力，体现监理合同对监理工作的要求，充分考虑所监理工程项目的特点，它的具体内容要使用于被监理工程项目。绝不能照搬其他项目的监理规划，使得监理规划失去针对性，也就失去了可操作性。

②全局性原则。从监理规划的内容范围来讲，它是围绕着整个工程项目监理组织机构所开展的监理工作来编写的。因此，监理规划应该综合考虑监理过程中的各种因素、各项

工作。尤其在监理规划中对监理工作的各种基本制度、程序、方法和措施要做出具体明确的规定。

但监理规划也不能面面俱到。监理规划中也要抓住重点，突出关键问题。监理规划要与监理实施细则紧密结合。通过监理实施细则，具体贯彻落实监理规划的要求和精神。

③预见性原则。由于工程项目的“一次性”、“单件性”等特点，施工过程中存在很多的不确定因素，这些因素既可能对项目管理产生积极的影响，也可能产生消极的影响，因此工程项目在建设过程中存在很多风险。

在编制监理规划时，监理机构要详细研究工程项目的特点，承包单位的施工技术、管理能力，以及社会经济条件等因素，对于工程项目质量控制、进度控制和投资控制中可能发生的失控问题要有预见性和超前的考虑，从而在控制的方法和措施中采取相应的对策加以防范。

④动态性原则。监理规划编制好后，并不是一成不变的。因为监理规划是针对一个具体工程项目来编写的，结合了编制者的经验和思想，而不同的监理项目特点不同，工程项目的建设单位、设计单位和承包单位各不相同，他们对工程项目的理解也各不相同。工程项目的动态性很强，工程项目的动态性决定了监理规划具有可变性。所以，要把握好工程项目的运行规律，随着工程项目进展不断补充、修改和完善，不断调整规划内容，使工程项目运行能够在规划的有效控制下，最终实现工程项目目标。

在监理工作实施过程中，如实际情况或条件发生重大变化，应由总监理工程师组织专业监理工程评估这种变化对监理工作的影响程度，判断是否需要调整监理规划。在需要对监理规划进行调整时，要充分反映变化后的情况和条件要求。

新的监理规划编制好后，要按照原报审程序的审批经过批准后报告给建设单位。

⑤针对性原则。监理规划的基本内容应当统一，但监理规划的具体内容应有针对性。也就是说，每一个具体的工程项目，不但有它的质量、进度、投资目标，而且在实现这些目标时所运用的组织形式、基本制度、方法、措施和手段都独具一格。

⑥格式化与标准化。监理规划要充分反映国家规范，总体内容组成上力求与规范保持一致；内容的表达上，尽可能采用表格、图表的形式，做到明确、简洁、直观、一目了然。

⑦分阶段编写原则。工程项目建设有阶段性，不同阶段的监理工作内容也不尽相同，从而使监理规划编写要遵循管理规律，做到有的放矢。

(3) 监理规划的内容

工程项目监理规划是在工程项目监理合同签订后制定的指导监理工作开展的纲领性文件，它起着工程项目监理工作全面规划和监督指导的重要作用。

工程项目监理规划应在工程项目总监理工程师的主持下，根据工程项目监理合同和业主的要求，在充分收集和详细分析工程项目监理有关资料的基础上，结合监理单位的具体条件编制。

工程项目监理是一项系统工程。既是一项工程，就要进行事前的系统策划和设计。监理规划就是进行此项工程项目的“初步设计”。各专业监理的实施细则则是此项工程项目的“施工图设计”。工程项目监理规划通常包括以下内容。

①工程项目概况。

a. 工程项目简况：包括工程项目的名称、建设地点、规模、范围、建设目标、项目建设内容和项目组成等；

b. 工程项目目标：工程项目总投资、总工期、质量标准和要求，总投资中国家、地方出资数量、群众投入劳动力数量等；

c. 工程项目组织：项目法人、建设单位、设计单位、监理单位、物资材料供应单位的名称、地址、联系人、电话等，这些单位在工程项目中的相互关系，各自的职责和权限。

②监理阶段、范围和目标。

a. 工程项目建设监理阶段。是指监理单位所承担监理任务的工程项目建设阶段。可以按监理合同中确定的监理阶段划分：

- 工程项目立项阶段的监理；
- 工程项目设计阶段的监理；
- 工程项目招标阶段的监理；
- 工程项目施工阶段的监理；
- 工程项目保修阶段的监理。

b. 工程项目建设监理范围。是指监理单位所承担的工程项目建设监理任务的范围。如果监理单位承担全部工程项目的工程建设监理任务，监理的范围为全部工程项目，否则应按监理单位所承担的工程项目的建设标段或子项目划分确定工程项目建设监理范围。

c. 工程项目建设监理目标。是指监理单位所承担的工程项目监理目标，通常以工程项目的建设投资、进度、质量三大控制目标表示。

③监理工作内容。

a. 工程项目立项阶段监理的主要内容：

- 协助建设单位准备工程项目报建手续；
- 工程项目可行性研究咨询；
- 技术经济论证；
- 编制工程项目匡算；
- 组织设计任务书的编制。

b. 设计阶段监理工作的主要内容：

- 收集设计所需的技术经济资料；
- 编制设计要求的文件；
- 组织工程项目设计方案竞赛或设计招标，协助建设单位选择好勘测设计单位；
- 拟定和商谈设计委托合同；
- 向设计单位提供设计所需基础资料；
- 配合设计单位开展技术经济分析，搞好设计方案的比选，优化设计；
- 配合设计进度，组织设计与有关部门的协调工作；
- 组织设计单位的协调工作；
- 参与主要设备、材料的选型；
- 审核工程估算、概算；
- 审核主要设备、材料清单；
- 审核工程项目设计图纸；

● 检查和控制设计进度；

● 组织设计文件的报批。

c. 施工招标阶段监理工作的主要内容：

● 拟定工程项目招标方案并征得建设单位同意；

● 准备工程项目施工招标文件；

● 办理施工招标申请；

● 编写施工招标文件；

● 标底经建设单位认可后，报送所在地方建设主管部门审核；

● 组织工程项目施工招标工作；

● 组织现场勘察答疑会，回答投标人提出的问题；

● 组织开标，评标及决标工作；

● 协助建设单位与中标单位商签承包合同。

d. 材料物质采购供应的建设监理工作：对于由建设单位负责采购供应的材料、设备等物资，监理工程师应负责进行制订计划，监督合同执行和供应工作。具体监理工作的主要内容有：

● 制订材料物资供应计划和相应的资金需求计划；

● 通过质量、价格、供货期、售后服务等条件的分析和比选，确定材料、设备等物资的供应厂家，主要设备商应访问现有使用用户，并考虑生产厂家的质量保证系统；

● 拟定并商签材料、设备的订货合同；

● 监督合同的实施，确保材料设备的及时供应。

e. 施工阶段的监理：

● 施工阶段质量控制；

● 施工阶段进度控制；

● 施工阶段投资控制。

f. 合同管理：

● 拟定本工程项目合同体系及合同管理制度，包括合同草案的拟定、会签、协商、修改、审批、签署、保管等工作制度及流程；

● 协助建设单位拟定项目的各类合同条款，并参与各类合同的商谈；

● 合同执行情况的分析和跟踪管理；

● 协助建设单位处理与项目有关的索赔事宜及合同纠纷事宜。

g. 委托的其他服务：

● 协助建设单位准备工程项目申请供水、供电、供气、电信线路等协议或批文；

● 协助建设单位制订工程项目竣工验收方案；

● 为建设单位培训技术人员等。

④监理控制目标与措施。

应重点围绕投资控制、质量控制、进度控制三大目标制定。

a. 投资控制：

● 投资目标的分解：按工程项目投资费用的组成分解，按年度、季度分解，按工程

项目实施的阶段分解等；

- 投资使用计划；
- 投资控制的工作流程与措施：工作流程图，投资控制的具体措施；
- 投资目标控制分析；
- 投资控制的动态比较；
- 投资控制表格。

b. 进度控制：

- 工程项目总进度控制；
- 总进度目标分解：年度、季度、(月度)进度目标，各阶段目标，各子工程项目的进度目标；
- 进度控制的工作流程与措施：工作流程图、进度控制的具体措施；
- 进度目标实现的风险分析；
- 进度控制的动态比较：工程项目进度目标分解值与项目进度实际值的比较，工程项目进度目标值预测分析；
- 进度控制表格。

c. 质量控制：

- 质量控制目标的描述：设计质量控制目标、材料质量控制目标等；
- 质量控制的工作流程与措施：工作流程图、质量控制的具体措施；
- 质量目标实现的风险分析；
- 质量控制状况的动态分析；
- 质量控制表格。

d. 合同管理：

- 合同结构以合同结构图的形式表示；
- 合同目录一览表；
- 合同管理的工作流程与措施：工作流程图、合同管理的具体措施；
- 合同执行状况的动态分析；
- 合同争议调解与索赔程序
- 合同管理表格。

e. 信息管理：

- 信息流程图；
- 信息分类表；
- 信息管理工作的工作流程与措施：工作流程图、信息管理的具体措施；
- 信息管理表格。

f. 组织协调：

- 与工程项目有关的单位：工程项目系统内的单位如设计、施工、政府部门、材料供应部门等；
- 协调分析：工程项目系统内相关单位协调重点分析、工程项目系统外相关单位的协调重点分析；

- 协调工作程序。投资控制协调程序、进度控制协调程序、质量控制协调程序等；
- 协调工作表格。

⑤监理工作依据。通常来说，监理工作依据下列文件而进行：

a. 工程项目监理合同。

b. 工程项目工程合同。

c. 相关法律、法规、规范。

d. 设计文件。

e. 政府批准的工程项目文件等。

⑥项目监理组织。

a. 监理机构的设置：监理总部及二、三级监理机构的设置情况，各级监理机构的职责及授权、负责人等。

b. 监理人员配置：主要监理人员的姓名、年龄、职称、担任的监理任务，二、三级监理机构人员构成与分布情况。

c. 职责分工：工程项目监理组织职能部门的职责分工；各类监理人员的职责分工。

⑦监理工作制度。工程项目监理机构应根据合同要求、监理机构组织的状况以及工程项目的实际情况制定有关制度。这些制度应体现有利于控制和信息沟通的特点。既包括对工程项目监理机构本身的管理制度，也包括对“三控制、两管理、一协调”方面的程序要求。工程项目监理机构应根据工程项目进展的不同阶段制定相应的工作制度。

a. 立项阶段：

可行性报告的评议制度、咨询制度、工程估算和审核制度。

b. 设计阶段：

- 设计大纲、设计要求编写及审核制度；
- 设计委托合同制度；
- 设计咨询制度；
- 设计方案评审制度；
- 工程项目概预算及审核制度；
- 施工图纸审核制度；
- 设计费用支付签署制度；
- 设计协调会及会议纪要制度；
- 设计备忘录签发制度。

c. 施工招标阶段：

- 招标准备阶段的工作制度；
- 制招标文件的有关制度；
- 标底编制及审核的制度；
- 合同条件拟定及审核的制度；
- 组织招标工作的有关制度。

d. 施工阶段：

- 施工图纸会审和设计交底制度；

- 施工组织设计审核制度；
- 工程开工申请制度；
- 工程材料、半成品质量检验制度；
- 隐蔽工程分项(部)质量验收制度；
- 技术复核制度；
- 单位工程、单项工程中间验收制度；
- 技术经济签证制度；
- 设计变更处理制度；
- 现场协调会及会议纪要签发制度；
- 施工备忘录签发制度；
- 施工现场紧急情况处理制度；
- 工程项目款支付审核制度；
- 工程项目索赔签审制度。

e. 工程项目监理机构的内部工作制度：

- 工程项目监理机构应该定期召开监理例会；
- 对外行文审批制度；
- 监理工作日记制度；
- 监理周报、月报制度；
- 技术、经济资料及档案管理制度；
- 工程项目监理机构费用预算制度；
- 保密制度；
- 廉政制度。

3.3.2.3 营造林工程监理实施细则

(1)设计阶段监理实施细则

①基本内容。设计阶段力求使设计成果最佳地体现建设单位的意图和要求。重点是设计审核及技术经济分析。

a. 让设计人员充分了解建设单位的意图和要求，并融合到设计中。

b. 分阶段(初步设计、施工图设计等)对图纸进行审核，审核设计单位编制的设计预算，以建设单位的投资概算为依据，与建设单位、设计单位协商，使投资合理。

c. 依项目总进度安排，参与设计单位的配合。

d. 协调好设计单位与外部有关单位的配合。

e. 如有几家设计单位，监理单位要协调好各设计单位的关系；

f. 按建设意图和要求，依据国家和地方性法规、规范、审查设计文件的规范性、安全性以及施工的可行性。

②主要依据。

a. 经批准的设计计划任务书。

b. 设计合同。

c. 委托监理合同。

d. 经批准的项目可行性研究报告及项目批准报告。

e. 主管部门核收的建筑用地许可证等相应证明文件。

f. 有关工程项目建设及质量管理的法律、法规。

g. 有关技术标准、设计规范、规程、设计参数等。

h. 有关技术指标、定额、费率。

i. 地区地质、气象、地震等自然条件。

③设计阶段质量控制。

a. 设计阶段质量控制工作内容：

• 设计开始前：编制设计大纲；协助组织设计竞选；协助签订设计合同；提供设计所需的基础资料；

• 设计过程中：参与设计方案的评选；组织协调设计与外部有关部门、设计单位之间的工作；参与主要设备材料的选型；控制设计质量；阶段审核；

• 设计结果提交后：组织技术交底；图纸会审，审核设计图纸及技术文件；

• 施工阶段：处理设计变更、工程项目质量事故、组织工程验收；落实延伸到施工阶段的设计工作。

b. 确定设计质量控制目标：

• 总目标应从以下几方面确定：使用功能等方面满足建设单位的要求；在文件规定、设计规范、技术规定等方面满足城规公用设施、主管部门的规定；经济型号、技术先进等；

• 质量目标应做到具体、明确，既有总目标，也有分阶段的具体目标；

• 确定的质量目标要在需要与可能之间仔细分析，使标准和投资目标相一致；

• 要适当留有些余地，以适应设计过程中目标调整的可能性。

c. 设计阶段的质量控制方法：为了有效地控制设计质量，在设计过程中定期审查设计文件并将其与设计质量目标进行对照比较，发现不符合要求的，设计单位予以修改。

必须指出，为了监理人员对设计文件的审查，设计单位本身的核审制度应该加强。对以下内容应注意：

• “工程项目”平面设计：各子工程项目区面积分配、总面积情况；

• “工程项目”造林整地设计：设计方案进入正式设计阶段，整地方式应满足地形、地势地形因素特点；

• “工程项目”造林树种结构设计：符合树种的配置要求及林型的需求；

• “工程项目”空间设计：各树种充分利用现有光照、温度、水分、大气等气象因素；

• “工程项目”供水、供电设施的设计：包括给水、蓄水、排水、供电线路及自控的合理性；

• “工程项目”材料施工现场存放地点的设计：合理、安全、健康的保存施工材料；

• “工程项目”施工流程设计：各子工程项目流程的合理性、可行性、先进性；

• “工程项目”施工设备设计：设备的布置与选型。

④设计阶段投资控制。设计阶段投资控制目标。通过优化设计、技术经济分析找出影响工程造价的因素，提出降低造价的措施，使工程项目在实现功能要求、质量要求的条件

下，总投资在计划投资范围内得到控制。

设计阶段投资控制职责和任务：

a. 优选设计单位：通过设计竞选，选择最优的设计方案，鼓励竞争优选设计单位，促使设计单位采用先进技术，降低工程造价，缩短工期，提高投资效益。因此，在设计招标文件中应对降低工程造价要有明确的要求，有相应地降低工程造价的具体措施；

b. 推行限额设计：必须具备下列条件，才能达到限额设计的效果：

- 要有能力对设计概算进行审查；
- 能通过技术经济分析确定降低工程造价的主要设计因素；
- 明确设计单位的限额设计职责；
- 处理好限额设计与其他方面的关系；
- 要具备相应的管理基础。

c. 对初步设计的总图方案及单项设计方案进行评价：通过技术经济指标的计算、比较与分析，在满足设计要求和投资控制的前提下，选取最合理的方案。实践证明好的设计方案，既能满足功能要求，又可节省投资。

d. 审查设计概算和施工图预算：严格审查概算的真实性和准确性。施工图预算不能超过批准的概算，应对概算的编制、审批实行严密有效的监督管理。

e. 监理对单位工程设计概算审查内容：

- 审查概算的编制采用的《概算定额》或《概算指标》和各项取费标准是否遵守国家和地区的规定；
- 审查概算文件；
- 审查概算编制方法、工程项目工程量和单价；
- 审查概算单位造价和技术经济指标。

f. 监理人员对单位工程概算的审查步骤：

- 掌握数据和收集资料。在审查前要弄清设计概算编制的依据、组成内容和编制方法，收集概算定额、概算指标、综合预算定额、现行费用标准和其他有关文件资料等；
- 分析技术经济指标。在调查研究掌握的基础上，利用概算定额、概算指标或有关的其他技术经济指标，与同类型设计进行对比分析；
- 概算审查。监理工程师对概算的审查侧重于工程项目的技术科学、经济合理，是否与项目的计划投资相符；
- 整理资料。通过资料的收集、整理，为今后修订概算定额等提供有效的参考数据。

g. 监理人员对单位工程的概算审查方法：审查设计概算时，应根据工程项目的投资规模、工程类型性质、结构复杂程度和概算的编制质量来确定审查方法。

- 对定额单价和取费标准进行逐项审查；
- 对定额单价、工程量和取费标准进行重点审查；
- 对某些概算价值较大、工程量数值较大而计算又复杂，或单价换算的分步、分项工程项目，应进行重点审查，其他一般的分项工程不必审查；
- 参考有关技术经济指标的经验审查。

h. 利用国家的造价指标审查。

⑤设计阶段进度控制。

a. 设计阶段进度控制主要工作：

• 确定进度计划。监理人员要会同设计负责人依据以下内容安排初步设计、技术设计、施工图设计完成的时间，工程项目的规划要求和总工期要求；工程项目设计合同规定的设计总工期、开始日期、完成日期；施工图设计的工期规定，出图日期要求；设计单位的人员配备情况；

• 审查和批准设计单位提交的设计总进度计划、各阶段的出图计划、现金流量计划和变更设计；

• 在勘察设计过程中，检查和督促计划的实施。确保按合同规定的期限提交初步设计、技术设计、施工图设计和各阶段的设计图纸、概预算文件；

• 定期向建设单位汇报设计工作进展情况、存在的问题及解决存在问题的建议，供建设单位做出决定。

b. 设计进度计划主要内容：在工程项目勘察设计合同签订后的规定时间内，设计单位应书面提交以下文件：

• 工程项目设计总体计划、设计各阶段和重点工作设计的进度计划；

• 有关设计方案和总体设想的总说明；

• 分年度设计进度计划以及分项工程的设计进度计划、出图计划；

• 有关年度、月度的现金流量计划；

• 各阶段所需配备的人力和资源的数量。

c. 进度计划审批：监理人员在设计单位提交设计进度后，应组织有关人员进行审查，并应在合同规定的或监理工程师与设计单位协商的合理时间内审查和批复进度计划。

• 按定额工期及设计经验审核进度计划的总工期安排的合理性；

• 审查总工期与勘察设计合同、与工程项目总进度安排的符合性；

• 工程项目的任务量与安排的设计人员、设备是否适应。

d. 进度控制的措施：

• 进行进度计划的目标分解，可按勘察、初步设计、技术设计和施工图设计等阶段分解计划的目标，确定各自的工期目标；也可按设计年度分解各年度的进度目标等；

• 利用工程勘察合同和监理服务合同所赋予监理工程师的权力，督促设计单位按期完成设计任务；

• 按合同规定的期限对设计单位完成的任务量进行检查、验收、签发支付证书；

• 督促建设单位按时支付设计单位的工程项目设计款。

(2)施工阶段监理实施细则

监理实施细则是根据监理规划，由专业监理工程师编写，并经由监理工程师批准，针对工程项目中某一专业或某一方面监理工作的操作性文件。对中型及以上或专业性较强的工程项目，工程项目监理机构应编制监理实施细则。监理实施细则应结合工程项目的专业特点，做到详细具体、具有可操作性。

①监理实施细则的编制程序。

a. 监理实施细则应根据监理规划的总要求，分阶段编写，在相应工程项目施工开始前

编制完成，用以指导专业监理的操作，确定专业监理的标准。

b. 监理实施细是专门针对工程项目中一个具体的专业制定的，专业性较强，编制深度要求高，应由专业监理工程师组织项目监理机构中该专业监理人员编制，并必须经总监理工程师批准。

c. 在监理工作实施过程中，监理实施细则应根据实际情况进行补充、修改和完善。

②监理实施细则的编制依据。

a. 已批准的监理规划。

b. 与专业相关的标准、设计文件和技术资料。

c. 施工组织设计和施工技术方案。

③监理实施细则的主要内容。

a. 专业工程的特点。

b. 监理工作流程。

c. 监理工作的控制要点及目标值。

d. 监理工作的方法及措施。

3.3.2.4 营造林工程监理其他文件材料

(1)营造林工程项目监理日志

监理日志是监理工程师对营造林工程项目监理的原始记录，也是工程项目监理不可或缺的监理文件之一。

①监理日志的主要作用。监理日志是评价工程项目从设计到施工的每一个环节完成情况的主要依据；是监理单位向建设单位提供的主要资料文件；是建设单位监督监理工作的一种有效方式。

②监理日志的主要编写依据。监理日志的编写应以监理大纲、监理规划和营造林工程项目本身的工序特点为依据；监理日志所反应的进度、质量等问题必须以国家有关法规、政策、标准为依据。

③监理日志的主要内容。监理日志是监理工作的历史档案资料，因此凡主要事件、重大的施工活动、其他技术资料中未反映的工程项目细节都是监理日志记载的主要内容。其主要内容包括以下几方面。

a. 日期、气象条件(风力、天气、温度、雨量等)：监理日志中往往只记录时间，忽视了气象记录的准确性。而气象条件恰恰是营造林工程项目施工、成活率等的主要影响因素，这是由营造林工程项目本身的特点所决定的，因此，在记录时必须把气象情况记录清楚详细。

b. 施工情况概述：主要内容包括工程项目进度、施工人员分布、操作部位、形象进度、合理化建议等。

c. 隐蔽工程施工、检验情况：主要内容包括造林整地、种苗来源、回填土工程等。

d. 工程项目质量情况：主要内容包括工程项目质量存在的问题及如何解决、整改。对于已经通知整改的质量问题，要记录整改情况、整改验收是否符合要求、参加验收的人员情况等。

e. 验证、抽样、检测等试验结果及所采取的各种标准：主要内容包括整地情况、整地质量、种子苗木品质。

f. 其他内容：主要内容包括当天协调反馈的问题，是否有结果；施工现场各种材料进场及检验情况；施工现场例会记录；施工现场一般情况的简单记录；对各种工程项目文件的审阅记录等。

④编写监理日志的注意事项。监理日志应按专业分项，一个专业设立一个本，由专业监理工程师填写；监理日志应真实、准确、全面且简要地记录与工程项目相关的问题；所用的词语必须专业、规范、严谨。

⑤影响监理日志记录的因素。影响监理日志记录的主要因素有：监理单位尚未形成一套规范化、科学化、制度化、程序化的管理模式；少数监理人员未认真履行监理的义务和应负的责任，运作不规范；监理人员结构不合理，特别是缺乏懂林业专业知识的监理工程师；不能合理安排时间，导致当天的监理日志不能当天填写，事后补填，使监理日志缺乏真实性等。

(2)营造林工程监理报告

①监理报告编写的主要依据。监理报告的编写应以国家有关政策法规和林业行业标准、监理规划和监理大纲、监理日志以及营造林工程项目本身的特点为依据。

②监理报告的主要内容。

a. 营造林工程项目背景：包括工程项目建设单位、监理单位、投资单位、投资方式、建设目标、建设规模、工程项目所处的位置，工程项目区气候条件、生态环境条件、经济条件等。

b. 营造林目标完成情况：包括计划工期内完成的营造林面积、占造林计划的比例、各林分的营造面积、低价值林分改造情况、主要造林树种、取得的成效等。

c. 投资完成情况：包括资金投入情况、运行情况等。

d. 设备采购完成情况：包括办公设备、苗圃设备、防火设备、培训设备、其他辅助设备及其作用的发挥情况。

e. 工程项目咨询情况：包括在工程项目区开展的营造林技术指导、参与式土地利用规划和林业技术推广、改善项目管理、质量监测与评估、工程项目数据库管理和计算机培训、经济林技术培训、社会经济影响评价等。

f. 工程项目质量监测监理情况：包括检测参与单位、监测监理方式、监理组织方式、监理过程实施的基本情况、监理结果。

g. 营造林质量情况：包括合格率、成活率、保存率、郁闭情况、生态经济收益等。

任务实施

营造林工程项目监理大纲的编制

一、器具材料

国家有关林业政策法规、标准，有关营造林工程项目设计文件、技术资料，纸、笔等。

二、任务流程

营造林工程项目监理流程如图3-6所示。

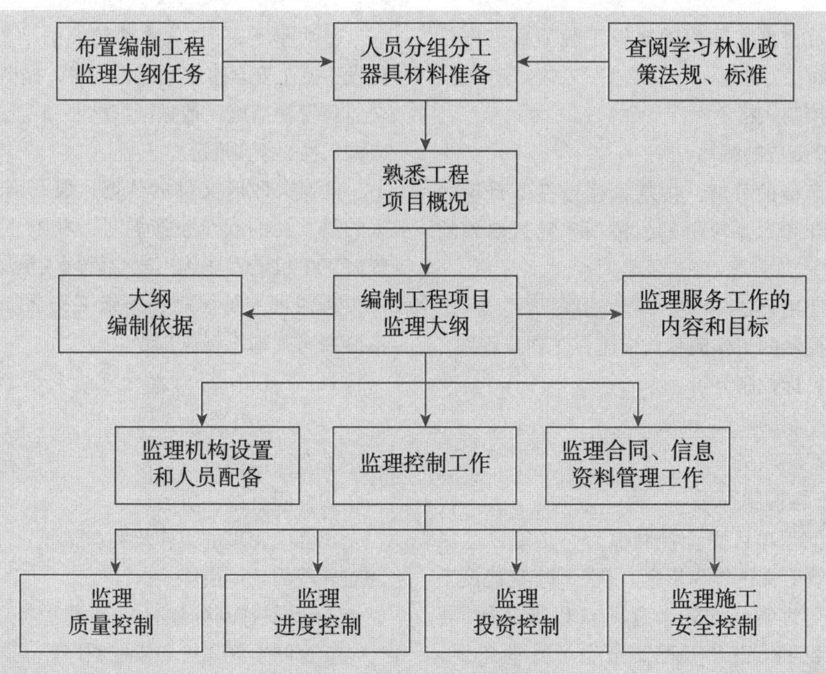

图3-6　营造林工程监理流程

三、操作步骤

1. 监理大纲编制依据查阅与编写

①国家林业工程项目的法律法规。

②本工程项目的条件依据。

③适用于本工程项目的国家规范、规程、标准和政府行政主管部门文件。

2. 营造林工程项目的概况编写

①工程项目名称、施工地点、工程项目环境。

②工程项目建设单位名称。

③设计、工程项目地质勘查合作单位名称。

④工程项目的性质与规模。

⑤资金来源。

⑥工程项目工期要求和质量要求。

3. 营造林工程项目监理工作的内容和目标值编写

依据监理招标文件中的要求编写工程项目进度、质量、投资、施工安全和其他管理、协调工作的目标值。工程项目质量控制，按国家有关法律和各专业施工质量验收规范的规定，应达到规范规定的合格标准。但是如果招标文件提出本工程项目要实现地方目标或整体工程项目国家目标争取得取地方或国家奖。

4. 监理机构人员配备编写

项目监理机构人员的组成一般为两类：

①总监理工程师、专业监理工程师和必要的辅助工作人员。

②总监理工程师、总监理工程师代表、专业监理工程师和监理员、专职或兼职的安全监督员、合同管理员、资料管理员，必要的辅助工作人员。

5. 营造林工程项目控制工作编写

（1）质量控制编写

①质量控制目标的描述，设计质量控制目标、材料质量控制目标等。

②质量控制的工作流程与措施，工作流程图、质量控制的具体措施。

③质量目标实现的风险分析。

④质量控制状况的动态分析。

（2）进度控制编写

①总进度目标分解，年度、季度、月度、进度目标、各阶段目标、各子项目的进度目标。

②进度控制的工作流程与措施，工作流程图、进度控制的具体措施。

③进度目标实现的风险分析。

④进度控制的动态比较，工程项目进度目标

分解值与项目进度实际值的比较工程项目进度目标值预测分析。

⑤进度控制表格。

（3）投资控制编写

①投资目标的分解，按基本建设投资费用的组成分解按年度、季度分解、按项工程目实施的阶段分解等。

②投资使用计划。

③投资控制的工作流程与措施，工作流程图。

④投资目标控制分析。

⑤投资控制的动态比较。

⑥投资控制表格。

（4）安全控制编写

营造林工程项目安全控制监理，必须以国家法律法规和政府文件作为依据。《关于落实建设工程安全生产监理责任的若干意见》（以下简称《若干意见》），已将《建设工程安全生产管理条例》（以下简称《条例》）具体化，明确规定了监理施工安全控制的内容和方法，具有极大地规范性，监理文件中列出的监理单位安全控制工作的范围和内容，不应超出《若干意见》的规定。

①应列出本工程项目中属于国务院《条列》和有关国家林业和草原局或农业部文件规定的"危险性较大的工程项目"，然后对属于"危险性较大的工程项目"提出可行的监理工作方案。

②对于不属于"危险性较大的工程项目"但可能发生施工安全事故的施工工序，提出日常施工安全监督管理措施，依据国家林业和草原局或农业部有关工程的条文规定。

③有关政府文件的依据，强调施工单位对工人的经常性的安全生产教育，杜绝违章作业并监督施工单位的专职施工安全管理人员尽职尽责。

④监理人员编制相关施工安全监理规划或安全监理实施细则提供依据。

6. 监理合同信息管理资料管理工作编写

（1）合同管理

①合同结构可以以合同结构图的形式表示。

②合同目录一览表。

③合同管理的工作流程与措施，工作流程图、合同管理的具体措施。

④合同执行状况的动态分析。

⑤合同争议调解与索赔程序。

⑥合同管理表格。

（2）信息资料管理

①信息流程图。

②信息分类表。

③信息管理工作的工作流程与措施，工作流程图、信息管理的具体措施。

④信息管理表格。

3.3.3 营造林工程项目监理投资控制

3.3.3.1 营造林工程项目设计阶段的投资控制

(1)单位工程项目概算的审查

审查工程项目概算，首先熟悉各地区和林业部门编制概算的有关规定，了解其项目划分及其取费规定，掌握其编制依据、程序和方法；其次要从技术经济指标入手，选好审查重点，依次进行。

①工程量的审查。根据初步设计图纸、概算定额、工程量计算规划和施工总设计的要求进行审查。

②采用定额或指标的审查。审查包括定额或指标的可用范围，定额基价或指标的调整，定额或指标中缺项的补充。

③营造林材料价格的审查。着重对营造林材料原价、运输费用进行审查。

④各项费用审查。审查时，结合工程项目特点，搞清各项费用所包含的具体内容，避免重复或遗漏。

(2)综合概算和总概算的审查

①审查概算的编制是否符合政策、法规的要求。采用的各种编制依据必须经过国家或授权机关的批准，符合国家的编制规定。未经批准不得以任何借口采用，不得擅自提高费用标准。根据工程项目所在地的外部环境，坚持实事求是的原则，反对大而全、铺张浪费和弄虚作假。

②审查概算文件的组成。概算文件所反映的设计内容必须完整，概算包括的工程项目必须按照设计要求确定，设计文件内的项目不能遗漏，设计文件外的项目不能列入；概算所反映的建设规模、林分结构、树种组成、苗木规格、造林施工等投资是否符合设计任务书和设计文件的要求；非生产性工程项目是否符合规定的面积和比例；概算投资是否完整地包括工程项目从筹建到竣工投产的全部费用等。

③审查规划设计图和施工流程。规划设计图的布局应根据生产和施工过程的要求，全面规划，紧凑合理，按照生产要求和施工流程合理安排造林项目。

④审查生态经济效果。对投资的生态经济效果要进行全面考虑，从施工建设、周期、生态经济等因素综合考虑，全面衡量。

⑤审查项目对区域生态系统可能产生的影响。工程项目实施前必须进行环境质量评价，以环境质量评价为依据，审查工程项目建设过程及工程项目竣工后对区域生态系统的影响。

⑥审查一些具体工程项目。审查各项技术经济指标是否满足生产的要求。

(3)推选限额设计，推广标准设计

限额设计时按照批准的设计任务书及投资估算控制初步设计，按照批准的初步设计总概算控制施工图设计，在保证达到建设目标的前提下，按分配的投资限制控制设计，严格控制技术设计和施工图设计的不合理变更，保证总投资限额不被突破。在工程项目建设过程中，采用限额设计是我国工程建设领域控制投资、有效使用建设资金的有力措施。

限额设计包含了尊重实际、实事求是、精心设计和保证设计科学性的实际内容，限额设计体现了设计标准、规模、原则的合理确定及有关概预算指标等各个方面的控制。

设计标准是国家的重要技术规范，是进行工程项目勘察、设计、施工及验收的重要依据，各类建设的设计都必须制定相应的标准规范。标准设计(也称定型设计、通用设计、复用设计)是工程项目标准化的组成部分，各类工程项目只要有条件的都应编制标准设计、推广使用。

3.3.3.2　营造林工程项目施工阶段的投资控制

(1)施工阶段投资控制的基本原理

施工阶段投资控制的基本原理，是指把计划投资额作为投资控制的目标值，在工程项目施工过程中定期地进行投资实际值与目标值的比较，通过比较发现并找出实际支出额与投资控制目标值之间的偏差，然后分析产生偏差的原因，并采取有效措施加以控制，以保证投资控制目标的实现。

(2) 施工阶段投资控制的主要内容

①了解工程项目全貌，掌握招标文件及施工合同内容。进入施工现场后，要迅速掌握和熟悉工程的全部状况、招标文件和施工合同的内容细节，包括承包范围、施工工期(包括定额工期和投标工期)、标底及投标价格、各种材料用量、工程场地情况、布置、施工技术力量、劳务情况等。

②审核施工单位编制的施工组织设计和施工方案。施工组织设计和施工方案是施工单位有计划、有步骤地进行施工准备和组织施工的重要依据，是指导施工规范性技术经济文件。监理工程师要结合工程项目的性质、规划、要求工期的长短，考虑人力、设备、材料、技术等生产要素的优化组合，认真审核施工单位编制的施工组织设计和施工方案，提出改进意见，使之在施工组织设计和施工方案中体现施工进度安排上的均衡性原则，作业的高效原则，并通盘考虑，抓住施工中的主要矛盾，预见薄弱环节；对工程项目资金流动计划(含预付款、工程进度款、预订设备和主要大宗材料付款计划)、物资供应和劳动力计划、临时设施和大型机械购置计划以及施工总进度计划等逐项审查，使施工建立在科学合理地基础上，从而实现优质、高效、低耗、环保施工。

③对工程项目预算进行审查。已经进行招标的工程项目，监理师进行投资控制的主要工作是按时审核月报量。如建设单位为赶时间，未严格按照基本建设程序进行招标工作，在这种情况下建设单位把审查工程项目预算的工作也交给了监理工程师，在没有标底的情况下，认真审查工程项目预算是控制工程造价的有力措施，是对施工单位进行工程项目拨款和工程项目结算的准备工作和依据，对合理使用人力、物力、资金也起到积极作用。

④做好设计变更的控制工作。施工过程中发生设计变更往往会增加投资。监理工程师为了把投资控制在预定的目标值内，必须严格控制和审查设计变更，对必须变更的工程项目要严格控制变更程序，要由变更单位提出工程项目变更申请，说明变更原因和依据，设计变更要由监理工程师进行审查，并报建设单位同意后，监理工程师才能发出设计变更通知或指令。

(3) 营造林工程项目计量

①工程项目计量的程序。

a. 施工合同示范文本规定的程序：承建方按协议条款约定时间(承包方完成的工程分项获得质量验收合格证书以后)，向监理工程师提交已完工程项目的报告，监理工程师接到报告后3天内按设计图核实已完工程项目数量，并在计量24小时前通知承建方，承建方必须为监理工程师进行计量提供便利条件，并派人参加予以确认。承建方无正当理由不参加计量，由监理工程师自行进行，计算结果仍然视为有效，作为工程价款支付的依据。监理工程师收到承建方报告3天内未进行计量，从第4天起，承包方开列的工程项目工程量即视为已被确认，作为工程项目价款支付的依据。监理工程师不按约定时间通知承包方，使承包方不能参加计量，计量结果无效。对承建人超出设计图纸范围和因承建人原因造成返工的工程量，不予计量。

b. 建设监理规范规定的程序：承包单位统计经监理工程师质量验收合格的工程量，按施工合同的约定、工程量清单和工程项目款支付申请表；监理工程师进行现场计量，按施工合同的约定填报工程量清单和工程项目款支付申请表，并报总监理工程师审定，总监理工程师签署工程支付证书，并报建设单位。

c. FIDIC规定的工程计量程序：FIDIC(国际咨询工程师联合会)条款中规定，当监理工程师要求对任何部位进行计量时，应立即参加或派出一名合格的代表协助工程师进行上述计量，并提供监理工程师所要求的一切详细资料。如承建方不参加，或由于疏忽遗忘而未派代表参加，则由监理工程师单方面进行的计量应被视为对该部分工程项目的正确计量。在某些情况下，也可由承建方在监理工程师的监督和管理下，对工程项目的某些部分进行计量。

②工程项目计量的依据。计量依据一般有质量合格证书、工程项目量清单、技术规范中的“计量支付”条款和设计图纸。

a. 质量合格证书：对于承建方已完成的工程项目，并不是全部进行计量，而只有质量达到合同标准的已完成工程项目才予以计量。工程项目计量需与质量监理紧密结合，经过监理工程师检验，工程项目质量达到合同规定的标准后，由监理工程师签发中间交工证书(质量合格证书)，取得质量合格证书的工程才予以计量。

b. 工程项目量清单和技术规范：工程量清单和技术规范是确定计量方法的依据。因为工程项目量清单和技术规范的“计量支付”条款规定了清单中每一项工程项目的计量方法，同时还规定了按规定的计量方法确定的单价所包括的工作内容和范围。

c. 计量的范围以设计图纸为依据：单价合同以实际完成的工程量进行结算，但被监理工程师计量的工程数量，并不一定是承建方实际施工的数量。监理工程师对承建方超出设计图纸要求增加的工程量和自身原因造成返工的工程量不予计量。

③工程计量的方法。监理工程师一般只对以下3方面的工程项目进行计量：工程量清单中的全部工程项目；合同文件中规定的工程项目；工程项目变更项目。根据FIDIC合同条件的规定，一般可按下列方法进行计量。

a. 均摊法：是指对清单中某些工程项目的合同条款，按全部工期平均计量。例如，为监理工程师提供宿舍和一日三餐，保养测量设备，保养气象记录设备等。这些工程项目都有一个共同的特点，即每月均有发生，就可以采用均摊法进行计量支付。

b. 凭据法：是指按照承建方提供的凭据进行计量支付。

c. 估价法：是指按照合同文件的规定，根据监理工程师估算的已完成的工程项目价值支付。如为监理工程师提供用车、测量设备、天气记录设备、通信设备等项目。这类清单项目往往要购买几种仪器设备，承建方对于某一项清单中规定购买的仪器设备不能一次购进时，则需采用估价法进行计量支付。

d. 断面法：主要是指对回填土和造林整地工程项目的计量。采用这种方法计量，在开工前承建方需测绘出原地形的断面，并经监理工程师检查，作为计量的依据。

e. 图纸法：在工程项目量清单中，许多项目都采取按照设计图纸所示的尺寸进行计量。如造林密度、混交方式、苗木规格等。

f. 分解计量法：是指将一个工程项目分解为若干个子项。对完成的各子项进行计量支付。

(4)造林工程项目价款支付的控制

①我国现行工程项目价款的结算方法。

a. 按月结算：即实行旬末或月中预支，月终结算，竣工后清算的办法。跨年度竣工的工程项目，在年终进行工程盘点，办理年度结算，竣工后一次结算。

b. 分段结算：即当年开工，当年不能竣工的单项工程或单位工程按照工程进度，划分不同阶段进行结算。

c. 目标结算：即在工程项目合同中，将承包工程项目的内容分解成不同的控制界面，以建设单位验收控制界面作为支付工程项目价款的前提条件。

d. 其他方式：结算双方约定的其他结算方式。

②FIIDIC 合同条件下工程费用的支付。

a. 工程项目费用支付的条件：质量合格时工程项目费用支付的首要条件。费用支付以工程项目计量为基础，计量必须以质量合格为前提。所以，并不是对承建方已完的工程项目全部支付，而只是其中质量合格的部分，对于质量不合格的部分一律不予以支付。

- 符合合同条件。一切费用支付均需要符合合同规定的要求。
- 变更工程项目必须有监理工程师的变更通知。FIDIC 合同条款规定，没有工程师的指示，承建方不得作任何变更。如果承建方没有收到指示就进行变更，则无理由对此类变更的费用要求补偿。
- 支付金额必须大于临时支付证书规定的最小限额。合同条款规定，如果在扣除预留金和其他金额之后的总金额少于投标书附件中规定的临时支付证书的最小限额时，工程师没有义务开具任何支付证书。不予支付的金额将按月结转，指导达到或超过最低限额时才予以支付。
- 承建方的工作使监理工程师满意。为了确保监理工程师在工程管理中的核心地位，并通过经济手段约束承建方履行合同中规定的各项责任和义务，合同条款充分赋予了监理工程师有关支付条件，但承建方申请支付的工程项目，即使达到以上所述的支付条件，若承建方其他方面工作未能使监理工程师满意，监理工程师可通过任何临时证书对他所签发过的任何原有的证书进行修正或更改。所以，承包商的工作是监理工程师满意，也是工程项目费用支付的重要条件。

b. 营造林工程项目支付的费用：一般项目的费用支付，是指工程量清单中除暂定金额和计日以外的全部项目。

c. 工程项目费用支付程序：承建方提出付款申请；监理工程师审核，编制期中付款证书；建设方支付。

(5) 营造林工程项目竣工决算

在工程项目完成时，监理工程师进行投资控制的主要工作是：协助建设单位正确编制竣工决算；正确核定项目建设新增固定资产价值，分析考核项目的投资效果；进行工程项目后评价。

①竣工决算的编制。竣工决算是由竣工决算报告和竣工财务情况说明书两部分组成。

②竣工决算的审核。对工程项目竣工决算的审核，要以国家的有关方针政策、基本建设计划、设计文件和设计概算等为依据，着重审核基本建设概算的执行情况，审核结余物资和资金情况，审核竣工决算情况说明书的内容。

③新增资产价值的确定。新增资产是由各个具体的资产工程项目构成，按其经济内容不同，可以将资产划分为流动资产、固定资产、无形资产、递延资产、其他资产。资产的性质不同，其计价方法也不同。

a. 固定资产价值的确定：新增固定资产又称交付使用的固定资产，是指投资项目竣工投产后所增加的固定资产价值，是以价值形态表示的固定资产最终成果的综合性指标。新增固定资产的价值包括：已经投入生产或交付使用的工程项目价值；达到固定资产标准的设备工器具的购置价值；新增固定资产价值的其他费用。

b. 流动资产价值的确定：流动资产是指可以在一年内或者超过一年的一个营业周期内变现或者运用的资产，包括现金及各种存款、存货、应收及预付款项等。

c. 无形资产的确定价值：无形资产是指企业长期使用但没有实物形态的资产，包括专利权、商标权、著作权、土地使用权、非专利技术、生态效益、公益性收益等。无形资产的计价，原则上应按取得时的实际成本计价。

d. 递延资产价值和其他资产价值的确定：递延资产是指不能全部计入当年损益，应当在以后年度内分期摊销的各项费用，包括开办费、租入固定资产的改良支出等。

任务实施

断面法确定回填土和造林整地的土方量

一、器具材料

（1）器具

皮尺、钢卷尺、铁锹、GPS、计算机。

（2）材料

施工前现状图、地形图、Excel 软件软件。

二、任务流程

断面法确定回填土和造林整地的土方量任务流程如图 3-7 所示。

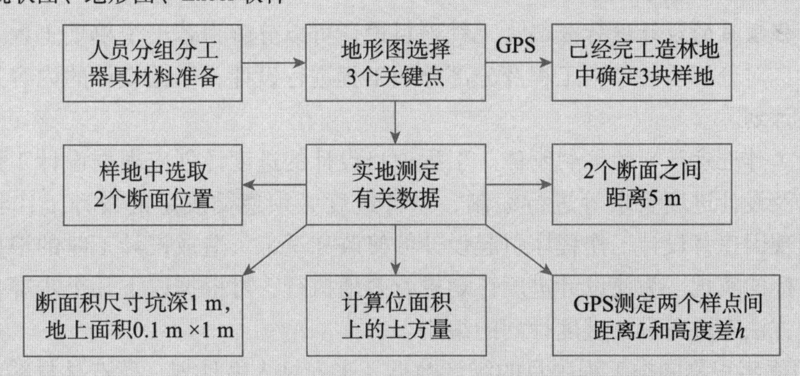

图 3-7 断面法确定回填土和造林整地的土方量任务流程

三、操作步骤

（1）确定取样点

对照造林前的地形图选择 3 个关键点随机取样法地形图上确定取样点。

（2）确定样地

按地形图样点位置于已经完工的造林地中确定 3 块样地。

①样地面积 100 m×100 m。

②采用 GPS 测定实际样点的海拔与地形图上样点对应。

（3）实地测定有关数据

①每个样地中选取 2 个断面位置。

②2 个断面间距离 5 m。

③断面积尺寸坑深 1 m，地上面积 0.1 m×1 m。

④GPS 测定两个样点间距离 L 和高度差 h。

⑤GPS 测定造林地面积 S。

（4）土方量计算

计算单位面积上的土方量，公式为：

$$V=1/2(A_1-A_2)\times L$$

$$A_1=(1+h)\text{m}\times 0.1\text{ m}\times 1\text{ m}$$

$$A_2=1\text{ m}\times 0.1\text{ m}\times 1\text{ m}$$

则 $V=1/20Lh$

$$V_{样地平均}=1/3(L_1h_1+L_2h_2+L_3h_3)$$

则：$V_{总}=1/600\,000(L_1h_1+L_2h_2+L_3h_3)\times S$

3.3.4 营造林工程项目监理进度控制

3.3.4.1 营造林工程项目设计阶段的进度控制

(1) 设计进度控制的目标

保证施工前期各项准备工作的开展，保证工程项目年度计划尽早编制，保证施工能按计划顺利进行，实现工程项目的工期目标。

(2) 设计进度控制的工作内容

工作内容包括协助建设单位与设计单位签订勘测、设计、试验和设计文件以及各类设计图纸编制的进度计划；督促设计单位按合同和设计要求及时供应质量合格、满足施工需要的造林作业设计文件及施工图纸；复核各项设计变更，并提出确认和修改意见，发现问题及时与设计单位联系，上报建设单位，同时对设计进度进行必要的修改；签发设计文件、图纸、进度控制通知等。

(3) 设计进度计划的编制

①对工程项目的设计进行分解。工程项目设计可以分解为若干个单项工程及分部分项工程的设计，对分解后的单项工程及分部分项工程进行设计，根据设计的内容及工作量编制设计进度计划。

②设计工作进度计划的编制步骤。工程项目设计的进度计划应根据设计工作量，所需的设计工时及设计进度要求等进行编制，设计进度必须遵循规定的设计工作程序进行安排，避免出现因违背设计工作程序引起设计的修改和返工，造成设计工时的浪费，而影响设计进度目标的实现。为使设计进度计划更有效地执行，可根据以下几个步骤，制订出一套系统化的方法来进行设计进度计划的编制。

a. 采用逐年积累同类工程项目的统计数据，来安排人力计划、营造林材料物资供应计划和确定建设周期，提供具有参考价值的定额数据。

b. 根据工程项目规模、市场价格的变化、投资来源与投资额等情况，确定工程项目估算的投资费用。

根据工程项目估算的投资费用，按有关标准估算出该工程项目所需的设计工时和设计周期。

c. 确定工程项目设计组的设计人员组成和安排计划。

③设计进度控制的网络计划。设计工作的网络计划可用分级网络计划编制。

a. 第一级网络计划：为设计总进度控制网络计划。

b. 第二级网络计划：包括设计准备工作网络计划、初步设计网络计划、施工图设计网络计划等。

设计准备工作网络计划包括确定规划设计条件（简称规划条件），提供设计基础资料（简称基础资料），确定设计单位（简称确定单位），签订设计合同等项工作。

初步设计网络计划包括初步设计、设计评审、编制概算、上报审批等项工作。

施工图设计工作进度计划可按单项工程编制。

c. 第三级网络计划：按单项工程编制的各专业设计的网络计划。

(4) 设计进度控制措施

设计单位在接受监理单位对设计进度的监理后，监理单位应按监理合同严格控制设计工作的进度，所采取的主要措施有：在编制和实施设计进度的计划过程中，加强设计单位、建设单位、监理单位、科研单位以及施工单位的协作和配合；定期的检查计划，调整计划，使设计工作始终处于可控状态；严格控制设计质量，尽量减少施工过程中的设计变更，尽量将问题解决在设计过程中；尽量避免进行“边设计、边准备、边施工”，坚持按营造林工程项目建设程序办事。

3.3.4.2 营造林工程项目施工阶段的进度控制

(1) 影响施工进度的因素

要有效地控制进度，必须对影响施工进度的因素进行分析，事先采取措施，尽量缩小计划进度与实际进度的偏差，实现对工程项目的主动控制。影响进度的因素主要有：人为因素、技术因素、种苗因素、资金因素、地形因素、土壤因素、气候因素、社会环境因素等。

(2) 实际进度与计划进度的比较分析

实际进度与计划进度比较分析的目的是检查是否发生偏差，一旦进度出现偏差，则必须认真分析产生偏差的原因，并确定对总工期和后续工序的影响，以便采取必要措施，确保进度目标的实现。

①*分析产生进度偏差的原因*。影响工程项目施工进度的因素纷繁复杂，因此，任何一个施工进度计划在执行过程中均会出现不同程度的偏差，进度控制人员必须认真分析这些影响因素，从中找出产生进度偏差的真正原因，以便采取相应的调整措施。了解产生进度偏差原因的最好方法是深入现场、调查研究。

②*分析进度偏差对总工期和后续工作的影响*。当出现进度偏差时，进度偏差的大小及其所处的位置，对后续工作及总工期的影响程度是不同的，调整措施亦会有差异，因此，必须认真分析进度偏差对后续工作的影响。具体分析步骤如下：

a. 找出产生进度偏差的工序：如进度偏差为关键环节，则此偏差必然影响后续工作，如种苗准备、整地等环节。

b. 判断进度偏差是否大于总时差：如果某工作的进度偏差大于其总时差，则此偏差必将影响后续工作及总工期，如果某工作的进度偏差小于其总时差，则此偏差不会影响总工期，但它是否对后续工作产生影响，则需进一步分析。

c. 判断进度偏差是否小于自由时差：如果某项工作进度偏差大于自由时差，则必然会影响后续工作，如果此偏差小于或等于该工作的自由时差，则此偏差不会对后续工作产生影响，也不会影响总工期，原计划可不调整。

(3)施工进度控制的工作内容

施工进度控制的主要内容包括事前进度控制、事中进度控制和事后进度控制。

①事前进度控制。是指工期控制，其主要工作内容有：编制施工进度控制工作细则；编制施工进度计划，包括施工总进度计划，单位工程施工进度计划，主要分部分项工程施工进度计划等；落实用于营造林工程项目的苗木、种子、农药、配料等施工材料的供应计划和准备情况；建立健全的进度控制工作制度等。

②事中进度控制。是指施工进度计划执行中的控制，这是施工进度控制的关键过程，其工作内容有：建立现场办公室，了解进度实施的动态；严格进行进度检查，及时收集进度资料；对收集的进度数据进行整理和统计，并将计划进度与实际进度进行比较，从中发现是否出现进度偏差；分析进度偏差对后续施工活动及总工期的影响，并进行工程进度预测，从而提出可行的修改措施；重新调整进度计划并付诸实施；组织现场协调会等。

③事后进度控制。是指完成整个施工任务进行的进度控制工作，其主要内容有：及时组织验收工作；整理工程进度资料；总结工作经验，为以后工程的进度控制服务。

(4)施工进度计划实施过程中的检查与监督

①施工进度计划的检查与监督。在工程项目实施过程中，由于外部环境和条件的变化，使得进度计划在执行中往往会出现进度偏差不能及时得到解决，工程项目的总工期必将受到影响，因此监理工程师应经常、定期对进度的执行情况进行跟踪检查，发现问题，及时采取措施加以解决。施工进度的检查与监督主要包括如下几项工作。

a. 进度执行中的跟踪检查：其主要工作是定期收集反映实际工程项目进度的有关数据。为了全面而准确地了解进度的执行情况，必须经常地、定期地收集进度报表资料；长驻造林施工现场，具体检查进度的实际执行情况；定期召开现场会议。

b. 对收集的数据进行整理、统计和分析：收集到有关数据资料后，应进行必要的整理、统计和分析，才可能形成与计划具有可比性的数据资料。

c. 实际进度与计划进度的比较：主要是将实际数据与计划数据进行比较。例如，将实际的完成量、实际完成的百分比与计划完成量、计划完成百分比进行比较等。比较的方法可采用表格形式、图形形式、数字形式等。

②网络计划图的检查与监督。网络计划的检查应定期进行。检查周期的长短应视进度计划工期的长短和管理的需要决定，一般可按周、旬、半月、一月等为周期，当计划执行突然出现意外情况时，应进行“紧急检查”，防止造成不可挽回的失误。检查网络计划首先必须收集网络计划的实际情况，并进行记录。

③实际进度与计划进度的图形比较。用直观、易懂的方式反映工程项目进度实际进展状况。一般采用横道图比较法和“S”形曲线比较法。

(5)施工进度计划实施过程中的调整方法

通过对实际进度与计划进度的比较，可从中了解到工程项目进展的实际状况，具体来说，就是在观察实际进度与计划进度相比是超前、拖后还是与计划一致，一旦出现进度偏差，必须认真寻找产生进度偏差的原因，分析进度偏差对后续施工活动的影响，并采取必要的调整措施，以确保进度目标的实现。

①改变工作间的逻辑关系。主要是通过改变关键线路上各工作间的先后顺序或搭接关系来实现的，即不改变施工活动的持续时间。

②改变工作持续时间。主要是着眼于关键线路上各工作持续时间的调整，工作间的逻辑关系并不发生变化。

任务实施

影响营造林工程项目进度出现偏差的原因分析

一、器具材料

（1）器具

温湿度计、风速仪、光强度仪、摄像头、记录笔。

（2）材料

营造林工程项目或实训林场有关资料，以及本地区自然、社会、经济相关资料、各种调查记载表。

二、任务流程

任务流程如图3-8所示。

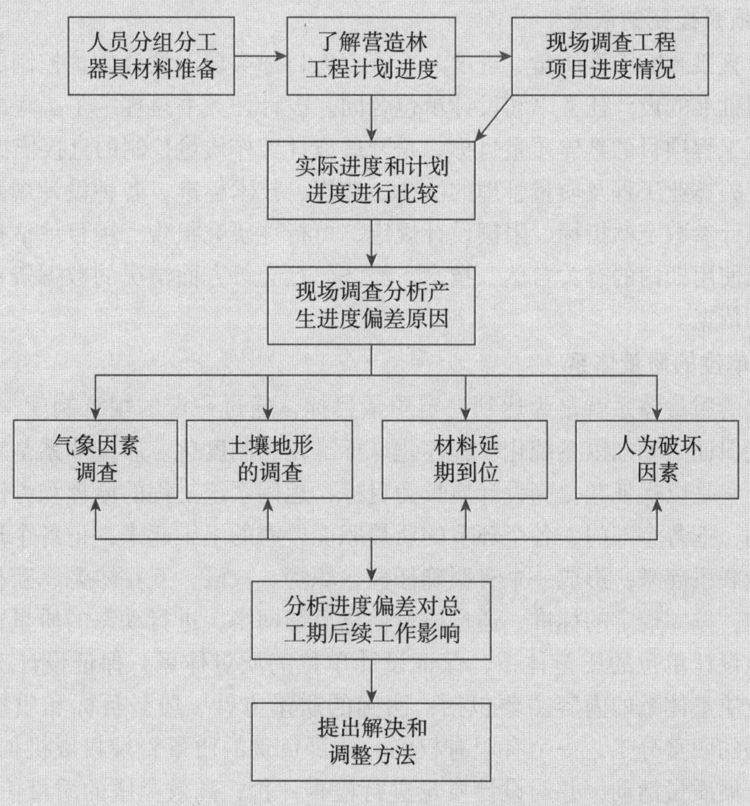

图3-8 影响营造林工程项目进度出现偏差的原因分析任务流程

三、操作步骤

温度和雨水：温湿度计；光照；光强仪；大气：风速仪。

（1）了解营造林工程项目的计划进度

①熟悉营造林工程项目进度计划。

②现场调查工程项目进度情况。

（2）实际进度和计划进度进行比较分析

①气象分析。

②土壤地形。

③材料延期到位。

④人为破坏因素。

（3）现场调查分析产生进度偏差的原因

①气象因素调查。

②土壤地形调查。

③材料延期到位。

④人为破坏因素：探头。

（4）分析进度偏差对总工期后续工作的影响

①进度偏差对总工期的影响。

②后续工作的影响。

（5）提出解决和调整方法

①自然因素无法调整。

②人为干扰因素，排除干扰因素。

3.3.5 营造林工程项目监理质量控制

3.3.5.1 营造林工程设计阶段的质量控制

(1)设计质量控制的依据

设计质量直接影响工程质量、进度、投资三大目标实现。设计质量控制的依据主要是国家有关部门批准的设计任务书和设计承包合同。设计任务书是规定了工程的质量水平及标准，提出了工程项目的具体质量目标，是开展设计工作质量控制的直接依据。

此外，有关林业工程及质量管理的法律、法规、技术标准，各种设计规范规程、设计标准，有关设计参数定额指标、限额设计规定、可行性研究报告、项目评估报告，反映工程项目过程及使用期内的有关自然、技术、经济、社会等方面情况的数据资料等，都是设计质量监理的依据。

(2)设计单位的质量体系

设计单位的质量体系就是为达到一定质量目标，通过一定的规章制度、程序、方法、机构，把质量保证活动加以系统化、程序化、标准化和制度化。质量体系是对设计全过程的质量保证，它是以保证和提高设计质量为目标，运用系统工程的原理和方法设置统一协调的组织机构，把各个部门、各个环节的质量职能严密的组织起来，把各个环节的工作质量和设计质量联系起来，形成一个有明确任务、职责、权限，互相协调、互相促进的质量管理有机整体，按照规定的标准，通过质量信息反馈网络，进行动态的质量控制活动。监理单位应审核设计单位的质量体系，保证设计单位的质量体系，保证设计工作的顺利进行。设计单位质量体系的内容主要包括：明确的质量方针、质量目标和质量计划；严密的、相互协调的职责分工；一个有职有权的、认真负责的质量管理权威机构，负责组织、协调各部门开展质量活动，并对设计质量进行检查评价；高效灵敏的质量信息管理系统，保证质量信息传递及时、准确；保证质量目标实现的各类指标(技术标准、工作标准、管理标准)和各项规章，并对执行情况进行考核评估；设计全过程要遵循 PDCA 循环管理程

序，不断提高设计质量。

(3) 设计方案的审核

对设计方案审核时，应对设计的有关问题提出咨询及具体的修改意见，要求设计单位作出解释或进行修正，以保证通过方案审核使工程项目设计符合设计任务书的要求，符合国家有关造林设计的方针、政策，符合现行造林施工设计标准及规范等。设计方案的审核一般包括总体方案和各专业设计的审核两部分。

①*总体方案审核*。总体方案审核主要在初步设计阶段进行，重点审核设计依据，设计规模、施工劳动力、施工流程、林种树种组成及布局、设施配套、种苗机具准备、占地面积、生态环境保护、防灾抗灾、建设期限、投资概算等的可靠性、合理性、生态性、经济性、先进性和协调性是否满足决策质量目标和水平。

②*专业设计方案的审核*。专业设计方案的审核，重点是审核设计方案的设计参数、设计标准、树种林种选择、生态经济功能是否满足要求。

(4) 设计图纸的审核

设计图纸是设计工作的最终结果，设计质量主要通过设计图纸的质量来反映。因此，监理单位应重视设计图纸的审核。设计图纸的审核主要由工程项目总监理工程师负责组织各专业监理工程师，审查设计单位提交的各种设计图纸和设计文件内容是否正确完整，是否符合造林施工各阶段的要求，如果不能满足要求，应提出监理审查意见，并督促设计单位解决。监理工程师对设计图纸的审核是按设计阶段顺序依次进行的。

3.3.5.2 营造林工程项目施工阶段的质量控制

(1) 施工阶段质量控制的要求

①*坚持以预防为主，重点进行事前控制*。按设计要求和国家有关林业生态工程质量标准，对可能出现的质量问题及可能出现问题的地段或环节进行事前有意识的严格控制，减少出现质量问题的可能。

②*结合施工实际，制订实施细则*。施工阶段质量控制的工作范围、工作方式等应根据工程施工实际需要，结合工程项目特点、承包商的技术力量、管理水平等因素拟定质量控制的监理要求，用以指导施工阶段的质量控制。

③*坚持质量标准，严格检查*。监理工程师必须按合同和设计图纸的要求，严格执行国家有关营造林工程项目质量检验评定标准，严格检查，对于技术难度大、质量要求高的地段和环节，提出保证质量的措施等。

④*处理质量问题原则*。在处理质量问题的过程中，应尊重事实，尊重科学，立场公正。

(2) 施工阶段质量控制的依据

合同文件及其技术规程，以及根据合同文件规定编制的设计文件、图纸和技术要求及规定；合同规定采用的有关施工规范、操作规程和验收规程；工程项目中所用的种苗等材料要具备“两证一签”；工程项目所使用的有关材料和产品技术标准；有关抽样调查的技术标准和试验操作规程。

(3)施工阶段质量控制的内容

施工阶段监理工程师对工程质量的控制是全过程的控制，施工阶段质量控制内容包括事前质量控制、事中质量控制和事后质量控制。其中事前质量控制包括建立监理单位的质量控制体系、施工队伍技术资质的审核、营造林材料的质量控制、营造林材料购销过程质量控制、施工设备的质量控制、造林新技术的审核、组织设计图纸会审及技术交底、施工组织设计及施工方案的复核、造林典型设计的审核、开工报告审核；事中质量控制包括工序质量控制、质量资料和质量控制图标审核、设计变更和图纸修改审核、施工作业监督和检查、造林工程项目分阶段的检查验收、组织质量信息反馈；事后质量控制包括工程项目质量文件的审核、工程项目的验收、竣工图的审批、组织工程项目的试运行、组织竣工验收。

(4)施工阶段质量控制的程序

向承包单位明确工程项目施工质量标准，协助建设单位组织技术交底；审查承包单位提交的工程项目开工报告，检查施工劳动力、机具、苗木、种子、施工地块的准备情况及施工质量保证措施；对工程项目施工过程实行质量控制；检验施工工序质量，签署工序质量检验凭证；组织工程项目完工初验；参加建设单位组织的完工验收；做好监理总结。

(5)施工阶段质量控制的方法

①审核技术报告及技术文件。对技术报告及技术文件的审核是全面控制工程项目质量的手段，因此，监理工程师要对诸如开工、材质检验、分项分部工程质检、质量事故处理等方面的报告以及施工组织设计、施工方案、技术措施、技术核定书、技术签证等方面的技术文件按一定的施工顺序、进度监理规划及时审核。

②质量监督与检查。

a. 监督检查的内容：监理工程师或其代表应常驻施工现场，执行质量监督与检查。主要内容有：开工前的检查、工序操作质量的巡视检查；工序交接检查、施工中的整地、回填土、造林时间、苗木质量、造林密度、树种配置、林种的比例、抚育等。

b. 监督检查的方法：方法主要有见证、旁站、巡视检查、抽样检查等。见证，是由监理人员对某工序进行全过程的现场监督；旁站，是监理人员对施工中的关键工序(如种子选用、苗木分级、整地、植苗等)进行现场监督；巡视减产，是监理人员对正在进行施工的作业内容按规程质量要求，进行定期或不定期的检查；平等检查是监理单位利用一定的检查、检测手段，在施工单位自查的基础上，按照一定的比例独立进行检查或检测。

(6)工序质量控制

营造林工程项目施工过程中，监理人员采取旁站与巡视相结合的质量控制方式，巡视检查地块达100%。工序控制的主要内容有：宜林地植被处理；整地；种苗(包括种苗的来源、购销环节、苗木等级、质量、价格、品种、数量以及是否具备“两证一签”)；栽植；补植补播；抚育；防火线(包括位置、宽度、长度、质量等)；病虫鼠害防治；工序活动条件的控制(包括人为因素、造林设备、造林材料质量、施工方案、环境因素等)。

(7)现场质量控制

在施工过程中，监理人员应对施工过程进行巡视检查，对重要工序和关键部位，应采取旁站方式进行监理，如发现种子、苗木质量不合格，施工操作不规范等问题，应及时指令承包单位采取措施进行处理，必要时指令承包单位进行停工整改。

当承包单位对已批准的施工组织设计进行调整、补充或变动时，必须按有关规定进行审批。承包单位应严格每道工序的自检，填写工序质量自检表，监理人员检验合格后方可进入下一工序。

进行现场质量检验时，承包单位应会同监理人员检验，检验工序质量和成效合格，签订工程检验认可书。同时，要科学合理地选择并设置质量控制点。

①质量控制点的选择。应根据工程项目的特点，结合施工难易程度、施工单位水平等进行全面分析确定。一般情况下，选择对工序质量具有重要影响的工程和薄弱环节，如苗木出圃，整地，栽植等环节；对工序质量具有不稳定和不合格率较高的内容或工序；对下一道工序的施工有重要影响的内容或工序。

②质量控制措施的设计。选择了质量控制点以后，就需要对每个质量控制点进行控制措施的设计，其内容包括：制订工序质量表，对各支配要素规定出明确的控制范围和控制要求；编制保证质量作业指导书等，监理工程师要参与质量控制点的审核。

③质量控制点的实施。质量控制点的实施要点有：进行控制措施交底，使工人明确操作要点；监理人员在现场进行重点指导、检查和验收；按作业指导书进行操作；认真记录，检查结果；运用数理统计方法不断分析与改进，以保证质量控制点验收合格。

(8)工程质量评定与竣工验收

正确地进行工程项目质量的评定和验收，是保证工程项目质量的重要手段。监理工程师必须根据合同和设计图纸要求，严格执行国家颁发的有关工程项目质量检验评定标准和验收标准，及时地组织有关人员进行质量评定和办理竣工验收交接手续。工程项目质量等级，均分为"合格"和"优良"两级，凡不合格的工程项目则不予以验收。

工程项目的竣工验收是建设全过程的最后一道程序，也是建设监理活动的最后一项工作。凡是委托监理工作项目，在项目竣工之前，均应由监理单位牵头，及时组织竣工验收。

①竣工验收条件。

a. 完成批准的工程项目可行性研究报告、初步设计和投资计划文件中规定的各项建设内容，能够满足使用及功能的发挥。

b. 所有技术文件材料分类立卷，会计档案、技术档案和实施管理资料齐全、完整。

c. 造林工程项目质量经工程项目质量监督机构备案。

d. 主要工艺设备及配套设施能够按批复的设计要求运作，并达到工程项目设计目标。

e. 保护环境、劳动安全卫生及消防设施已按设计要求与主体工程同时建成并经相关部门审查合格。

f. 工程项目或各单项工程已经建设单位初步验收合格。

g. 编制完成工程结算和竣工财务决算，并委托有相应资质的中介机构或审计机构进行了造价审查或财务审计。

②竣工验收程序。主要包括竣工预验、审查验收报告、现场初验、正式验收。

在监理工程师初验合格的基础上，即可由监理工程师牵头，组织建设单位、设计单位、施工单位等参加，在限定期限内进行正式验收。

③工程资料的验收。工程资料是工程项目竣工验收的重要依据之一，施工单位应按合

同要求提供全套竣工验收所需的工程项目资料，经监理工程师审核，确认合格后，方能同意竣工验收。

任务实施

营造林工程项目质量检查验收

一、器具材料

1. 器具

地形图、GPS、罗盘仪、绘图工具、测绳、皮尺、钢卷尺、手锯、锄头、铁锹、枝剪。

2. 材料

有关林业技术规程、造林规划设计说明书（或造林作业设计说明书）、造林登记簿、各种调查记载表。

二、任务流程

营造林工程项目质量检查验收流程如图3-9所示。

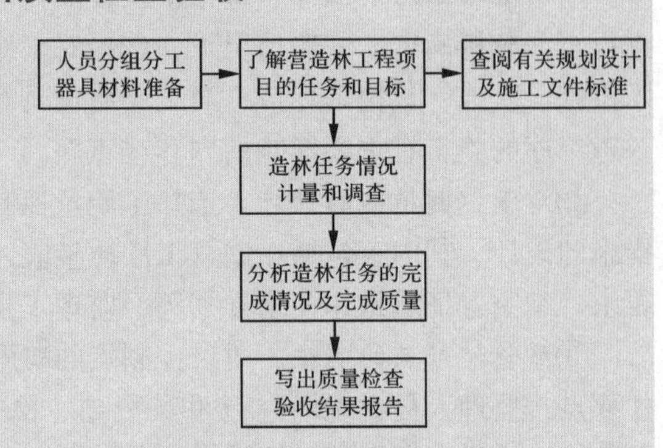

图3-9　营造林工程项目质量检查验收任务流程

三、操作步骤

①了解营造林工程项目的任务和具体目标。

②查阅有关规划设计及施工的文件。

③造林任务情况计量和调查。

a. 依据：根据规划设计任务书所下达的任务量及造林目的。

b. 方法：选取一定数量的质量检测点。

c. 内容：对造林的质量、造林任务完成情况、成活率、保存率、郁闭度、工程土方量、辅助设备等进行全面的计量和调查。

④对照规划设计文件及所下达的任务分析造林任务的完成情况及完成质量。

⑤写出质量检查验收结果报告。

拓展知识

监理术语

1. 项目监理机构

监理单位派驻工程项目负责履行委托监理合同的组织机构。

2. 监理工程师

取得国家监理工程师执业资格证书并经注册的监理人员。

3. 总监理工程师

由监理单位法定代表人书面授权，全面负责委托监理合同的履行、主持工程项目监理机构工作的监理工程师。

4. 总监理工程师代表

经监理单位法定代表人同意，由总监理工程师书面授权，代表总监理工程师行使其部

分职责和权力的工程项目监理机构中的监理工程师。

5. 专业监理工程师

根据项目监理岗位职责分工和总监理工程师的指令，负责实施某一专业或某一方面的监理工作，具有相应监理文件签发权的监理工程师。

6. 监理员

经过监理业务培训，具有同类工程相关专业知识，从事具体监理工作的监理人员。

7. 监理规划

在总监理工程师的主持下编制、经监理单位技术负责人批准，用来指导项目监理机构全面开展监理工作的指导性文件。

8. 监理实施细则

根据监理规划由专业监理工程师编写，并经总监理工程师批准，针对工程项目中某一专业或某一方面监理工作的操作性文件。

9. 工地例会

由工程项目监理机构主持的，在工程项目实施过程中针对工程质量、造价、进度、合同管理等事宜定期召开的、由有关单位参加的会议。

10. 工程变更

在工程项目实施过程中，按照合同约定的程序对部分或全部工程项目在材料、工艺、功能、构造、尺寸、技术指标、工程项目数量及施工方法等方面做出的改变。

11. 工程计量

根据设计文件及承包合同中关于工程量计算的规定，项目监理机构对承包单位申报的已完成工程项目的工程量进行的核验。见证由监理人员现场监督某工序全过程完成情况的活动。

12. 旁站

在关键部位或关键工序施工过程中，由监理人员在现场进行的监督活动。

13. 巡视

监理人员对正在施工的部位或工序在现场进行的定期或不定期的监督活动。

14. 平行检验

项目监理机构利用一定的检查或检测手段，在承包单位自检的基础上，按照一定的比例独立进行检查或检测的活动。

15. 设备监造

监理单位依据委托监理合同和设备订货合同对设备制造过程进行的监督活动。

16. 费用索赔

根据承包合同的约定，合同一方因另一方原因造成本方经济损失，通过监理工程师向对方索取费用的活动。

17. 临时延期批准

当发生非承包单位原因造成的持续性影响工期的事件，总监理工程师所做出暂时延长合同工期的批准。

18. 延期批准

当发生非承包单位原因造成的持续性影响工期事件，总监理工程师所做出的最终延长合同工期的批准。

单元小结

营造林工程项目监理任务小结如图3-10所示。

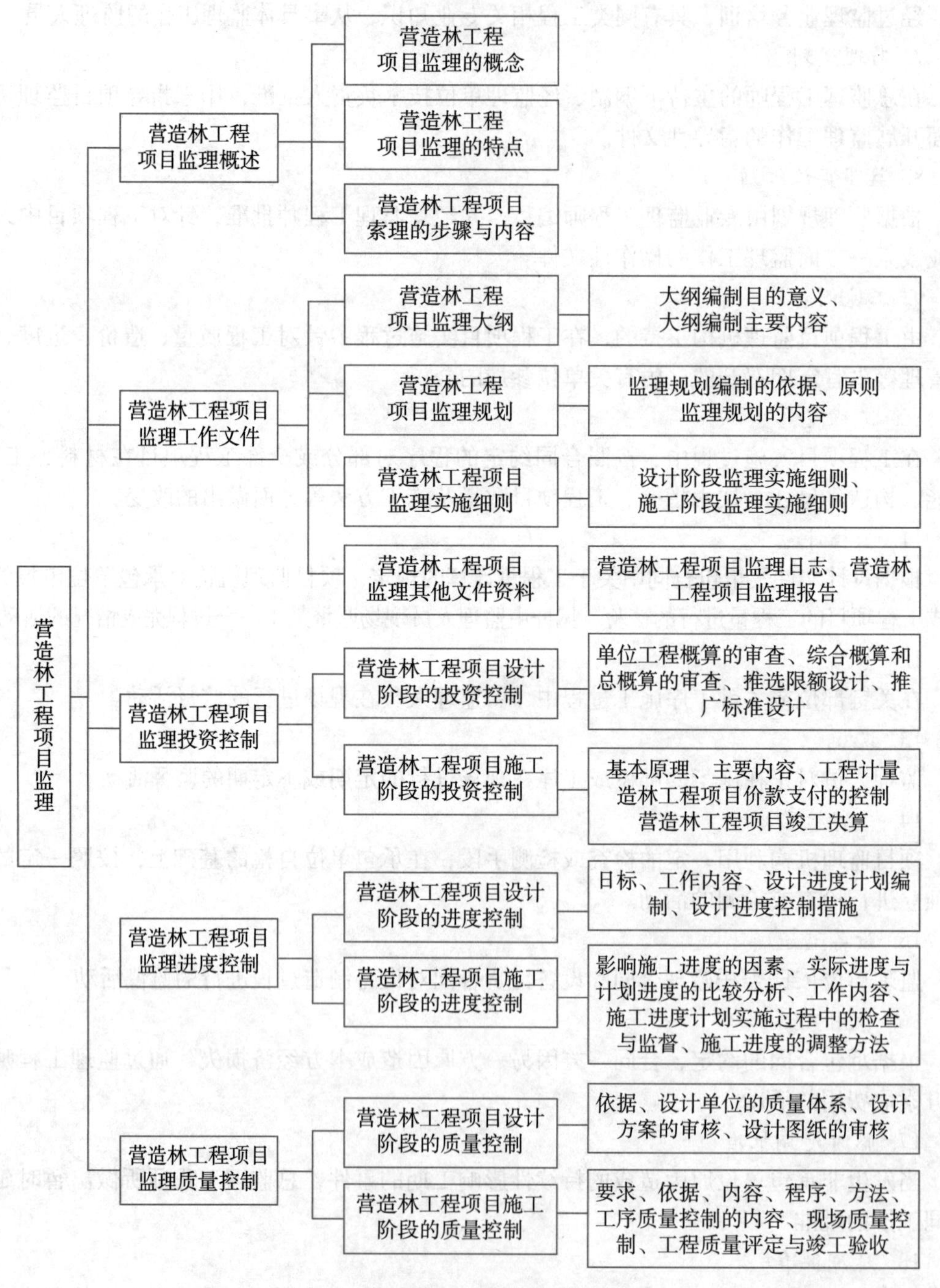

图3-10 营造林工程项目监理任务小结

自测题

一、名词解释

1. 营造林工程项目监理；2. 监理大纲；3. 监理规划；4. 监理日志；5. 事前进度控制；6. 设计各单位质量体系。

二、判断题

1. 营造林工程监理的特点和一般工程项目监理的特点是相同的。（　　）

2. 现场监理阶段，对于重大的设计修改和技术洽商决定，除提出监理意见之外，应向业主报告并得到业主的同意，设计修改应由第三方监理单位负责。（　　）

3. 竣工阶段监理，要督促检查施工单位完成各阶段及全套竣工图的工作和整理各种必须归档的资料，交林业主管部门归档。（　　）

4. 监理规划不能照搬其他项目的监理规划，要有针对性和可操作性。（　　）

5. 监理规划编制好以后，是不能修改的。（　　）

6. 在工程项目建设过程中，采用限额设计是我国工程建设领域控制投资、有效使用建设资金的有利措施。（　　）

7. 对于承建方已完成的工程项目，全部进行计量。（　　）

三、选择题

1. 编制工程项目监理规划需要考虑的外部环境条件包括（　　）。

A. 自然条件　B. 社会条件　C. 经济条件　D. 人文环境条件

2. 监理规划的预见性原则体现在对于工程项目（　　）过程中可能发生的失控问题要有预见性和超前的考虑，在控制方法和措施中采取相应的对策加以防范。

A. 质量控制　B. 进度控制　C. 投资控制

3. 以下（　　）内容要包含在营造林工程项目监理日志中。

A. 日期、气象条件　B. 工程项目进度　C. 种苗来源　D. 资金流动情况
E. 种子苗木品质　F. 施工现场例会记录

4. 营造林材料价格审查，着重对（　　）部分进行审查。

A. 苗木种子质量　B. 工程子项目进度　C. 营造林材料原价　D. 运输费用

5. 工程项目计量方法中，按照承建方提供的凭据进行计量支付的方法是（　　）。

A. 均摊法　B. 凭据法　C. 估价法　D. 断面法
E. 图纸法　F. 分解计量法

6. 工程项目计量方法中，按照全部供气平均计量支付的方法是（　　）。

A. 均摊法　B. 凭据法　C. 估价法　D. 断面法
E. 图纸法　F. 分解计量法

四、填空题

1. 施工阶段监理中，检查工程项目采用的主要苗木是否符合设计文件或标书所规定的质量标准。不符合要求者（　　　　），（　　　　）。

2. 对确定采购的材料、设备进行合同管理，不符合合同规定要求的(　　　　)。

3. 现场监理阶段，对于承建单位提出的(　　　　)、(　　　　)、(　　　　)进行审查，提出改进意见，并监督检查其实施。

4. 在特定工程项目监理工作中做什么，谁来做，什么时候做，怎样做，即具体的监理工作制度、程序、方法和措施的问题都包含在(　　　　)中。

5. 监理单位和监理工程项目的权利和义务体现在(　　　　)中。

6. 工程项目计量的依据一般有(　　　　)、(　　　　)、(　　　　)和(　　　　)。

7. 监理工程师对承建方(　　　　)和(　　　　)不予计量。

8. 营造林工程项目竣工决算的编制是由(　　　　)和(　　　　)两部分组成。

9. 营造林工程项目影响进度的因素：(　　　　)、(　　　　)、(　　　　)、(　　　　)、(　　　　)、(　　　　)、(　　　　)、(　　　　)等。

10. 施工阶段质量控制中在处理质量问题的过程中，应(　　　　)、(　　　　)、(　　　　)。

11. 在施工过程中，监理人员应对施工过程进行巡视检查，对(　　　　)和(　　　　)，应采取进行监理，如发现问题，应及时指令承包单位采取措施进行处理，必要时指令承包单位进行停工整改。

五、简答题

1. 监理规划编制的依据有哪些？
2. 施工阶段监理实施细则的编制依据有哪些？
3. 监理日志的主要内容有哪些？
4. 监理报告的主要内容有哪些？
5. 营造林工程项目施工阶段投资控制的主要内容是什么？
6. 营造林工程项目设计阶段进度控制的主要内容是什么？
7. 工程项目支付的条件有哪些？
8. 影响营造林工程项目施工进度的主要因素有哪些？
9. 施工阶段质量控制的要求是什么？
10. 营造林工程项目工序控制的要求是什么？
11. 监理术语有哪些？
12. 简述监理单位与各方的关系。
13. 动态控制的要点有哪些？
14. 监理机制有哪些？

模块2

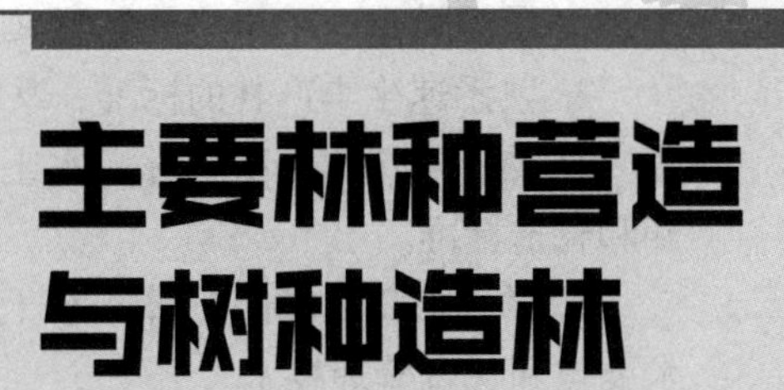

项目4 主要林种营造

知识目标

1. 了解营造速生丰产林的意义。

2. 熟悉速生丰产林的标准，掌握速生丰产林的营造技术要点。

3. 熟悉农田牧场防护林、水土保持林、防风固沙林、沿海防护林和能源林的基本内涵和营造标准。

4. 掌握农田牧场防护林、水土保持林、防风固沙林、沿海防护林和能源林的营造技术要点和抚育管理技术。

技能目标

1. 能够结合当地实际开展速生丰产林、农田牧场防护林、水土保持林、防风固沙林、沿海防护林和能源林的营造技术完成相应的作业设计。

2. 能够根据速生丰产林、农田牧场防护林、水土保持林、防风固沙林、沿海防护林和能源林营造的作业设计实施造林工作。

3. 能够根据速生丰产林、农田牧场防护林、水土保持林、防风固沙林、沿海防护林和能源林营造技术开展抚育管理工作。

4. 通过方案实施培养学生自主学习、组织协调和团队协作能力，独立分析和解决造林施工的生产实际问题能力。

任务4.1 速生丰产林营造

任务描述

在教师和工程技术人员指导下，以小组为单位完成一个小班的具体树种的速生丰产林营造任务。了解速生丰产林的概念，熟悉速生丰产林的标准和速生丰产林应具备的条件及营造技术。该部分内容可结合速生丰产林具体树种造林工作进行，从速生丰产林造林作业设计、施工及造林检查验收成果几个方面开展评价。该任务主要训练速生丰产林造林技术和造林施工组织能力，最终使学生具有速生丰产林造林施工能力。

任务目标

1. 了解营造速生丰产林的意义。
2. 熟悉速生丰产林的标准和速生丰产林应具备的条件。
3. 掌握速生丰产林营造主要技术要点。
4. 融入“绿水青山就是金山银山”等生态文明思想。

知识链接

4.1.1　速生丰产林概述

速生丰产林，是指在自然条件比较优越的地区，选用经济价值较高的速生树种造林，通过集约经营，能够取得速生、丰产、优质效果的人工林，一般属商品林。目前，速生丰产林主要是指速生丰产用材林。它具有生长快、轮伐期短、成林成材早、生物量大、生产力高、质量好的特点。与一般人工林比较，有较高的经济效益。

通过营造速生丰产用材林解决木材供应问题，国外有不少的先例。如意大利仅靠占全国森林面积3%的 1.3×10^5 hm^2 杨树林和 6×10^4 km 行状种植的树木，每年提供的商品材 $3\times10^6\sim4\times10^6$ m^3，占全国商品材产量的50%。又如新西兰靠占全国森林面积11%的 8×10^5 hm^2 以辐射松为主的人工速生丰产林，每年生产 8.5×10^5 m^3 木材，占全国木材产量的95%，使新西兰从木材进口国变为木材出口国。智利、阿根廷、南非、韩国、法国等国家在速生丰产人工林营造方面也取得了显著的成就。

我国营造速生丰产用材林也积累了丰富经验，取得了显著的成效。例如，东北的落叶松人工林、南方的桉树、杉木、马尾松、湿地松人工林，西南地区的柳杉人工林，华中和华北平原的杨树人工林等，平均生长量达 10～30 m^3/(hm^2·年)。与国外速生丰产林相比，我国的人工速生丰产林已达到了相当高的水平(表4-1)，只要科学合理地集约经营，我国人工林培育还有巨大的生产潜力可挖。

我国树种资源丰富，有不少适宜营造速生丰产林的树种。不少地区热量条件、水分条件和土壤条件比较优越，适宜营造速生丰产林。根据我国各地的自然条件、社会经济条件和宜林地的分布状况，发展速生丰产用材林的重点地区是南方山地丘陵、东北小兴安岭长白山山地和华北平原。尤其南方山地丘陵区是发展速生丰产用材林的重中之重。近年来，南方地区的速生丰产用材林得到了迅速的发展，为缓解木材供需矛盾作出了重大贡献。

表 4-1 我国速生用材林生长情况

树种	地区	年龄	蓄积量/总生长量 (m^3/hm^2)	平均生长量/总平均总生长量 [m^3/(hm^2·年)]	树种	地区	年龄	蓄积量/总生长量 (m^3/hm^2)	平均生长量/总平均总生长量 [m^3/(hm^2·年)]
红松	辽宁草河口	29	192.0/249.2	6.6/8.6	杉木	福建南平	39	1170.0/–	30.0/–
长白落叶松	黑龙江带岭	21	228.3/234.8	10.9/11.2	杉木	福建建阳	11.5	410.7/–	35.7/–
日本落叶松	辽宁新宾	32	10 000/1	13.9/–	华山松	云南宜良	16	247.5/–	15.5/–
油松	辽宁抚顺	21	153.0/–	7.3/–	冲天柏	云南昆明	32	546.0/–	17.1/–
毛白杨	河北易县	18	465.0/–	25.8/–	加勒比松	广东湛江	10	168.8/–	16.9/–
加杨	辽宁盖县	15	454.0/–	30.3/–	巨尾桉	广西东门	7	330.0/–	66.0/–
杉木	贵州锦屏	18	729.0/–	40.1/–					

注：总生长量包括间伐量在内。

4.1.2 速生丰产林的标准

(1)时间指标

时间指标主要是指成林、成材的年限。根据林木的生长速度、立地条件、培育目的分地区分树种确定。如多数桉树主伐年龄6年、杨树15年、杉木20年、马尾松30年、樟子松40年、红松50年。

(2)产量指标

产量指标主要是指单位面积蓄积量。世界公认的速生丰产用材林的平均生长量指标为10 m^3/(hm^2·年)，我国原林业部曾制定了一些主要树种的速生丰产林国家标准(表4-2)。

表 4-2 主要树种速生丰产林生长量标准

树种	栽培区类型	年均生长量(m^3/hm^2)	目的树种	轮伐期(年)
杉木	Ⅰ	10.5以上	中径材	0~30
	Ⅱ	9.0以上	中、小径材	20~25
马尾松	Ⅰ	10.5以上	中径材	20~30
	Ⅱ	9.0以上	中、小径材	20~30

（续）

树种	栽培区类型	年均生长量(m^3/hm^2)	目的树种	轮伐期(年)
湿地松	Ⅰ	10.5 以上	中径材	20～25
	Ⅱ	9.75 以上	中径材	20～25
水杉	Ⅰ	11.7 以上	中径材	15～20
	Ⅱ	10.5 以上	中、小径材	20～25
红松	Ⅰ	9.0 以上	大径材	65
	Ⅱ	7.5 以上	大径材	70
落叶松	Ⅰ	9.0 以上	中径材	30
	Ⅱ	7.5 以上	中径材	40
毛白杨	Ⅰ	9.3 以上	大径材	16～20
柠檬桉	Ⅰ	12.0 以上	中径材	16
	Ⅱ	9.75 以上	中径材	20

注：①Ⅰ类区为最适宜区，Ⅱ类区为较适宜区；

②原标准中使用单位为 m^3/亩，本表以 m^3/hm^2 为单位进行了换算。

随着科技的发展和营林经营水平的提高，各地根据树种和自然条件不同对一些树种的标准做了适当调整。如杨树平均生长量为 15 $m^3/(hm^2 \cdot 年)$，15 年蓄积量 225 m^3/hm^2；落叶松平均生长量为 12 $m^3/(hm^2 \cdot 年)$，30 年蓄积量 360 m^3/hm^2；樟子松平均生长量为 10 $m^3/(hm^2 \cdot 年)$，40 年蓄积量 400 m^3/hm^2。有的地区（如广西）对主要树种速生丰产用材林生长量指标进行了调整和细化（表 4-3）。

表 4-3　广西主要速丰用材树种生长量指标

树种	栽培区	主伐年龄	生长量[($m^3/(hm^2 \cdot 年)$]	3年	5年		10年		15年		20年	
				树高(m)	树高(m)	胸径(cm)	树高(m)	胸径(cm)	树高(m)	胸径(cm)	树高(m)	胸径(cm)
杉木	桂北	20	12.0	2.6	5.0	5.7	9.5	10.3	13.0	14.0	16.0	20.0
	桂中桂南	20	9.0	3.0	4.9	5.3	9.4	9.8	11.0	12.0	14.0	16.0
马尾松	桂北	20	10.5	1.6	2.8	3.1	7.1	7.5	11.1	12.4	14.4	16.1
	桂中桂南	20	11.3	1.8	3.5	4.0	8.0	9.0	12.0	14.0	16.0	20.0
湿地松	全区	20	11.3	2.0	4.0	5.0	8.0	10.0	12.0	15.0	16.0	19.0
米老排	桂南	20	12.0	5.3	8.7	8.1	13.4	12.8	15.2	16.3	17.0	18.9
火力楠	桂中桂南	20	10.5	2.8	4.1	2.6	8.6	6.6	12.8	11.6	16.6	14.2
红锥	全区	20	10.5	3.0	5.0	4.5	9.6	8.5	14.3	13.6	16.9	16.9
窿缘桉	Ⅰ类区	9	11.3	7.0	8.5	7.0	14.0	10.0				
	Ⅱ类区	9	10.5	5.0	7.5	6.0	12.0	8.0				

（续）

树种	栽培区	主伐年龄	生长量[$(m^3/(hm^2\cdot$年$))$]	3年	5年		10年		15年		20年	
				树高（m）	树高（m）	胸径（cm）	树高（m）	胸径（cm）	树高（m）	胸径（cm）	树高（m）	胸径（cm）
柠檬桉	Ⅰ类区	9	14.5	5.6	9.9	5.8	15.8	12.2	18.5	16.6	21.0	20.4
	Ⅰ类区	9	10.0	4.8	8.8	4.3	14.3	8.9	16.5	12.0	18.1	14.1
尾叶桉	桂中	6	20.0	11.8	15.6	11.6	—	—	—	—	—	—
巨尾桉	桂南	6	20.0	11.8	15.6	11.6	—	—	—	—	—	—

2018年印发的《国家储备林建设规划(2018—2035年)》中提出，中国将建2000×10^4 hm^2国家储备林。国家储备林是指为满足经济社会发展和人民美好生活对优质木材的需要，在自然条件适宜地区，通过人工林集约栽培、现有林改培、抚育及补植补造等措施，营造和培育的工业原料林、乡土树种、珍稀树种和大径级用材林等多功能森林。

4.1.3 速生丰产林的营造技术

营造速生丰产林就是要采取综合造林技术措施，使人工林的林木个体具备优良的遗传品质，形成合理的林分结构，创造良好的林地生长环境，最终达到速生、丰产、优质的目标。

(1)选择适宜的树种

我国的树种资源丰富，有不少既有速生丰产潜力，又有优良材性的树种，应根据市场需求原则及满足造林目的和适地适树的原则，正确选用速生丰产林的造林树种。坚持以选用乡土树种为主，适当引用优良的外来树种。根据世界各国的发展趋势及我国的具体情况，应以针叶树种为主、针阔叶树种相结合，避免造林树种单一化，保证树种布局的合理化。

速生丰产林树种应具有早期速生、速生期长、适应性较广、容易繁殖、用途广泛的特性。我国的树种资源丰富，其中不乏具备速生丰产特性的树种。

东北区：小黑杨、白城杨、赤峰杨、健杨、长白落叶松、兴安落叶松和樟子松等。

华北区：沙兰杨、毛白杨、群众杨、小黑杨、赤峰杨、刺槐、兰考泡桐、华北落叶松、日本落叶松和旱柳等。

西北区：新疆杨、箭杆杨、群众杨、沙兰杨、刺槐和樟子松等。

西南区：楸叶泡桐、白花泡桐、川泡桐、蓝桉、直干蓝桉、赤桉、云南松、滇杨、川杨、杉木等。

中南区：沙兰杨、白花泡桐、兰考泡桐、水杉、池杉、杉木、马尾松、湿地松、火炬松、马占相思、厚荚相思、尾叶桉、尾巨桉、巨尾桉、尾赤桉、尾圆桉、邓恩桉、赤桉、圆角桉等。

华中区：沙兰杨、健杨、毛白杨、兰考泡桐、白花泡桐、水杉、池杉、杉木、马尾松、湿地松、火炬松、赤桉、邓恩桉、圆角桉等。

(2)选择立地条件好的造林地

适地适树是造林最基本的原则，各个树种必须在适生的立地条件下才能正常生长。因此，在了解树种生态特性的基础上选择相应的造林地，才能做到适地适树。

营造速生丰产林不仅要做到适地适树，还必须选择热量条件、水分条件、土壤条件较优越的造林地，使之有良好的生长环境，使树种速生丰产的潜在能力充分发挥出来。因此，在营造速生丰产用材林前，必须搞好造林规划设计，合理安排树种，选择立地条件好的(即一、二类立地)，且最好是选择交通较方便的地方。

众所周知，马尾松是耐干旱瘠薄的树种，在其分布区内广泛栽培，但其单位面积产量却较低。据统计，全国马尾松平均蓄积量仅30.0 m^3/hm^2，为全国针叶林的32%，低于杉木林的蓄积量37.6 m^3/hm^2。原因在于马尾松作为造林先锋树种，人们往往将其栽植在土层薄的造林地，致使其不能发挥速生丰产的潜力。据广西调查，最高产的广西派阳山林场25年生马尾松林大面积速生丰产林蓄积量达820.50 m^3/hm^2，而广西钦廉林场的人工林仅为16.60 m^3/hm^2。造林地立地条件对树木生长影响之大，由此可见一斑。

(3)采用良种壮苗

良种壮苗具备较强的生理机能，较大的抗逆能力，较优的干材品质，因而也就具备了速生丰产优质的潜在能力。营造速生丰产用材林必须选用良种壮苗。凡以实生苗造林的，培育苗木所用的种子必须是遗传品质优良的种子，并达到国家标准或省(自治区)种子质量标准规定的要求；凡采用营养繁殖苗造林的，应在选优的基础上建立采穗圃，培育健壮苗木。使用容器苗造林对提高成活率，缩短缓苗期都有很大好处，可针对当地情况适当发展。在生长季节较短的寒冷地区还要推广工厂化的温室大棚育苗，以缩短育苗周期，提高劳动生产率，提供大量合格苗木。

优良种源具有显著的增产效益，能大幅提高单位面积的产量。如我国经过两次种源试验，对296个杉木地理种源进行了系统的试验研究，综合评选出广西融水为极高产种源，其材积遗传增益为23.02%~25.23%，实际增益34.42%；贵州锦屏、江西铜鼓、广西那坡、广西贺县(今贺州)、福建大田、福建建瓯、福建南平、广东东昌、四川邻水、四川洪雅、云南西畴、湖南会同等为高产种源，平均材积遗传增益7.57%~8.29%，实际增益13.24%，因此，营造速生丰产林不仅要选择适宜的速生丰产优质树种，还应选择优良种源。最好是在经过选育的母树林和种子园中采种。

(4)控制好林分结构

合理的群体结构能充分、合理、有效地利用光照、温度、水分、养分、CO_2等生活因子，既能保证林木个体得到充分发育的空间，又能最大限度地利用营养空间，发挥林分最大的生产潜力，达到速生、丰产、优质的目标。林分的群体结构决定于组成林分的树种、比例、密度和配置。

人工林的初植密度大小，对人工林的成材年限与生产水平有很大影响。当前各地营造的速生丰产林，大都偏密。为了使每株树木都有充足的营养面积，速生丰产林应适当疏植。在林木的群体结构中，密度往往起着决定性的作用，只有密度合适时，林木才能达到最高的蓄积量和生长量。如营造杨树速生丰产林，10~15年采伐，培育中、小径级材，适宜的株行距是3 m×5 m、4 m×4 m、3.5 m×5 m，若培育大径材，15~20年采伐，适宜的株行距可采用6 m×6 m、7 m×7 m、8 m×8 m，或先密后疏。桉树速丰林造林适宜的株行距是2 m×3 m甚至2 m×4 m。松树、杉木速生林适宜的株行距是2 m×2 m、2 m×3 m。

对于集约栽培的速生丰产林，目前世界上大多国家的造林还是以纯林为主，这主要是纯林中主要树种木材产量高及经营管理方便。只有中欧、西欧少数国家，造混交林比重较大。我国目前也是以营造纯林为主，但生产中营造纯林已出现许多缺点，如病虫害多、地力减退、防护效果差等。营造混交林是解决这些问题的主要途径。我国在营造混交林方面也摸索出了不少成功经验，如落叶松与水曲柳、油松与元宝枫(及其他阔叶乔灌木树种)、杨树与刺槐、杉木与檫木、桉树与相思树混交。但从全局来看，我国营造速生丰产用材林仍要以纯林为主，鼓励开展营造各种混交林试验，并在适当范围内推广行之有效的混交模式。为了减少纯林的不利方面，还应采用小面积纯林镶嵌配置、人工林轮作、保护枯枝落叶层、病虫害综合防治及其他措施。

(5)保证造林施工质量

整地、造林和幼林抚育是造林施工的三大环节，施工技术的高低对造林成果的好坏有直接的影响。

细致整地是营造速生丰产林的基本要求，整地的方法和规格要因地制宜，还要兼顾水土保持的需要。种植穴的大小，要考虑苗木大小和造林地土壤质地、土壤水分和土壤解冻深度等。大苗造林，穴的大小一般为60 cm×60 cm×60 cm～100 cm×100 cm×100 cm；常规苗木造林，穴的大小约50 cm×50 cm×40 cm。尽量做到提前整地，以熟化土壤、蓄水保墒。在地势平缓的东北林区、华北中原平原地区、粤桂沿海丘陵台地营造丰产林，可全面机耕整地，深20～30 cm，然后挖栽植穴。

植苗造林是几种造林方法中最主要的造林方法。营造速生丰产林，除个别情况外，应强调植苗造林，尤其是要推广容器苗造林。“两大一深”栽植法(即大苗、大穴、深栽)是国内外营造速生丰产林的基本经验。大坑深栽，可以增强蓄水、保墒能力，提高幼林成活率；同时，可以扩大根系分布层次，增加根系吸收面积，增强抗旱、抗风能力，提高林木生长量。

(6)实行集约经营

实行集约经营，加强幼林抚育保护，创造良好的林木生长环境，是人工林速生丰产的重要保证。为了培育速生丰产林，及时对幼林采取集约抚育保护措施是必不可少的，要按设计的要求确保抚育质量。

幼林抚育要适时，除桉树、杨树等生长特别快的树种外，一般连续抚育3～5年，头两年每年抚育2～3次，后2～3年每年1～2次。

林地灌溉主要是指平坦地区、桐农间作地、水浇地周围的农田防护林及渠旁植树，都可以结合农田浇灌进行林地灌溉。干旱地区营造的速生丰产林，必须保证及时灌水，最好能使林地经常保持或接近有70%的含水量。浇灌是平原地区林木速生丰产的必要措施，必需引起足够重视。

林地施肥在林业先进国家中普遍应用。事实证明，林地施肥是一项经济效益很高的措施。施肥时间应该在生长旺盛季节，迟效性肥料应在冬、春季施，最好在种植前一次施完。在美国排水良好的土壤上施氮肥，杨树平均直径增加1倍，材积增加8倍。我国黑龙江省对21年生的人工落叶松林每公顷施用140 kg N、P、K复合肥料，材积总生产量为对照的139%；每公顷施用242 kg尿素，材积总生产量为对照区的126%。勃利县营林局对杨树施用磷酸二铵，当年高生长可增加10% ~105%，第2年可增加12% ~67%，直径可增加30% ~80%，蓄积量可增加65% ~160%。桉树应有比较足量的肥料，包括基肥和追肥，每公顷有效成分施肥量应达N 150 kg、P 100 kg、K 100 kg。基肥以N肥为主，有条件的配合有机肥；追肥以N肥为主，最好选用复合肥。

适当的林粮间作既能起到以短养长的作用，又能保证幼林及时抚育，在培育速生丰产林时应当大力推广。

单元小结

速生丰产林营造任务小结如图4-1所示。

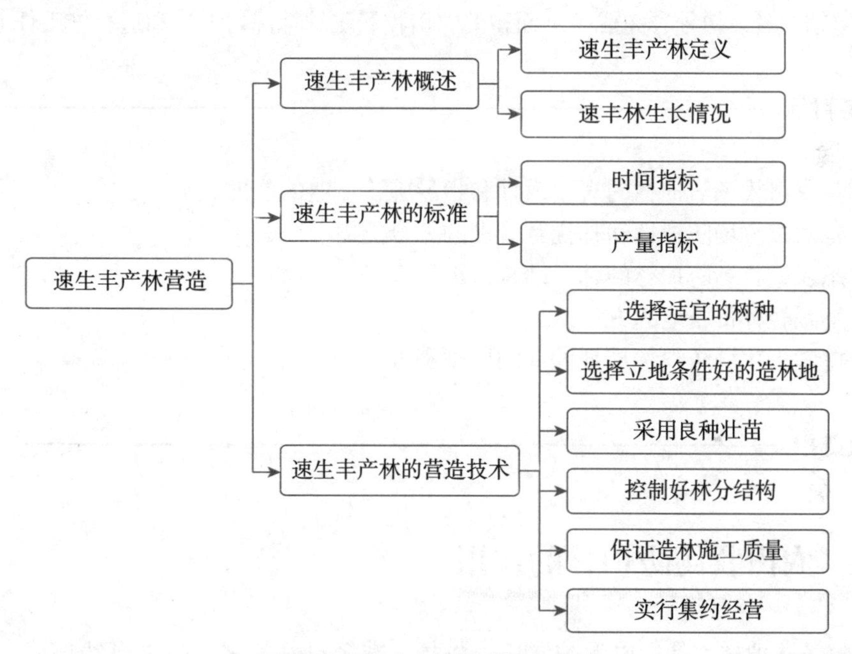

图4-1 速生丰产林营造任务小结

自测题

一、名词解释

速生丰产林。

二、填空题

1. 速生丰产林的两项重要指标是(　　　　　　)和(　　　　　　)。
2. 营造速生丰产林应具备(　　　　　)、(　　　　　)和(　　　　　)的条件。

三、简答题

1. 试述营造速生丰产林的意义？

2. 简述速生丰产林的标准。
3. 如何营造速生丰产用材林？

任务 4.2 农田牧场防护林营造

任务描述

农田牧场防护林营造，首先进行农田牧场防护林规划设计工作，其次合理选择和搭配树种，最后进行农田牧场防护林的经营管理。在教师指导下学习营造农田牧场防护林的相关知识，各小组结合具体树种，完成一定面积的农田牧场防护林规划设计和造林施工任务。

任务目标

1. 具备农田牧场防护林的规划设计和指导施工作业的能力。
2. 具备农田牧场防护林幼林抚育管理的综合能力。
3. 熟悉农田牧场防护林的林带结构、配置方法。
4. 了解减轻林带胁地的方法。
5. 掌握农田牧场防护林规划设计的原则和方法。

知识链接

4.2.1 农田牧场防护林的作用

农田牧场防护林，是指以保护农田、牧场，减轻自然灾害，改善自然环境，保障农、牧业生产条件为主要目的的森林、林木和林地。凡是在农田、牧场周围 100 m 范围内的森林、林木和林地，或与沙地接壤 250 ~ 500 m 范围内的森林、林木和林地都可以划定为农田牧场防护林；另外，为防止、减轻自然灾害在田间、牧场、阶地、低丘、岗地等处设置的林带或林网也可以划定为农田牧场防护林。农田牧场防护林的主要作用体现在以下方面。

(1) 防风作用

农田牧场防护林能改变气流的物理状况。气流在其运行过程中，遇到林带的阻挡后，首先由于林带的屏障作用，消耗了一部分动能，使林带附近风速降低。气流密度加大，迫使一部分气流由林带上方越过，和树木枝叶摩擦从而能量减弱。另一部分气流进入林带后，也改变了原来的结构。原来较大的气流，被林带的孔隙过滤，分散成许多方向不同、大小不等的小旋涡，它们彼此互相摩擦撞击，并和树干、枝叶摩擦而消耗了能量，从而削弱了风力，降低了风速。

林带防风效果的一般规律是：距林带越近作用越显著。随着距离的增加，防风作用逐渐减小。达到一定距离后，则恢复到原来的风速。林带降低风速的程度和林带的有效防护范围因林带的结构和高度不同而异。

(2)调节温度

①林带对气温的影响。农田牧场防护林具有改变气流结构和降低风速的作用，其结果必然会改变林带附近的热量状况，从而引起温度的变化。一般地说，在晴朗的白天，在有林带条件下，由于林带对短波辐射的影响，林带背阴面附近及带内地面得到太阳辐射的能量较小，故温度较低，而在向阳面由于反射辐射的作用，林缘附近的地面和空气温度常常高于旷野。同时，在林带作用范围内，均可导致气温发生变化。在夜间，地表冷却而温度降低，愈接近地面温降低愈烈，特别是在晴朗的夜间很容易产生逆温。这时由于林带的放射散热，使林带内温度又比旷野的相对值高。

总之，在春季林带附近平均气温比旷野要高0.2℃左右，且最高气温也高于旷野，这有利于作物萌动出苗或防止春寒。在夏季林带有降温作用，1m高处比旷野低0.4℃，20cm高处比旷野低1.8℃。9月份与春季相似，冬季林带有增温作用。

②林带对土壤温度的影响。林网内地表温度的变化与近地层气温有相似的规律性。中午林带附近的地温较高，而早晨或夜晚林缘附近的地温虽然略高，但距林缘 $5H$ 处地温较低，并且是最低温度较为明显，其原因是在距林缘 $5H$ 处风速和乱流交换减弱得最大。

在风力微弱的晴天条件下，林带提高了林缘附近的最低温度。早晨5：00向阳面和背阴面均比旷野高1～3℃，林带内比旷野高5℃。林带提高了向阳面的地表温度，但降低了背阴面的最高地温即减小了背阴面及林带内地温的日温差。

(3)调节湿度

①林带对蒸发蒸腾的影响。大量的观测资料表明，林网内部的蒸发要比旷野的小，故可降低林网内土壤蒸发和作物蒸腾强度，改善农田的水分状况。一般在风速降低最大的林缘附近，蒸发量减小最大，最大可达30%。林带对蒸发蒸腾的影响相当复杂，在不同自然条件下得到的结果差异很大，这说明林带对蒸发的影响是多种因子综合作用的结果。

②林带对空气湿度的影响。在林带作用范围内，由于风速和乱流交换的减弱，使得林网内作物蒸腾和土壤蒸发的水分在近地层大气中逗留的时间相应延长，因此，近地面的绝对湿度常常高于旷野。相对湿度可增加2%～3%。增加的程度与当地的气候条件有关，在比较湿润的情况下，林带对空气湿度的影响不很明显；在比较干旱的天气条件下，特别是在出现干热风时，林带能提高近地层空气湿度的作用非常明显。但在长期严重干旱的季节里，林带增加湿度的效应不明显。

③林带对土壤湿度的影响。林带既可以增加降水，也可减少实际的蒸发蒸腾，因而在林带保护范围内，土壤湿度可显著增加。但在距林带很近的距离内，林带内树木根系从邻近土壤中吸收大量水分供于蒸腾作用，常常使这些地段的土壤湿度降低。背风面距离林缘 $5H$ 处的土壤湿度比旷野可提高2%～3%。

④林带对降水和积雪的影响。林带可影响降水的分布，林冠层会阻截10%～20%的降

水，大部分蒸发到大气中去，其余的则降到林下或沿树干渗透到土壤中。当有风时，在林带背风面常可形成弱雨或无雨带，而向风面雨量较多。当降雪时，林带附近的积雪比旷野多而且均匀。在有雾的季节和地区，由于林带阻挡，常可阻留一部分雾水量，林带枝叶面积大，夜间往往会产生大量凝结水如露、霜、雾、树挂等，其数量比旷野大。

⑤侧林带对地下水的影响。农田牧场防护林能起到生物排水作用。使地下水位降低，对减轻渠道两侧的土壤盐渍化有明显的作用。据国外研究材料表明，林带能将5～6 m深的地下水吸收上来蒸发到空气中去，13～15年生的林带，平均能降低地下水位160 cm，影响水平范围可达150 m。林带的生物排水作用，由于树种不同而异。

(4)防止干热风危害

干热风是一种在春末夏初(5月下旬到6月下旬)出现的具有高温、低湿待点的又干又热的西南风或南风(气温≥25℃，相对湿度≤40%，风速≥4 m/s的旱风)。因此时正是小麦乳熟灌浆阶段，由于干热风的出现，往往使小麦失水过多，造成青枯或籽粒干秕，产量、质量降低。我国从黄淮平原到河西走廊和南疆盆地，小麦种植面积约1.4×10^{7} hm^{2}，占全国小麦播种面积的1/2。由于受干热风危害的影响，一般要减产20%～30%，严重的达40%～50%。林带防止干热风危害的作用比较显著，因此，大力营造农田牧场防护林，积极防治干热风对农作物的危害，是促进农牧业高产稳产的重要措施。

(5)改善土壤条件

在林带有效防护范围内，风蚀较轻，可防止肥沃的表土被吹走，再者由于林带的枯枝、落叶及根茬较多，可改良土壤结构，提高土壤腐殖质含量。

(6)增产保牧

农田牧场防护林可为农作物和牧草的生长发育创造良好的生态条件，具有明显的增产保牧作用，一般增产幅度可达到20%，最高可达100%以上。如辽宁省观测的增产幅度为20%～50%，江苏省玉米增产幅度为32.7%～36.1%，河南省小麦增产幅度为74.4%，新疆托克逊地区，林网内小麦增产近1倍，干旱草原地带牧草增产为25%～32%。

4.2.2 农田牧场防护林的规划设计

4.2.2.1 规划设计原则

①坚持为农牧业生产服务的方向，以农牧业总体规划的要求为依据。

②坚持以农牧业为主，以林业为辅的原则，正确处理好农、林、牧三者的关系，当前利益和长远利益的关系。

③贯彻“因地制宜，因害设防，先易后难，由近及远，全面规划，统筹安排”的原则。对山、水、田、林、路要统一规划，对风、沙、旱、涝、碱要综合治理。

④在充分发挥林带最大防护效能的前提下，尽量少占耕地。

⑤农田牧场防护林规划建设要和其他林种和“四旁”绿化紧密结合，并形成防护林体系。

⑥农田牧场防护林要与地形地物相结合，尽量做到林网、路网、水网的三网合一。

4.2.2.2 规划设计的内容及要求

(1)林带结构

①林带结构。是指林带的外形及其内部构造的的总体，包括林带树冠的层次、宽度、横断面形状、枝叶状况、密度和透光状况等。林带结构不同，其防风效果也不同。

②透风系数。即林带透风的程度，是指林带背风面林缘 1 m 处林带高度范围内的平均风速与无林旷野相同高度范围内的平均风速之比，用 10 分数表示，是鉴定林带结构优劣和防风作用大小的重要参数，它会随着风速、风向的变化而变化。

③疏透度。即林带的透光程度，是指林带纵断面上的透光孔隙面积与林带纵断面的总面积之比，用 10 分数或百分数表示。

疏透度是林带结构特征的又一个重要指标，能反映出林带的密度、枝下高、生长情况等。疏透度与透风系数之间存在着正相关关系，因为透风系数在实际中不易测定，标准也不好把握，因此，生产中常用疏透度代替透风系数来作为衡量林带结构的直接指标。

④林带的有效防护范围。林带对农作物、牧草具有显著增产效果的最大距离，称为有效防护范围，也称有效防护距离。一般是以平均蒸发量降低 20% 以上和平均风速降低 20% 为最低值，作为确定林带有效防护范围的具体指标。林带的有效防护范围以带高(H)的倍数来表示。设计合理的林带，其有效防护范围一般为 20 ~ 25H，最高可达 30H。

(2)林带基本结构类型

按照疏透度的大小和不同程度疏透度的差异，可将林带结构分为 3 种基本类型。

①紧密结构。林带较宽，密度较大，上下枝叶稠密，有乔木、亚乔木和灌木树种组成，形成多层林冠(图 4-2)。林带纵断面极少透光或不透光，疏透度小于 0.3，透风系数小于 0.3，有效防护范围为 15H ~ 20H，最小风速出现在林带背风面 1H 处，仅相当于旷野风速的 10%。

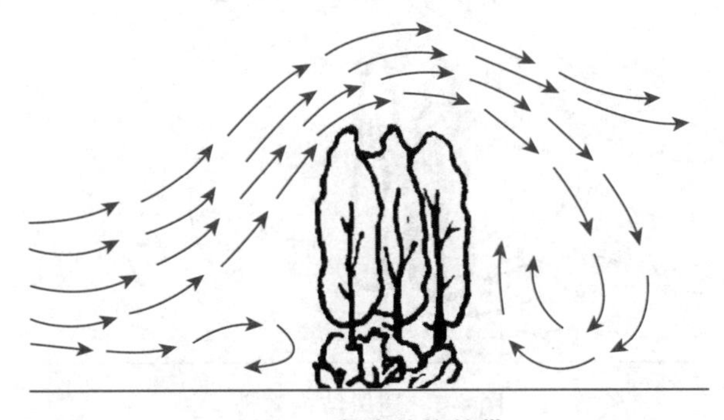

图 4-2 紧密结构林带

紧密结构林带总的有效防护范围小，而近距离的防风效果大。

在风沙危害严重地区采用这种结构，容易在林带内和林缘附近的静风区引起堆沙，在两条林带之间的农田会遭受风蚀，形成中间低两边高的“牛槽地”，造成耕作不便和减产；在冬季降雪较多地区，林缘附近会大量积雪，延误春耕；在林缘附近形成静风区，在夏季容易遭受高温危害，晚秋聚集冷风遭受寒害。

由此可见，紧密结构林带不利于保护农田，但可在牧场周围设置，也可做防风固沙林、水土保持林等。

②疏透结构。林带较窄，从林带的纵断面看，上下均有透光孔隙(图4-3)。

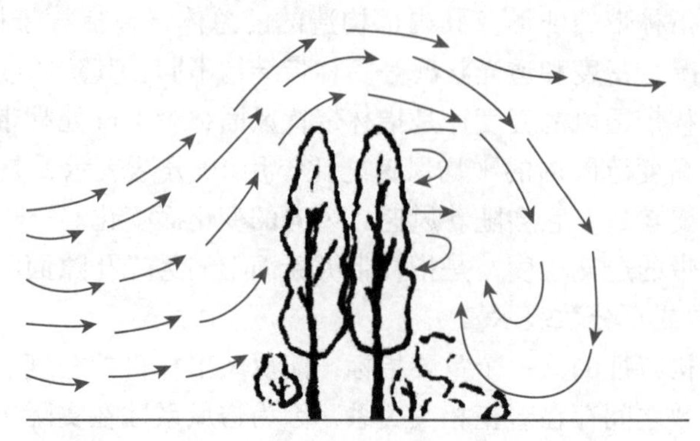

图4-3　疏透结构林带

由几行乔木，两侧各配一行灌木组成。有时虽不配灌木，但乔木下部必须保留足够侧枝。疏透度在0.3～0.4，透风系数为0.3～0.5。在林带背风面可形成一个比较大的弱风区，最低风速出现在林带后距林缘3～5*H*范围内，有效防护范围为25*H*。

疏透结构林带的有效防护范围较大，林带减低风速缓慢而均匀，不会造成积沙积雪和风蚀现象，因此特别适合在风沙危害较严重地区采用。

③通风结构。林带上部较紧密，下部稀疏，一般只由几行乔木组成，没有下木(图4-4)。其疏透度为0.4～0.6，透风系数大于0.5。此种结构林带近距离的防护效果较差，最低风速出现在5～10*H*范围内，其风速恢复较缓慢，有效防护范围最大，可达28*H*。

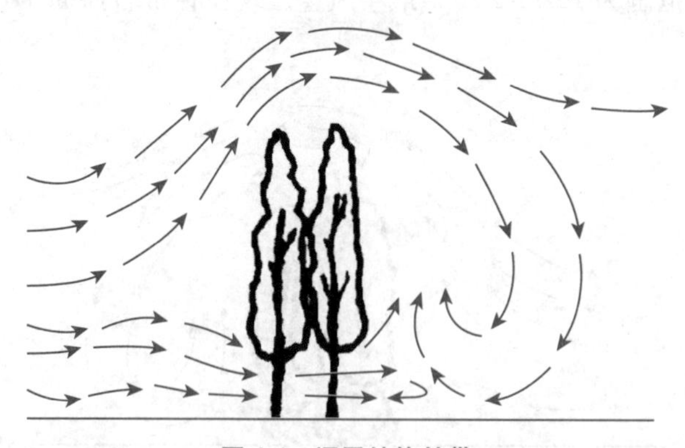

图4-4　通风结构林带

通风结构林带在冬季可使降雪均匀分布在农田地表上，但在林缘附近和林带内容易引起风蚀，因此适合在风沙危害较轻地区采用，在风沙危害较严重地区不宜采用。

(3)林带走向

农田牧场防护林由主带和副带组成，防治主要害风的林带，称为主带，防护主要害风以外的风的林带，称为副带。林带走向是指主林带配置的方向，一般以林带两端方位角的

指向来表示。林带与主要害风的夹角，称为交角，90°减去交角，称为偏角。

①主带走向的确定。主带的方向主要是根据主要害风方向来确定。所谓主要害风是指危害农作物、牧草播种和生长发育的风速最大、频率最高的风，通常是以当地近五年气象资料进行分析，找出风速≥8m/s 的大风出现的日数及方向为依据，按 8 个方位绘制害风风向频率图，再据此确定林带走向。

主带走向是决定农田林网防护效应的重要因素之一，林带与风向交角的大小与林带防风效应密切相关。

通过研究表明：林带与主要害风力方向交角为 90°时防风效应最大，当风向交角由 90°逐渐减小时，防风效应降低。林带的基本作用是防风，因此主带的走向最好垂直于主要害风风向，这样才能最大限度地发挥林带阻截害风的作用。

②副带走向的确定。在一般情况下，副带应垂直于于主带，起辅助作用。

当主害风风向频率很大，即害风风向比较集中，其他方向的害风频率均很小，主带应与主要害风垂直配置。由于次害风频率极小，危害不大，可以不设副带。

主害风与次害风风向频率均较大，主带与副带所起的作用同等重要，林网可设计成正方形；主害风风向频率较大而不太集中，主带方向取垂直于 2 个频率较大的主害风方向的平均方向。可以不设副带；主害风与次害风的风向频率均较小，害风方向不集中，主带与副带几乎同等重要，而且在两三个或更多方向上害风风向频率相差无几。可以设计成正方形林网，林带走向可以在相当大的范围内进行调整。

考虑当地农业技术措施和耕作习惯，道路、沟渠的原有布局走向，在风、沙灾害均不严重的地区，营造农田牧场防护林主要是改善小气候，为当地提供木材及林副产品等。林带走向的确定不能单纯局限在与主害风风向垂直这一点，允许有一定的偏角。随着林带交角的减小，林带的防风效能逐渐降低。较宽林带走向可以有 30°偏角，而对林带的防护效果影响不大，可以考虑在此偏角范围内变化林带走向。当林带偏角大到 45°时，防护效果明显降低，但考虑到实现农田林网化之后，可以降低来自任何方向的害风，不应该像设计单条林带那样强调林带必须与主害风风向垂直或有一定的偏角。

(4)林带间距

林带间距，是指主带与主带及副带与副带之间的距离。林带间距不能过大或过小，间距过大则林带间的农田和牧草得不到完全的保护，间距过小则占地、胁地太多而影响田地灌溉、农机效率和作物收割等工序。因此，设计时必须根据林带结构的性能、自然灾害情况和土地生产力的高低综合考虑(图 4-5)。

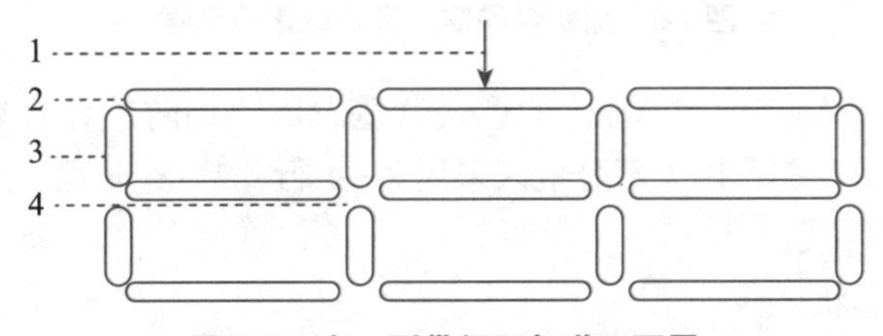

图 4-5 主、副带间距与道口配置

主带间距，主要依据两个因素而定：一是不同林带结构的有效防护范围；二是组成林带树种的成林高度。例如，疏透结构林带有效防护范围为25H，林带高度为15～20 m，则主带间距应为375～500 m。

不同地区受风沙危害程度不同，林带的间距也应有所不同。自然灾害严重的地区，主带间的距离要相对减小，林网要密；平原地区是粮、油、草生产基地，自然灾害较轻，林带应尽可能少占耕地，网格相对要大。

副带间距，是根据次要害风与当地风沙干旱危害的程度、耕地面积大小以及机耕条件而定。如次要害风危害较大，而且当地风沙干旱也较重，则副带间距可小些；在次要害风危害不严重而机耕作业条件又好的地区，副带间的距离可适当加大。

我国各地营造农田牧场防护林的主、副带间距大致范围：东北西部与内蒙古东部地区，主带间距一般为300～500 m，副带与主带相同或扩大1倍。苏北沿海防护林，主带间距为200～300 m，副带间距1000～2000 m。豫东沙地防护林主带间距为80 m，副带间距125 m。西北及新疆沙区防护林一般主带间距为150～200 m，副带间距200～400 m。

在牧场配置林带，在同等条件下，主带间距和副带间距应适当加大。

(5)林带宽度

林带宽度，是指林带两侧边行树木之间的距离，再加上两侧各1～1.5 m的林缘宽度，林带宽度合理与否，对林带结构与防护性能会产生重大影响，也是合理利用土地的一项重要指标。

林带宽度越大占地比率越大，而林带的有效防护范围和防护效果与林带的宽度并不呈正相关，并不是林带越宽，有效防护范围越大，防护效果越好。而是林带宽度达到一定程度后林带结构就会过于紧密，疏透度和透风系数越来越小，防护作用反而会减小(图4-6)。

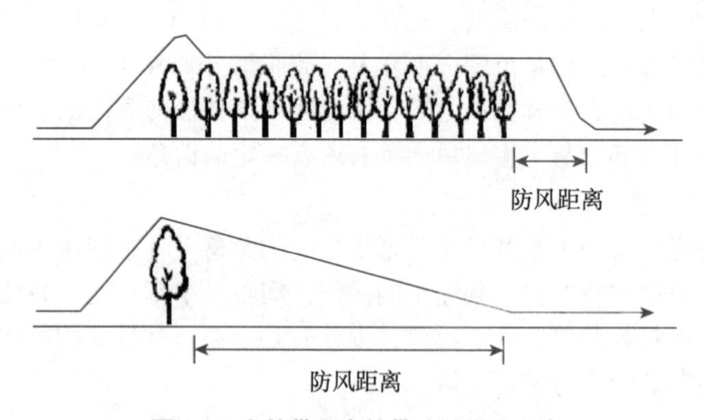

图4-6　宽林带和窄林带防风作用示意

实践证明，采用“窄林带，小网格”的形式营造农田牧场防护林效果较好，既可以少占耕地，防护效果又好。目前我国大部分地区采用2～4行，4～8 m宽，网格面积15～20 hm^2的“窄林带，小网格”形式。

(6)林带纵断面形状

林带的纵断面形状主要有长方形断面、屋脊形断面和凹槽形断面3种，其中长方形断面防风作用大，防护效果好，是理想的林带纵断面形状，在设计时应合理搭配树种，使林带形成长方形断面结构(图 4-7)。

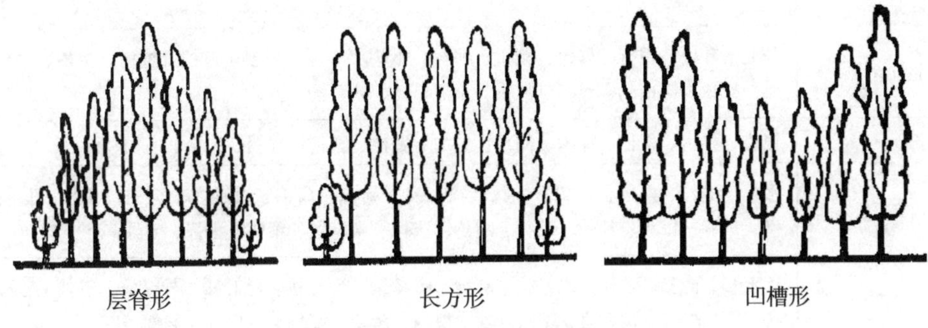

图 4-7 林带断面形状

4.2.3 农田牧场防护林营造技术

(1)树种的选择

农田牧场防护林树种应具备以下条件。

①适合当地的立地条件，以乡土树种为主，但应提倡树种的多样性。

②具有一定的速生性，生长健壮，生长稳定，寿命较长。

③树干通直高大，根系分布较深，树冠较窄，侧枝较多，且均匀地分布于主干上下，有利于形成理想的林带结构。

④具有良好的抗高温、抗寒、抗旱、抗病虫害、耐水湿、耐盐碱等抗逆能力。

⑤种源充足，易于繁殖，具有较高经济价值。

⑥避免选用根蘖性强、窜根性和遮阴树种，不得与作物、牧草有共同病虫害或为中间寄主。

树种的选择，直接关系到农田牧场防护林的生长发育和防护效能的发挥，树种选择不当，防护效能难于正常发挥，同时还会产生各种负面影响，因而，需要慎重选择树种。各地区常用的农田牧场防护林树种见表 4-4 和表 4-5，仅供参考。

表 4-4 农区主要适宜树种

区 域	主要树种
东北区	兴安落叶松、长白落叶松、油松、樟子松、云杉、水曲柳、核桃楸、赤峰杨、白城杨、健杨、小青杨、群众杨、小黑杨、银中杨、中黑防 1、2 号、中绥 12、4 号、旱柳、臭椿、核桃
三北区	樟子松、油松、杜松、旱柳、白榆、白蜡、刺槐、大叶榆、臭椿、胡杨、新疆杨、赤峰杨、箭杆杨、银白杨、白城杨、小黑杨、银中杨
黄河区	油松、侧柏、云杉、杜梨、槲树、茶条槭、刺槐、泡桐、臭椿、白榆、大果榆、蒙古椴、枣树、垂柳、河北杨、钻天杨、合作杨、小黑杨

（续）

区　域	主要树种
北方区	华北落叶松、银杏、桦树、槭树、椴树、楸树、枣树、旱柳、刺槐、槐树、臭椿、白榆、核桃、栾树、毛白杨、青杨、加杨、小美旱杨、沙兰杨
长江区	银杏、榉树、枫杨、樟木、楠木、桤木、香椿、喜树、梓树、漆树、乌桕、油桐
南方区	水杉、池杉、黑杨、楸树、枫杨、榆、槐、刺槐、乌桕、黄连木、栾树、梧桐、喜树、垂柳、旱柳、银杏、杜仲、毛竹、刚竹、淡竹、木麻黄、桑树、香椿、毛红椿
热带区	落羽杉、池杉、水松、水杉、木麻黄、窿缘桉、巨尾桉、尾叶桉、柠檬桉、雷林1号桉、赤桉、刚果桉、台湾相思、新银合欢、枫杨、蒲葵、簕竹、青皮竹、麻竹

表4-5　牧区主要适宜树种

区　域		主要树种
森林草原	东北（松嫩）及内蒙古东部	兴安落叶松、长白落叶松、樟子松、油松、白城杨、赤峰杨、小黑杨、银中杨、旱柳、北京杨、白柳、白榆、水曲柳
	华北北部及黄土高原东南部	油松、樟子松、华北落叶松、侧柏、刺槐、臭椿、楸树、青杨、小叶杨、群众杨、小黑杨、北京杨、中黑防1、2号、中绥12、4号、旱柳、白榆、旱布329柳
	新疆山地	新疆落叶松、天山云杉、疣皮桦、白蜡、白榆、大叶榆、青杨、银白杨
干旱草原	内蒙古高原（鄂尔多斯高原）	油松、白榆、旱柳、沙枣、杜梨、小叶杨、青杨、群众杨、箭杆杨
	黄土高原	樟子松、油松、臭椿、刺槐、楸树、小叶杨、群众杨、小黑杨、青杨、旱柳、白榆
	新疆（伊犁谷地）天山	新疆杨、银白杨、刺槐、皂角、圆冠榆、大叶榆、臭椿、白蜡、复叶槭
荒漠草原	内蒙古西部（鄂尔多斯中部）	白榆、旱柳、沙枣、胡杨
	黄土高原西部	白榆、枸杞、新疆杨、胡杨
	新疆阿尔泰山前及荒漠区山地	大叶榆、银白杨、新疆杨

（2）树种配置

为了使林带具有理想的机构和断面形状，必须要合理配置林带，以便形成复层混交林。林带的混交类型主要有乔木混交、乔灌混交、乔灌果混交和针阔混交4种类型。边行和中间行树木的生长速度与主干高度要基本相同，避免出现屋脊形和凹槽形断面。为了达到理想的林带结构，可在林缘适当配置灌木。

例如，在新疆天山以南农区，由1行新疆杨与1行小叶白蜡配置而成的2行窄林带，可显著提高防护效益。在南疆麦盖堤县，道路一侧为1行高大窄冠的新疆杨，另一侧为1行树冠宽阔、枝叶密集的白柳，构成适度通风结构林带。在广东新会县，4行落羽杉或池杉，两侧配置荔枝、蒲葵等，构成疏透结构林带；2行落羽杉或池杉配以番石榴，构成适度通风结构林带。

(3) 造林密度

为了达到良好的防风效果，栽植密度要比用材林略大，乔木可采用1 m×2 m~2 m×3 m的株行距，灌木株距可为1 m。草原地区土壤多缺水，密度不宜过大，以2 m×2 m~3 m×4 m为宜。

种植点的配置采用三角形配置方式，可提高防护效果。

(4) 造林整地

造林前需要整地，其方法与常规造林整地基本相同，多采用块状整地方法进行整地，有条件地区可进行大坑整地，并施以基肥。

(5) 栽植方法

①植苗造林。营造农田牧场防护林时，多采用1~2年生的苗木，但为了尽快发挥防护效益，现在也广泛采用3~5年生的大苗。在三北地区，气候和土壤条件均较恶劣，地广人稀，经营管理条件较差，采用大苗造林尤为合适。

为了防止苗木的生理失水过多，栽植前可对苗木进行修根、截干、修枝、剪叶等，这对于干旱或半干旱地区，秋季造林栽植萌芽力强的阔叶树种尤为必要。

植苗造林前，根据林带株行距的设计画线定点，作出标志，然后按照植苗造林的技术要求进行栽植。

②埋干造林。一般以树枝或树干为材料，截成一定长度，平放于犁沟中，再用犁覆土压实。但埋干造林形成的幼树株距不等，需要在造林后第2年或第3年早春解冻进行第1次定干，间隔1 m保留健壮萌条2~3株，其余除去。在第三年、第四年进行第2次定干，间隔1 m保留1株。在沿河低地或湿润砂土地上采用埋干造林可获得较好的效果。

③扦插造林。扦插造林适用于取材丰富、萌芽力强的阔叶树种的造林。如南方的杉木，北方的杨、柳树等。按插穗的大小又可分为插干或插条两种方法。

插干造林选用较粗的基干或树枝作为造林材料，一般粗3~8 cm，长2~3 m，2年生。在定植点挖坑扦插，下端埋入土中深度至少为50 cm，插干造林法是地下水位较深的干旱地区常用的造林方法，成活率较高。

插条造林可选用幼嫩而较细的枝条为造林材料。一般用直径为0.5~2.0 cm的1年生枝条，截成15~20 cm长的插穗，按林带株行距进行扦插。

(6) 幼林抚育

①除草松土。在造林后3年内，按照除早、除小、除了原则，对幼树除草松土。第1年应当保证3次，第2年2次，第3年可视情况进行1~2次，盐碱地及年降水量300~500 mm的半干旱地区，抚育年限还应当延长到5~7年。

②林粮间作。以耕代抚，是一项成功经验，但不宜间种高秆、密茬谷类和藤本作物，农作物应距幼树50 cm以外。

③幼树培土。在沙质土地带，如有风蚀现象，应及时对幼树进行培土。第1～2年内不要全面除草松土，只沿树行带状除草松土，在行间保留一条草带，待林带两侧灌木成长起来，起到固沙作用后，再全面除草松土。

④灌溉。西北绿洲灌溉农区除了常年过水渠道两侧的窄林带外，必须保证对林带的灌溉，春季定植后，应立即灌水1次，半月内再灌水1次，以后间隔15～30 d灌水1次，第2～3年要继续灌溉5～6次。当成林后，每年还要灌溉3～4次。在地下水位高的地带，可以减少灌水次数。

⑤补植。在缺苗断条地段，要及时按造林时的要求进行补苗。

⑥平茬。栽植于林带两侧的灌木，应在幼树根系生长壮大后，进行平茬。视树种不同，可2～4年平茬1次，以促使其复壮，丛生更多枝条、提高防护效益。

⑦修枝。防护林带一般修枝高度不超过林木全高的1/3～1/2。

无论适度通风结构，还是疏透结构，其适宜疏透度最大不能超过0.4。因此，需要特别注意：在风沙危害严重，以疏透结构林带为主的地区，一般窄林带不能修枝。各地经验证明，4行或少于4行的窄林带，只有在不修枝情况下，才能形成疏透结构及适当的疏透度；在大风较少，以防止干热风为主要目的的地区，为保持其适度的通风结构，必要时，可适度修枝；

紧密结构林带，应通过修枝使其形成疏透结构或适度通风结构。

⑧间伐。在林带过分密集情况下，可适当进行间伐，间伐后的疏透度不能大于0.4。

间伐后的郁闭度不低于0.7。一般只伐除病虫害木、风折木、枯立木、霸王树、生长过密处的窄冠偏冠木、被压木、生长不正常的林木。

(7)减轻林带胁地的措施

由于林带树冠的遮阴作用和地下根系的争水争肥，造成林缘附近的农作物生长发育不良而显著减产的现象，称为林带胁地。林带胁地一般影响林带两侧1～2H范围内，其中对1H范围影响最大，林带胁地程度与林带树种、树高、林带结构、林带走向、作物种类、地理条件及农业生产条件等因素有关。减轻林带胁地的对策如下。

①挖沟断根。以林带侧根扩展与附近作物争水争肥的胁地情况，在林带两侧距边行1 m处挖沟断根。沟深随林带树种根系深度而定，一般为40～50 cm，最深不超过70 cm，沟宽30～50 cm。林、路、排水渠配套的林带，林带两侧的排水沟渠可起到断根的作用。在干旱地区挖沟切根后需要回填，回填后树木根系又会再生，两三年后则继续产生较大的胁地作用。例如，在黑龙江系部采用挖沟后在林带一侧铺置塑料薄膜，再回填，可抑制树木根系再生，较长时间保持挖沟切根的效果。

②合理种植农作物。在胁地范围内安排种植受胁地影响小的作物种类，如豆类、薯类、牧草、蓖麻、绿肥、瓜菜、中草药等。同时还可以偏施水肥，以减轻林带胁地的影响。

③合理配置林带和树种。在林带边行配置树冠较窄、枝叶稀疏、发芽展叶较晚、根系较深的树种，如新疆杨、泡桐、枣等，可减轻胁地程度。尽量采用“窄林带，小网格”的形式配置林带，也可以减小林带胁地的面积。

④林、渠、路相结合。结合田边、水渠、道路合理配置林带，可减少相对应的胁地

距离。

(8)林带的更新

随着林带树木的逐渐衰老、死亡，林带的结构也逐渐变疏松，防护效益也逐渐降低，要保证林带防护效益的永续性，就必须建立新一代林带，代替自然衰老的林带，这便是林带的更新。

在进行林带更新时，应该避免一次将林带全部砍光，使农田牧场失去防护林的防护，造成农作物减产，因此需要按照一定的顺序，在时间和空间上合理安排，逐步更新。林带的更新有全带更新、半带更新、带内更新、带外更新、带间更新和隔带更新6种方式。

①*全带更新*。将衰老林带一次伐除，然后在林带迹地上建立起新一代林带。全带更新形成的新林带带相整齐，效果较好，在风沙危害较轻地区可采用这种方式。全带更新宜采用植苗造林方法，如用大苗在林带迹地上造林，可使新林带迅速成林，发挥防护作用。萌生能力强的树种，如加杨等，也可以采用萌芽更新方法进行全带更新，这样能节省种苗用量。

②*半带更新*。将衰老林带一侧的数行伐除，然后采用植苗或萌芽等更新方法，在采伐迹地上建立的新—代林带，郁闭发挥防护作用后，再进行另一侧保留林带的更新。半带更新适宜于风沙比较严重地区，特别适宜于宽林带的更新。

③*带内更新*。在林带内原有树木行间或伐除部分树木的空隙进行造林，并逐步实现对全部林带的更新。这种更新方式既不占耕地，又可以使林带连续发挥作用，但是新林带不整齐，在一定时期内影响林带的防护作用。适合宽林带的更新。

④*带外更新*。在林带的一侧(最好是阴面)按林带设计宽度整地，营造新林带，待新林带郁闭后，再伐除原林带。这种方式占地较多，只适宜窄林带的更新或者地广人稀的非集约地区林带的更新。

⑤*带间更新*。即在两条老林带之间营造一条新林带，成林后再将老林带伐除，然后在迹地上再更新，使大网格变成小网格。适用于间距较大的林网的更新。

⑥*隔带更新*。在一定区域内，每隔1～2带伐除一带，进行更新，新林带能够发挥防护作用后，在伐除原来保留的老林带，进行更新。适用于间距较小的林网的更新。

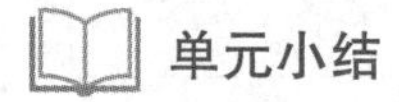

单元小结

农田牧场防护林营造任务小结如图4-8所示。

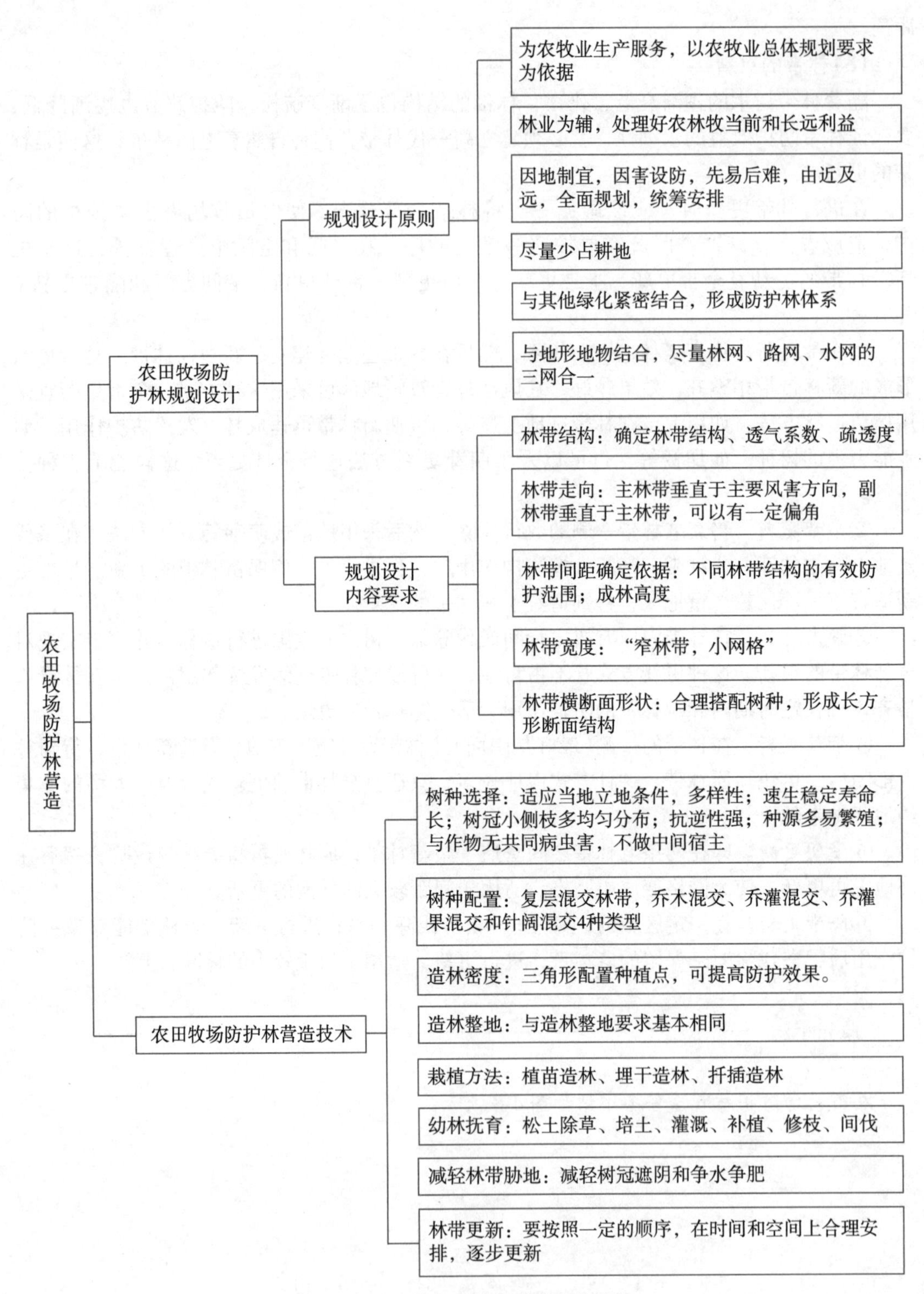

图 4-8　农田牧场防护林营造任务小结

自测题

一、判断题

1. 林带防风效果的一般规律：距离林带越远作用越显著。（ ）

2. 一般，在晴朗的白天，在有林带条件下，林带背阴面附近及带内地面得到太阳辐射的能量较小，温度较低。（ ）

3. 冬季林带有增温作用。（ ）

4. 防护林对林网内土壤湿度都有增加作用。（ ）

5. 紧密结构的防护林带的有效防护范围大，近距离防风效果好。（ ）

6. 自然灾害严重的地区，主带间的距离要相对减小，林网要密。（ ）

7. 造林时，为了防止苗木的生理失水过多，栽植前可对苗木进行修根、截干、修枝、剪叶等。（ ）

二、填空题

1. 设计合理的防护林林带，有效防护范围一般是（ ）倍林带高度。

2. 按照疏透度的大小和不同程度疏透度的差异，可将林带结构分为3种基本类型，分别为（ ）、（ ）、（ ）。

3. 为了达到理想的林带结构，可在林缘适当配置（ ）。

4. 扦插造林适用于（ ）、（ ）的阔叶树种的造林。

三、简答题

1. 农田牧场防护林的主要作用有哪些？

2. 农田牧场防护林规划设计的原则是什么？

3. 符合防护林树种的要求有哪些？

4. 减轻林带胁地的措施有哪些？

任务4.3 水土保持林营造

任务描述

依据《生态公益林建设技术规程》（GB/T 18337.3—2001），在教师和工程技术人员的指导下，以小组为单位完成一个小班的水土保持林营造任务。了解营造水土保持林的作用、熟悉常见水土保持林的类型和营造技术要点。该部分内容可结合水土保持林具体树种造林进行。该任务主要训练水土保持林造林技术，使学生具备水土保持林造林施工及经营管理能力。

 任务目标

1. 能够依据生产任务的要求，完成造林作业设计和造林施工。
2. 了解营造水土保持林的作用。
3. 熟悉水土保持林树种应具备的条件。
4. 熟悉常见水土保持林的类型。
5. 掌握当地常见水土保持林营造的主要技术要点。

知识链接

4.3.1 水土保持林的作用

水土保持林是以防治水土流失为主要功能的人工林和天然林。根据其功能的不同，可分为坡面防护林、沟头防护林、沟底防护林、塬边防护林、护岸林、水库防护林、防风固沙林、海岸防护林等。水土保持林的作用主要有以下几方面。

(1)防止水土流失，涵养水源

森林具有很强的保水能力，是天然的“绿色水库”，它能促进天上水、地表水和地下水的正常循环。当大雨降落时，林冠和枝叶可截留20%以上的雨量，林地上的枯枝叶和杂草层也能截留并吸收5%～10%的降水量，而团粒结构土壤又能使地表水转变为地下水。据测定，只要林地内有1 cm厚的枯枝落叶层，就可以把地表径流降低到裸地的1/4以下，泥沙量减少94%。树木的根系对周围的土壤起到固结作用，使原本松散的土壤颗粒变的更加密实，从而抵抗水流的冲刷，有效减少水土流失。特别是在乔灌混交林中，各类树种根系构成密集的根网，牢固地抓紧土壤，确保土壤的稳固扎实，固结土壤。

(2)调节小气候，减轻自然灾害

水土保持林改善小气候环境条件的作用十分明显，它可以有效地降低风速，增加林内空气湿度，减小林内温度的变化率，减少蒸腾与蒸发，从而减轻霜冻、干旱，营造出适宜植物生长的有利条件，形成良性循环，改善自然环境。

(3)改善土壤状况，提高土壤肥力

植被对土壤的改良作用，主要是由枯枝落叶层、根系和固氮作用的影响造成的。其作用是增加了土壤含氮量、有机质，改善了土壤的物理性质。如刺槐林土壤含氮量(表层15 cm)为0.196%，折合4395 kg/hm^2，在相距林缘23 m处则为0.09%，折合1995 kg/hm^2，刺槐使土壤中含氮量增加2400 kg/hm^2。土壤中腐殖质含量的多少是土壤肥力的集中表现。据研究，在森林覆盖下的土壤中，其腐殖质含量比无林土壤要高4%～10%。

4.3.2 水土保持林林种

水土流失区域广泛，自然条件复杂，各种流域间水土流失的性质和强度差异较大，导

致林种具有多样性和复杂性特点。划分水土保持林种的主要依据：第一，根据地域环境条件和防护对象不同作为划分依据，如梁峁防护林、塬边防护林、侵蚀沟防护林等；第二，根据区域防护对象的要求，以造林目的作为划分依据，如坡地径流调节林、坡地改土林、沟道防护林、水源涵养林等。有些林种兼有以上两个方面的特点，如固土护坡林，“固土”强调造林目的，“护坡”强调防护对象。

干旱、半干旱的黄土高原区、石质山地水土保持基本林种，主要有梁峁防护林、固土护坡林、坡地改土林、坡地径流调节林、侵蚀沟防护林、塬边防护林、坡地护牧林、沟道防护林、护岸护滩林、水源涵养林。根据生产、生活等多种社会需求，派生出来的林种更加繁多，它们之间既有联系，又有区别，同时表现“一种多用”的特点，这正是从一个侧面反映出水土流失区自然、经济状况的复杂性，亦体现出营造水土保持林过程中的因地制宜、因害设防、综合治理原则的灵活性。

4.3.3 水土保持林结构及建设原则

水土保持林体系，根据水土流失地区的自然条件、社会经济条件，综合地域间的环境变化、生产特点、水土流失性质、危害程度和强度，按照不同的防护目的、防护对象，因地制宜、因害设防地配置相适宜的水土保持林种，构成一个彼此间有机联系的防护整体。水土保持林体系是我国“三北”地区防护林体系的重要组成部分，因此，该体系也必须反映乔灌草、多林种、带片网、造封管相结合的特点。

4.3.3.1 水土保持林结构

从水土保持林体系配置的组成和内涵上，水土保持林结构可分为水平结构和垂直结构。

(1)水平结构

从技术上讲，水土保持林体系的水平结构首先要解决林种组成及其占地比例和配置部位问题，这是能否形成合理水平结构的关键。在这方面，诸多的研究成果都体现了生态经济兼顾，以生态功能为基础，以防护林为主体，优化各林种所占比例及其布设的原则。早在1979年，关君蔚便提出了黄土高原和北方石质山地水土保持林体系的基本林种，并对各林种的主要功能进行了研究，为山区水土保持林的合理结构配置奠定了基础。黄枢、沈国舫提出了太行山以涵养水源林和水土保持林为主体的水土保持林体系的林种结构及布设。张淑芝提出了甘肃中沟流域水土保持林体系六大林种及配置。张福计确定了太行山石灰岩海拔800~1800 m的山地用材林和水保林的面积比例为1∶1.9，现有宜林荒地中用材林和水土保持林面积比例为1∶2。以上资料虽分别来自不同地理区域、自然条件和社会经济条件，但从林种组成上都突出了水土保持和水源涵养林的核心地位，均把改善山区生态环境功能放在首位，并兼顾经济效益，充分体现了水土保持林体系水平结构的特点。

(2)垂直结构

水土保持林体系是多林种、多功能的，每一个林种在体系中都有特定的经营目的和配置部位，具有不同的功能和立体结构。例如，水源涵养林和水土保持林这两个核心林种的垂直结构。从森林水源涵养、保持水土的机理而言，以木本植物为主体的生物群体及其环境综合体涵养水源作用最大。因此，要想充分发挥防护林涵养水源、保持水土效应，必须营造乔、灌、草相结合的多树种、多层次的异龄混交林结构，这已成为水土保持工作者的共识。在人为活动频繁、水土流失严重的山区，要实行封山育林、育灌、育草，以改善林分使其形成多层次结构，从而提高其蓄水保土功能。坡面防蚀林(水流调节林)的最佳结构应是乔、灌、草、地被物组成的多层次立体结构。在任何结构的林分中，枯枝落叶层是必需的，它是林分发挥水文效应和防止土壤侵蚀效应的核心作用层，在机理上有其他任何结构要素不可取代的多种功能。所以，在水土保持林、水源涵养林的经营活动中，必须使之形成丰厚的枯枝落叶层，否则，将是营林上的最大失败。因为森林冠层在林下无植被或枯落物层时，由于林冠对降雨的汇流作用反而会增加雨滴对地表的打击力，有可能造成比无林地更大的水土流失。

4.3.3.2 水土保持林体系建设原则

(1)大面积、高覆盖率

水土保持防护林应尽可能使土体物质保持在原来的位置或所在的坡面上，因此，必须在坡面和沟壑中大面积、集中成片地造林种草，结合原有植被，使覆被率达到60%以上。

(2)多层次、高郁闭度

为提高水土保持林拦截雨滴击溅的能力；增强拦蓄径流、截留泥沙的作用；加强地下根系的广幅性，以固着土体、改良土壤，应选择具有不同层次、不同防护性能的乔、灌、草植物种，进行造林种草，形成多层次、高郁闭度的立体结构体系。

(3)多林种、高功效

营造各种类型的防护林(据不同地域条件和要求)，并使它交织有序地组合在同一体系中。同时，使林种在培育过程中具有较高的提供用材、薪炭、护牧、经济产品以及提供绿肥等多种功效。

(4)统一规划、综合治理

以大流域为目标和方向，以小流域为对象，根据自然条件特点合理地安排水土保持林种，从上游到下游，从沟底到坡顶，统一规划，形成向纵深发展的水土保持林体系。同时结合农田防护、库坝工程建设，使生物治理措施和工程治理措施结合起来，建立健全抚育、管理和保护体制，以达到综合治理水土流失的效果。

4.3.4 常见水土保持林类型

常见的水土保持林有分水岭防护林、侵蚀沟防护林、坡面水土保持林3种类型。

4.3.4.1 分水岭防护林

丘陵或山脉的脊部通称分水岭。分水岭是土壤侵蚀、易遭受风害的严重地段，又是产生径流的发源地。为防止风蚀、阻拦雨雪、控制径流起源，应营造分水岭防护林。分水岭地带防护林，由于地形地势条件的制约和耕地分布的关联，基本都是沿着分水岭设置林带。分水岭防护林的营造，应根据地形、土壤及土壤利用情况进行配置。地形起着决定作用，例如，顶部浑圆的分水岭，一般配置在凸形斜坡、坡度变陡的转折线上，沿等高线带状造林；顶部尖削的分水岭，基本上沿分水岭带状造林，宽度一般为 10 ~ 20 m；顶部平坦的分水岭的林带要比尖削的宽一些；顶部若是荒地，应全面造林。防水蚀为主的林带要宽些，防风蚀为主的林带要窄些。

为了使林带正常生长，可以乔、灌、草相结合的方式造林。防水蚀为主的林带多配置一些灌木，防风蚀为主的林带多配置一些乔木。条件最恶劣的分水岭，可以只采用灌草或纯灌木形式，分水岭常有道路通过，分水岭下部又有农田分布。所以分水岭防护林布置与道路、农田防护林三者相结合。乔、灌、草，田、林、路全面考虑，综合安排。并不是所有的分水岭都要造防护林，应根据侵蚀状况分段布置。

分水岭防护林示意如图 4-9 所示，其防护林配置见表 4-6。

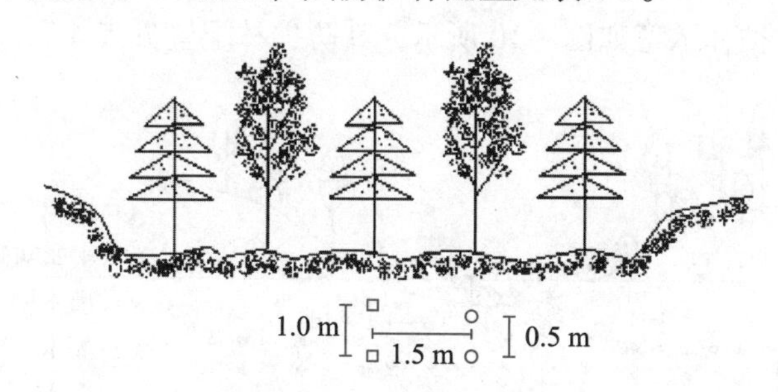

图 4-9 分水岭防护林示意

表 4-6 分水岭防护林配置

树种类别	树种	配置比例	苗木用量（万株）	造林面积（hm^2）
乔木	白榆	3∶2	0.016	0.001 6
灌木	沙棘		0.021	0.001 0

4.3.4.2 侵蚀沟防护林

侵蚀沟的形成是对土地最彻底地破坏，所以必须采取综合防治的水土保持措施，彻底控制，制止其发展。侵蚀沟造林是治理沟壑的一项关键措施。

侵蚀沟防护林的营造，应根据侵蚀沟的发展状况及造林立地条件，选择不同的配置方法和造林技术。按造林部位不同可分为沟头、沟边、沟坡和沟底防护林 4 种。沟边防护林用来拦截和吸收从坡上流下来的部分径流，防止沟头继续扩展。一般稳定或半稳定沟可距沟边 2 ~ 3 m 营造，林带宽 10 ~ 15 m，用乔、灌结合的紧密结构。沟头、沟坡、沟底防蚀防冲林以插柳为主。对发展沟结合削坡、修沟头防护和谷坊等措施制约侵蚀沟发展。

(1) 沟头造林

在大的荒溪沟头营造防护林也称进水凹地造林。沟头造林的目的是减少进入沟头的径流和降低流速，以阻止沟头的溯源侵蚀，其作用是使进水凹地形成局部拦蓄径流的地形。在侵蚀发展到一、二阶段时，或者是较大的侵蚀沟时，沟头以上进水凹地面积较大。进水凹地造林由流水线路造林和水路两侧造林两部分组成，流水线路造林是指在经常流水的地方，为有效沉积土沙，应选取萌蘖性较强、枝条密集的灌木与流水线垂直成行栽植，灌木应尽量密植(行距1～2 m，株距0.3～0.5 m)，并呈三角形排列，对灌木可每年平茬，促其丛生。水路两侧造林是指与水流线平行营造乔灌混交林，以过滤周围汇集而来的地表径流，并生产木材。一般该地形土壤贫瘠不宜栽果树。为了保证造林成活率，在沟头造林初期不被冲毁，需要与工程相结合。

沟头防护工程一般开挖分沟埂、连续围埝、断续围埝，一方面拦截径流不进入沟头，另一方面可以改善沟头土壤水分情况，提高造林成活率。

沟头防护林与沟头防护工程相结合，效果显著提高。使造林初期可以防止土壤侵蚀，工程措施为树木生长创造条件，树木一旦成活就能保护工程措施安全。树木生长发育到一定阶段时，其经济和防护效益都进入协调的良性循环过程。

沟头进水凹地防护林示意如图4-10所示，其防护林配置见表4-7。

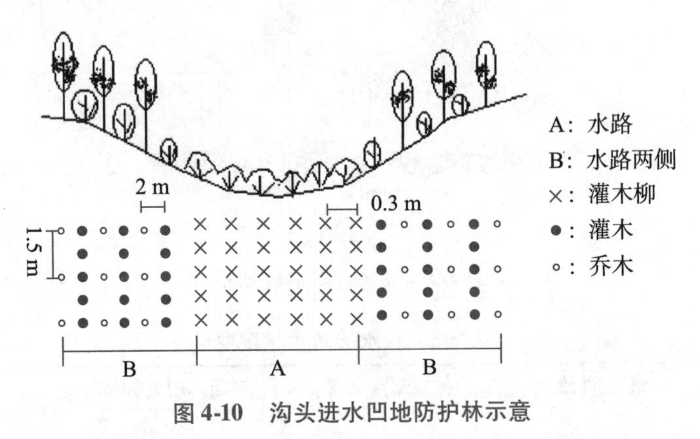

图4-10　沟头进水凹地防护林示意

表4-7　沟头进水凹地防护林配置

树种类别	树种	配置比例	苗木用量(万株)	造林面积(hm^2)
乔木	刺槐	1∶1	0.33	0.09
灌木	灌木柳、沙棘		0.33	0.09

(2)沟沿沟岸造林

沟沿以外有一段开阔的地，即沟岸地带。在沟沿造林的主要目的是固定河流岸堤，减少并分散地表径流汇入沟中，保护沟坡，此地带为生草带。如果边岸自然崩塌基本上停止，并有植物覆盖时，林带的位置应从距沟沿2～3 m处开始。临近沟沿的2～3 m，因土壤蒸发量大而干旱，造林收益不大，而且因重力和风化作用，有进一步崩塌的可能，所以一般不能利用，应自然封育。侵蚀沟处于一、二阶段时，也就是自然崩塌区所处的边岸，应由沟底按自然倾斜角引线与地表相交，在交点以上2～3 m处开始进行带状造林，带宽应因地制宜，靠近沟沿的一两行宜栽萌蘖性较强的乔木、灌木树种，并适当密植。

沟岸造林要求直根深根性树种，既不与农田争水分和养分，又能护岸。目前，沟岸地带造林存在困难：一是存在树胁地的可能性，影响当地参考者的积极性；二是沿沟以外地带不是农田就是牧场，农田改为种树影响经济收入，牧地栽树不好管理，常常被牲畜践踏。为了防止上述情况发生，要求林带靠牧地或农地处最好挖 0.8～1.0 m 的截根坑，顶宽 0.8～1.2 m，防止牲畜跳到林带内，损坏林木。

沟边防护林示意如图 4-11 所示，其防护林配置见表 4-8。

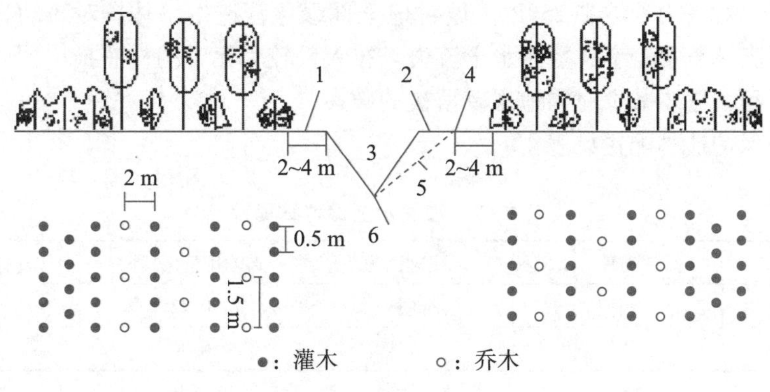

图 4-11 沟边防护林示意

表 4-8 沟边防护林配置

树种类别	树种	配置比例	苗木用量(万株)	造林面积(hm^2)
乔木	白榆	1∶1	0.33	0.18
灌木	柠条		0.33	0.18

(3)沟坡造林

沟坡在侵蚀沟面积中占很大比重。由于陡坡陡(大多在30°以上)、覆被差、底部冲淘、地下水活动，崩塌、滑坡和陷穴时常发生，线状侵蚀以切沟和冲沟侵蚀为主，冲沟沟壁并有悬沟侵蚀。营造沟坡防护林的目的是阻止沟坡扩张，保护和固定沟坡。为迅速固定和利用沟坡，某些地方应用劈坡方法，调整沟坡坡度，修成反坡梯田或植树台，在上面造林或栽植果树。沟坡造林宜尽量选用根蘖性强的乔灌木树种，分段进行，先从较适合造林的沟坡下部开始，逐步向干燥的沟边沿进行部分推进。如果沟坡比较稳定，也可全面造林。陡峭的沟坡可先封坡育草，再进行造林。

(4)沟底造林

侵蚀沟底继续下切或不宜作农业用地时，应进行沟底造林。可采用全面、片状或栅状造林，但均要与水流方向垂直，也可采用果树灌木混交型造林。

4.3.4.3 坡面水土保持林

针对流域的水土流失分布情况和特点，结合国家水保重点治理工程，实行“山、水、林、田、路”综合治理，因地制宜地构建立体型小流域水土流失坡面综合治理技术体系，该体系包括工程措施、林草措施和封育治理措施技术体系。选用的坡面治理措施主要有梯田工程、坡面配套水系工程、田间作业道路、水保生态林、经果林、等高植物篱、封禁治理等。根据小流域产生水土流失的地类分布特征及其立地条件，坡面治理总体布局如下：对坡度在 5～15°集中连片、交通方便、土层较厚的部分坡耕地，实行坡改果梯，做好坡面水系配套和田间道路；对水土流失较轻微的部分坡耕地，实行等高耕作，通过布设等高植物篱和截水沟来控制坡面水土流失。对15°~25°的坡耕地退耕营造经济林，以增加当地群众经济收入；同时在经济林间种植等高植物篱并布设坡面截排水沟，拦截地表径流，减少坡面水土流失。对荒山荒坡和25°以上坡耕地全部绿化营造生态林。对疏幼林地全部实行封禁治理，提高林草覆盖率，控制水土流失。在人口较为集中的村庄推广沼气池、节柴灶等节能生态工程，逐步减少对当地现有植被的破坏。

坡面水土保持造林配置见表4-9。

表4-9　坡面水土保持林配置

树种类别	树种	配置比例	苗木用量(万株)	造林面积(hm^2)
乔木	刺槐	纯林	0.22	1.73
乔木	油松	纯林	0.30	1.73

4.3.5　主要水土保持林的营造技术

4.3.5.1　梁峁防护林营造技术

梁峁防护林带宽为10~20 m，如果梁峁为荒地，可以加宽或全面造林。采用正方形穴状整地，植苗造林。穴距：乔木1 m×2 m，灌木0.5 m×1.0 m。穴宽45 cm，深45~60 cm(适于1~2年苗木)，按品字形排列。乔木设置于林带中部，灌木设置于林带两侧。

树种以白榆、蜀榆、青杨、小叶杨、山杏、柠条、柽柳等为主，亦可视条件情况采用旱柳、油松、侧柏等造林树种。

4.3.5.2　坡面防护林营造技术

水土流失区用于造林的荒坡多在25°以上，植被稀疏，侵蚀严重，其主要技术要点包括以下几方面。

(1)整地

坡度较缓的坡面造林，采用鱼鳞坑整地方式，坑距1.5 m×2.0 m，按品字形排列。地块整齐的坡面，可按等高线挖水平沟造林，株距1.5~2.0 m，行距2.0~4.0 m。坡度较大的坡面可采用水平沟、水平阶整地造林，亦可进行反坡梯田整地造林。水平阶阶距1.5~2.5 m，造林株距0.5~1.0 m。水平沟间斜距0~3.5 m，沟头间距0.5~1.0 m。坡度大于35°，且坡面较完整时，可采用水平沟与穴状整地造林相结合的方法，即在坡面上沿等高线相隔10~20 m挖断续的水平沟，两沟之间的坡面上按品字形配置坑穴，穴距1~1.5 m。条件好的阴坡或半阴坡地，亦可采用水平阶与鱼鳞坑相结合的整地造林方法，过程与上述基本相同。此外，坡地整地造林效果较好的办法，还有换土梯田法，即在坡底造林地段修筑梯田，并从其他地方取来肥土，替换原土后再进行造林。这些整地造林方法对于防治水土流失均有较好的效果，实践中可因地制宜，灵活应用，无须强求一致。

(2)主要树种

造林主要树种有小叶杨、青杨、旱柳、刺槐、白榆、臭椿、沙枣、柠条、柽柳、紫穗槐等，亦可采用河北杨、钻天杨、蜀榆、楸树、山桃、小叶锦鸡儿、油松及栽培果树类。

(3)造林密度

以各种整地规格和要求为基准，亦可在沟间或阶间酌量加植灌木，或在幼林期间点种豆科牧草，以增加土壤肥力和收获饲料，但必须以不妨碍树木生长为原则。

(4)造林类型

以乔木混交为主，如带状和块状混交等。

4.3.5.3 径流调节林营造技术

土地利用程度较低或没有利用的坡面，可每隔 50～100 m 营造带状径流调节林。林带结构适当紧密为宜，故常采用乔灌混交或灌草混交造林类型。

(1)乔灌混交类型

林带宽 20～30 m，适于坡面较长、坡度较大的坡地，林带由主要树种、伴生树种、灌木树种构成。采用水平沟、水平阶、穴状整地相结合的方式造林。反坡梯田造林也有较好效果。

(2)果灌混交类型

林带宽 10～20 m，适于坡面较长而坡度较缓的坡地。通常与鱼鳞坑、水平沟、水平阶等整地方式相配合，灌木设置在四周，中间栽植果树。

(3)灌草混交类型

林带宽 5～10 m，适于坡面较短、坡度缓、农地少而牧地多的斜坡地。采用穴状整地造林与点播牧草相结合，形成复合带状结构。

上述各类型径流调节林的造林树种可采用青杨、小叶杨、刺槐、辽东栎、槭树、椴树、油松等乔木树种，果树可采用苹果、梨、桃、杏、枣、核桃等，灌木可采用紫穗槐、接骨木、珍珠梅、毛樱桃、柠条等，牧草则以紫花苜蓿、草木犀等为主。

4.3.5.4 梯田地埂防护林营造技术

梯田地埂造林是因黄土丘陵区梯田面较窄，为少占农田而沿地埂营造的防护林，以保护梯田免遭水流冲击。多采用灌木树种，每隔一定年限进行平茬，因此也称矮林作业。该方式不仅有较好的防护作用，而且能够生产一定数量的薪材、饲料及编条等。多采用压条造林法，株距 20～50 cm。不适于压条造林的树种，可在地埂外侧进行挖穴造林。

在一个坡面上，梯田间高差大于 2 m，可在陡坎上配合反坡梯田整地方式进行造林，栽植小乔木、灌木或果树。

造林树种以柠条、沙棘、杞柳、柽柳、紫穗槐、狼牙刺、珍珠梅、小叶锦鸡儿等灌木为主，旱柳、沙枣、桃、杏、花椒等也可酌情采用。

4.3.5.5 沟岸防护林营造技术

在距沟边 1～2 m 处，培修高宽各 0.5 m 的沟边埂，边培埂边压条，在埂外可栽植单行灌木，埂内再栽植3～5行灌木，内侧种草。整个林带宽度视侵蚀活跃程度，可适当加宽或减窄。灌木株行距为(0.5～1.0)m×(0.5～1.0)m；草类不超过0.5 m×0.5 m。

造林树种多采用沙棘、柠条、杞柳、珍珠梅、柽柳、旱柳、狼牙刺等；草类以紫花苜蓿、草木犀等为主。

4.4.5.6 沟头防护林营造技术

在距沟头2～3 m处，修筑封沟埂，在埂与沟头之间栽植1～2行灌木。封沟埂上部坡地，结合断续水平沟、鱼鳞坑整地进行造林。选择根蘖性强、生长迅速、根系大、固土抗蚀的乔灌木树种，进行条带状行间混交造林，靠近沟边栽植灌木数行，株行距0.5 m×1.0 m，灌木内侧栽植乔木，株行距1.0 m×1.5 m。

造林树种以青杨、小叶杨、刺槐、旱柳、白榆、柽柳、沙棘等为主，也可采用大果榆、刺榆、杞柳、狼牙刺、河北杨、油松等树种。

4.3.5.7 固土护坡林营造技术

在坡度较平缓情况下，可采用断续水平沟、水平阶、反坡梯田或鱼鳞坑等整地方式进行造林。沟坡较陡时，可采用穴状整地造林，穴径40～50 cm，深30～50 cm，穴下部培土修半圆形土埂，埂高20～25 cm，穴距1～2 m，并按品字形排列，栽植点在接近土埂处。

造林树种可选择刺槐、臭椿、河北杨、小叶杨、青杨、旱柳、沙棘、柠条、虎榛子、狼牙刺等。

4.3.5.8 沟底防护林营造技术

营造沟底防护林，应根据沟谷侵蚀发育程度采取不同措施。无长年流水，沟底比较小，下切不严重的支毛沟，要全面造林；土壤条件较好的沟底开阔滩地，可集中营造片林，亦可营造片状林或栅状林，或在沟道中间留出水路，水路两侧造林。水流湍急，下切侵蚀严重的沟底地段，必须生物措施与工程措施相结合，在距沟头一定距离(1～2倍的沟头高度)设置编篱柳谷坊或土柳谷坊等；下方水道两侧进行造林。选择根蘖性强、耐水淹、根冠茂密的树种，造林密度可适当加大，多以灌木为主。

上述片林的营造，一般是每隔30～50 m营造30～50 m宽的片林。迎水面设置灌木，株行距0.5 m×(0.5～1.0)m，其后为乔木，株行距1 m×(1～2)m。栅状造林即在沟底每隔10～20 m栽植5～10行树木为一栅，株行距(0.5～1.0)m×1.0 m，一般采用杨柳枝干插栅。

造林树种主要有河北杨、青杨、箭杆杨、刺槐、白榆、杞柳、柽柳等。

4.3.5.9 水源涵养林营造技术

水源涵养林的营造，多集中于径流源地，如土石山区和石山地区。由于地域间海拔、坡向、小地形、土壤、母质及植被等诸因素的不同，构成了彼此各异的立地环境条件，因此，在营造水源涵养林时，必须加以慎重地分析研究。

水源涵养林应能够形成深厚松软的死地被物层，以较好地涵养水源，所以多营造乔灌混交，具复层结构的林分。同时，为有效地防止土崩和泥石流，多营造以深根性为主、具有异龄特点的林分。

在较为湿润但瘠薄的坡地上，常采用水平阶、水平沟整地，进行全面的乔灌混交类型造林，或因地形和土壤情况变化而采取小块状混交方式造林。干旱贫瘠的坡地造林，还要考虑树种的抗性和采用抗旱造林方法。树种混交可在株间或行间进行，但必须注意种间的相互关系，乔木株行距(1.0～2.0)m×(2.0～4.0)m；灌木株行距(0.5～1.0)m×(1.0～2.0)m。树木间以品字形配置为好。

造林树种主要有油松、侧柏、栎类、白榆、刺槐、杨树类、臭椿、沙棘、锦鸡儿、胡枝子、紫穗槐等。

单元小结

水土保持林营造任务小结如图4-12所示。

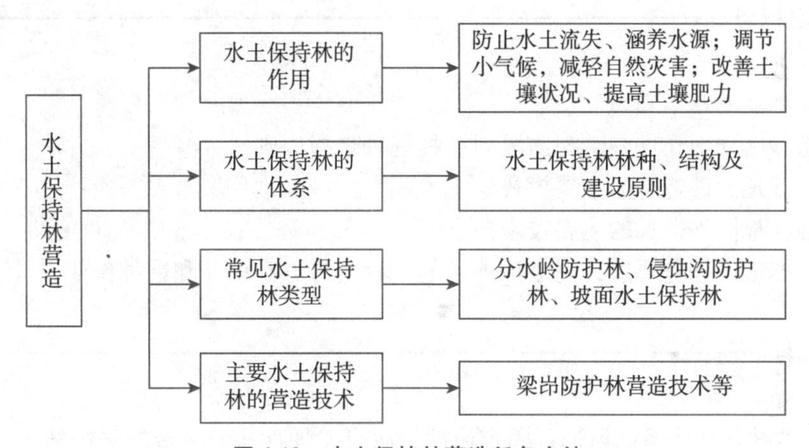

图4-12 水土保持林营造任务小结

自测题

一、名词解释

1. 水土流失；2. 水土保持林；3. 水土保持林体系；4. 坡面防护林；5. 水源涵养林。

二、填空题

1. 当(　　　　)大于土体抵抗力必然会引起水土流失。
2. 水土保持林体系的结构，包括(　　　　)结构和(　　　　)结构。

三、简答题

1. 水土保持林的作用是什么？
2. 水土保持林建设的原则是什么？

任务4.4 防风固沙林营造

任务描述

任务描述依据《生态公益林建设技术规程》(GB/T 18337. 3—2001)，在教师和工程技术人员的指导下，以小组为单位完成1～2个小班的防风固沙林营造任务。该部分内容可结合防风固沙林具体树种造林进行。了解营造防风固沙林的意义、了解沙地的基本知识、熟悉防风固沙林营造技术要点。该任务主要训练学生防风固沙林造林技术，使学生具备防风固沙林造林施工能力。

任务目标

1. 了解沙地的基本知识。
2. 熟悉沙区立地条件，掌握防风固沙林树种选择原则。
3. 了解沙地固沙造林的主要模式。
4. 掌握沙地固沙造林的主要技术要点。
5. 能依据生产任务要求，完成该项目的工程实施方案设计和造林作业设计。

知识链接

防风固沙林是指为降低风速，固定流沙，改良沙地性质而营造的防护林。

营造防风固沙林是控制和固定流沙，防止风沙危害，改良沙地性质，变沙漠为农林牧业生产基地的经济而有效的措施，是长远地从根本上改造和利用沙地的重要途径。

据第五次全国荒漠化和沙化土地监测结果显示，全国荒漠化土地面积达 $261.16\times10^4\ km^2$，占国土面积的27.20%；沙化土地面积 $172.12\times10^4\ km^2$，占国土面积17.93%。我国沙漠化土地主要分布于内蒙古、宁夏、甘肃、新疆、青海、西藏、陕西、山西、河北、吉林、辽宁和黑龙江等部分地区在内的北方干旱、半干旱及部分半湿润地区。

土地荒漠化是由于气候变化和人类不合理的经济活动等多种因素造成的，是人为因素和自然因素综合作用的结果。防治土地荒漠化，必须以习近平生态文明思想为指导，自觉践行绿水青山就是金山银山的理念，严格遵循生态系统内在的机理和规律，自然恢复与人工治理相结合，统筹山水林田湖草沙系统治理，坚持因地制宜、分类施策，全面加快荒漠化防治步伐，打造多元共生的荒漠生态系统。

4.4.1 风沙运动的基本规律

4.4.1.1 沙粒运动的形式

当风速达到并超过起沙风速时(一般≥5 m/s)，地表上的沙粒便开始移动，产生风沙运动，形成风沙流。依据沙粒运动的主要动量来源以及风力、颗粒大小和质量的不同，沙粒的运动形式可分为蠕移、跃移和悬移3种基本形式。

(1)蠕移

即滚动，是指粒径0.5～2 mm的较大沙粒，不能被风吹起，只能沿地表滚动或滑动。沙粒在风力直接作用下发生蠕移，或在跃移沙粒的冲击下发生蠕移。蠕移沙粒的运动速度很慢，只有风速的几百分之一。一般蠕移沙量占总输沙量的1/5。

(2)跃移

是指沙粒随风浪跳跃运动。粒径0.1～0.5 mm的中沙和细沙，被风吹起进入气流以后，从气流中不断取得动量加速前进，并在沙粒自身重量作用下，以相对于水平线一个很小的锐角迅速下落，形成不规则或延长了的抛物线运动，当沙粒落到地面时，由于动量大可以重新反弹，或溅起其他沙粒继续跃移。一般跃移沙量占总输沙量的3/4，跃移高度距地表不超过2～3 m，多数距地表10 cm左右，这是沙粒最主要的运动方式。在风沙运动中，跃移运动是风沙流的主要运动方式。由于跃移沙量多又贴近地表，危害性大，是防治的重点。

(3)悬移

是指悬浮于气流中的沙粒运动的形式。粒径<0.1 mm的粉沙和粘粒，在起沙风作用下，被冲击卷扬到空中，在气流的推动下，随风飘扬。一般只占总输沙量的5%。悬移沙的分布高度最低在地面1 m左右，最高可达1000 m以上。

4.4.1.2 沙丘形成

沙丘是指沙粒的集合体。当运动中的沙粒速度减弱或遇到障碍物时，就会落下来形成沙堆。随着沙子的堆积，沙堆体积增大，最后发展成沙丘。由于风速与障碍物的不同，沙丘的形态也不同，如新月形沙丘是在单一主风的作用下，或在两个大小不同风向相反的风力下，逐渐形成的。沙丘高度多在1～13 m，大都单个存在。一般分布在沙漠、沙地及绿洲附近，移动速度较快，危害较大，是分布最普遍的一种流动沙丘(图4-13)。新月型沙丘

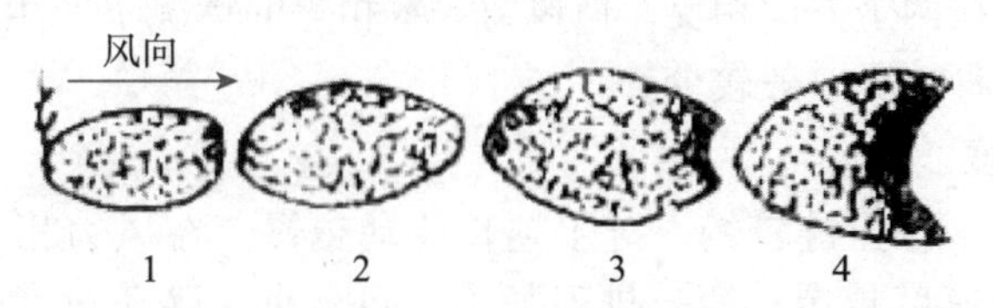

图4-13 新月形沙丘形成

1. 沙堆 2. 盾状沙丘 3. 新月形沙丘 4. 新月形沙丘

链，一般由3~4个新月形沙丘链接而成，较单个新月形沙丘高，高度多在8 m以上。格状沙丘和格状沙丘链，由新月形沙丘链发展而成，这种沙丘在腾格里沙漠中分布最广，沙丘丘间低地小而深，治理的难度大。沙垄，是指固定、半固定沙丘中较为常见的沙丘形态。

4.4.1.3　沙丘移动

(1)沙丘移动形式

影响沙丘移动的因素较复杂，与风向、沙丘高度、水分、植被等许多因素有关。沙丘移动方向主要取决于起沙风的合成风向。影响我国沙区沙丘移动的风向主要为东北风和西北风两大风系。塔克拉玛干沙漠的广大地区及新疆东部、甘肃河西走廊西部等地受东北风的作用，沙丘自东北向西南方向移动，其他地区都是在西北风作用下向东南方向移动。沙丘移动的方式取决于风向及其变律，一般有3种方式(图4-14)：

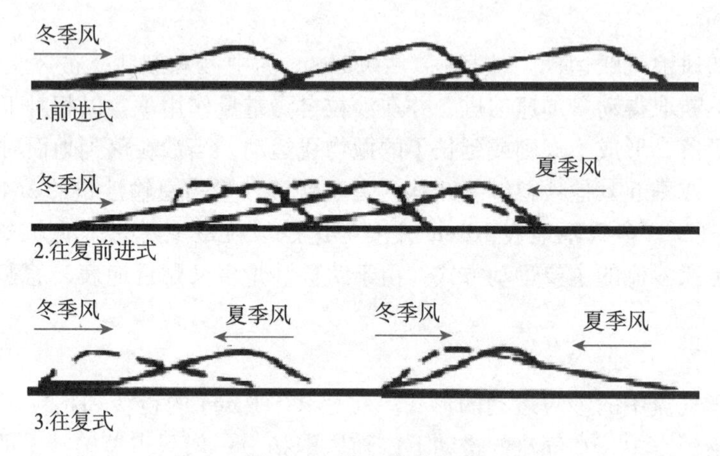

图4-14　沙丘移动形式

①前进式。是指受一个方向的风力作用而形成的向前移动，这种移动方式的沙丘危害最大。如新疆塔克拉玛干沙漠、巴丹吉林沙漠、腾格里沙漠大都受单一的西北风或东北风的作用，沙丘均以这种方式移动。

②往复前进式。是指在两个方向相反，风力大小不等的情况下形成的来回摆动而又稍向风力较强的一个方向移动。如我国中东部沙区(毛乌素沙地等)的沙丘，冬季在主风西北风作用下，沙丘由西北向东南移动；夏季在东南风的影响下，沙丘则逆向运动。由于西北风较强，沙丘移动的总趋势是向东南方向移动。

③往复式。是指在两个方向相反，但风力大致相等的情况下产生的，沙丘停在原地摆动或稍向前移动，这种情况一般较少。

(2)沙丘移动速度

单个沙丘移动快，沙丘链较慢，链子越长移动越慢。在风力相等的条件下，沙丘越高，体积越大，移动速度越慢；沙丘排列紧密，间距小，移动速度慢，排列稀疏，间距大，移动快；地形平坦，起伏不大，地表光滑，粗糙度小，沙丘移动快；反之，移动速度就慢。

4.4.2 沙区立地条件及立地类型划分

4.4.2.1 沙区立地条件

沙区自然条件严酷复杂，虽然具备有利于林木生长的充足光热条件，但存在着干旱缺水、风蚀沙埋、土壤瘠薄和含盐量高等许多不利于林木生长的限制因素。因此，造林难度大，技术性强，必须做到“适地、适树、适法”才有可能获得成功。

沙区环境特点除了考虑大范围的气候、土壤条件外，还要考虑局部地区的立地条件，主要包括沙地土质状况、地下水状况、丘间低地的盐渍化程度、沙丘部位、植被覆盖度等因素。

(1)气候条件

我国沙漠区共同的气候特点体现在以下几方面。

①气候干旱，雨量稀少，蒸发量大。雨量自东向西递减，蒸发量则由东向西递增，年蒸发量达1400～3000 mm。

②热量资源丰富，温差大。全年日照时数一般在2500～3000 h，无霜期120～300 d。平均年温差30～50℃；昼夜温差变化显著，一般10～20℃。沙地地表温度变化剧烈，夏季中午可达60～80℃，而夜间又降到10℃以下。

③风沙频繁，风力大。常见风速达5～6级，风沙日平均20～100 d，有的地区达146 d，占全年天数的41%。

(2)沙地土质状况

沙漠地表多为沙丘覆盖，地表高低起伏不平，一般沙丘高度10～20 m，最高的沙山可达100～400 m，低矮的在5 m以下。凡流动沙丘和沙粒均有顺风移动的现象。流沙的下伏土壤因地点不同有很大差别，肥力差别很大，适生树种也不一样。当沙地下伏物为粘、壤质间层且深度较浅时，土壤肥力较高，保水性能好，可选择乔木树种；当沙地下伏物为基岩、卵石、粗沙时，土壤肥力低，保水性差，只能选择灌木树种。

(3)地下水状况

地下水位不超过1 m，水质淡的潮湿沙地，可以栽植喜湿树种如杨、柳等。水位1～2 m的湿润沙地，一般沙生树种均可栽植；水位2～5 m，沙地比较干燥，应选用耐干旱的乔灌木树种；水位低于5 m的沙地，只能选用耐旱的沙生灌木。如甘肃民勤沙区，在没有灌溉的条件下，地下水位在5 m以内，沙枣生长正常，达到或超过6 m，就发生大片死亡。

(4)土壤盐渍化程度

土壤含盐量也是树种限制因素之一。含盐量在0.2%以下时，一般树种均可生长；含盐量0.2～0.5%，只有比较耐盐的少数树种可以适应，如柽柳、白刺、沙枣、胡杨、酸刺、紫穗槐等耐盐树种；土壤含盐量在0.5%以上时，必须采用改良盐碱地的措施，选用特别耐盐的树种，如柽柳属的短枝柽柳、甘肃柽柳、长穗柽柳等。

(5)流动沙丘的部位(图4-15)

流动沙丘的迎风坡下部、中部、上部、丘顶及背风坡的水分及风蚀沙埋情况，对造林成活及植物的生长有很大影响。一般中小型沙丘迎风坡中、下部，风蚀较轻，水分条件好，采用沙障固沙措施后，栽植根系发达、固沙能力强的灌木树种，如梭梭、沙拐枣、沙木蓼、白刺等；迎风坡上部，沙层干燥疏松，不宜造林；背风坡脚，可根据沙丘大小和移动情况，留出一定空地后，选择耐沙埋、抗干旱的乔灌木树种造林。

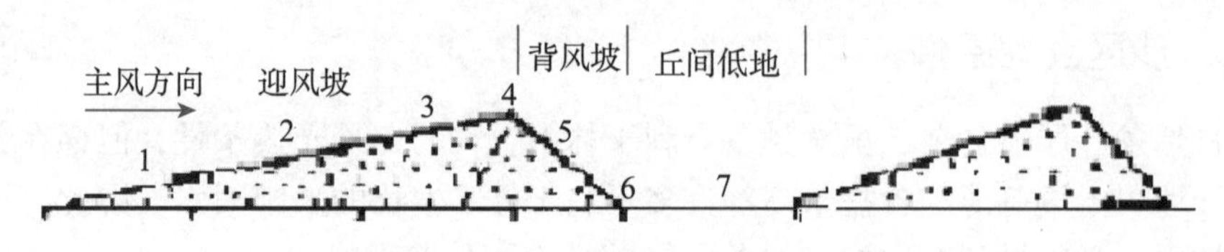

图 4-15　流动沙丘各地形部位剖面图

1. 迎风坡下部（风蚀区，约占坡长 1/3）　2. 迎风坡中部（风蚀过沙区，约占坡长 1/3）　3. 迎风坡上部（风蚀积沙区，约占坡长 1/3）　4. 丘顶沙脊线　5. 背风坡（积沙区）　6. 背风坡脚　7. 丘间低地（风蚀盐碱地）

(6) 沙地机械组成

沙粒各种粒级的比例，决定着沙地的矿质养分条件、沙地的物理性质和水分状况。沙地中细粒越多，沙地肥力越高，保水性越好。细粒沙地在草原地带可以生长乔木；粗粒沙地，树木生长差。

(7) 植被覆盖度

一般裸露沙地，覆盖度小于 15%；半固定沙地，覆盖度 15% ~40%；固定沙地，覆盖度大于 40%。植被覆盖度越高，立地条件越好，造林种草越易成功。

4.4.2.2　沙区立地类型划分

沙区立地类型划分主要以沙丘高度、植被覆盖度、丘间低地的宽度等为主导因子，同时考虑丘间低地的盐渍化程度、沙盖土性质、水文等进行立地条件划分。岳永杰，李钢铁、李清雪等依据沙丘高度、植被覆盖度、沙丘间地宽度，运用聚类分析的方法将桑根达来地区划分为两个立地条件类型组，8 个立地条件类型（表 4-10）。

表 4-10　桑根达来地区立地条件类型表

编号	类型组	类　型	高（宽）度（m）	盖度（%）
1	沙丘立地条件类型组	低矮固定、半固定沙丘立地条件类型	<11	>15
		中高固定、半固定沙丘立地条件类型	11 ~19.3	>15
		高大固定、半固定沙丘立地条件类型	>19.3	>15
		低矮流动沙丘立地条件类型	<11	<15
		中高流动沙丘立地条件类型	11 ~19.3	<15
		高大流动沙丘立地条件类型	>19.3	<15
2	丘间地立地条件类型组	狭窄丘间地立地条件类型	<200	—
		开阔丘间地立地条件类型	≥200	

贺振平，赵雨兴等，以沙丘高度、沙丘间滩地为主导因子，同时考虑沙地土层厚度、水文、植被以及风蚀等环境状况的差异，把鄂尔多斯西北部地区的沙区划分为 3 个立地类型组，10 个立地类型（表 4-11）。

表 4-11 鄂尔多斯西北部地区沙地立地类型

高大沙丘组(工)	中小型沙丘组(Ⅱ)	沙丘间滩地组(Ⅲ)
沙丘坡底部及周围平缓地带	沙丘底部及周围平缓地带	弱盐渍化沙地，含盐量为0.2%，
沙丘下部缓坡地带	沙丘中下部缓坡地带	中盐渍化沙地，含盐量0.2~0.5%，
沙丘中部	沙丘上部	重度盐渍化滩地，含盐量0.5%以上
沙丘上部	—	—

4.4.3 造林技术

4.4.3.1 树种组成

从水量平衡角度看，林木的蒸腾耗水是破坏地下水动态平衡的主要原因，乔木树种的蒸腾耗水量大都明显高于灌木树种。据民勤综合治沙试验站研究，沙枣的蒸腾耗水量为梭梭、沙拐枣、花棒、柠条、白刺的5~10倍。据对不同树种结构的防风固沙林地水分平衡研究表明，当梭梭纯林密度为梭梭×沙拐枣混交林密度的83%情况下，梭梭纯林林地的土壤含水率仅为混交林的69%。造林8~9年后，梭梭纯林土壤有效水年均储蓄量达到最低。因此，在干旱缺水的沙区，营造防风固沙林要避免树种单一，应营造以灌木为主，乔灌结合的混交林。树种单一，不仅容易导致病虫害蔓延，而且种内竞争激烈，容易提前衰败。

在树种组成上，要按各种植物的生态特性合理进行搭配。如固沙先锋植物与旱生植物搭配，深根性与浅根性植物搭配，灌木与半灌木的搭配，使植物充分利用不同部位和层次的沙地水分与养分，减少竞争，尽快发挥防护效益。如沙坡头地区油蒿、柠条×花棒的带间混交，民勤沙区梭梭×沙拐枣的混交，起到了先锋植物与旱生植物互相配合的作用；再如河西走廊临泽地区柽柳属植物与梭梭互相配合，就是深根性与浅根性配合的典型。这一组合在低矮沙丘上，3年可达郁闭，这些混交林生长均优于树种单一的纯林。此外，营造混交林可以减弱病虫害的蔓延，促进土壤水分及养分的充分吸收利用，使林地土壤更好地起到保墒作用。

4.4.3.2 树种选择

防风固沙造林，树种选择是关键，选择正确与否将直接关系到造林的成败。树种选择的基本原则是坚持适地适树和因地制宜的原则，以乡土树种为主，选择适合当地生长，有利于发展农、林、牧、副业生产的优良树种。

(1)乔木树种

应具有耐干旱瘠薄、风蚀沙埋，生长快，根系发达，分枝多，冠幅大，繁殖容易，抗病虫害，改良沙地见效快，经济价值高等优点。北方选择的树种须耐严寒，南方选择的树种须耐高温。如樟子松、胡杨、旱柳、小叶杨、合作杨、榆树、油松等。

(2) 灌木树种

要求防风效果好，抗干旱，耐沙埋、枝叶繁茂、萌蘖力强。具有改良土壤，有效提供饲料、肥料、薪材、耐平茬、热能高、耐啃食、适口性好的树种。如梭梭、沙拐枣、沙柳、花棒、小叶锦鸡儿、紫穗槐、柠条、白刺、沙打旺、沙棘等。

4.4.3.3 造林密度

根据造林地的立地条件、树种的生物学、生态学特性合理确定造林密度。

(1) 固定沙地

立地条件较好的固定沙丘与丘间滩地，杨树、旱柳、白榆等(表4-12)，栽植300～1200株/hm^2；樟子松、侧柏栽植1500～4500株/hm^2。乔木与灌木比例1∶2或1∶1。

(2) 流动或半流动沙地

采用沙障固沙造林，以灌木为主。单行或双行条带式密植，适当加大行带间距离，增加挡风固沙作用。株距1～1.5 m，行带距3～6 m，栽植1050～3000株/hm^2。

(3) 丘间低地造林

丘间低水分尚好，宜营造乔灌混交林。行距2～2.5 m，乔木株距1.5～2 m，灌木1～1.5 m。

表4-12 常用固沙树种造林初植密度

树种	密度(株/hm^2)	树种	密度(株/hm^2)
花棒	1650～3300	杨柴	1950～3750
梭梭	600～1650	沙柳	1650～3000
沙拐枣	990～1800	沙蒿	4995～9990
柠条	2550～3300	酸刺	2490～9990
沙枣	1245～3330	紫穗槐	2490～6675
胡杨	1245～2505	樟子松	3330～5010

4.4.3.4 造林季节

(1) 春季造林

以春季造林为主，春季土壤比较湿润，土壤的蒸发和植物的蒸腾作用也比较低，苗木根系的再生力旺盛，愈合发根快，造林后有利于苗木的成活生长。春季造林，宁早勿迟。通常于3月中、下旬至4月中、下旬进行。栽植过晚，芽苞已经开放伸展，枝叶蒸腾的水分和根系吸收的水分不能平衡，苗木的成活和生长都会受到影响，对干旱的抵抗能力也弱，即使发芽成活往往在夏季又会死亡。

(2) 秋季造林

通常在10月中旬至11月，即苗木刚落叶后进行较好。秋季造林，往往因苗木地上部分经较长时间的风沙侵袭、干旱和霜冻，容易干枯死亡。同时，在漫长的干旱、寒冷季节中又易遭受鼠、兔、兽害。所以，一般树种的植苗造林，秋季不如春季好，不过秋季插条造林，只要能采取防护措施，反而比春季造林成活率高。

(3)雨季造林

春旱严重的沙区可雨季造林。西北沙区降雨多集中在7～8月，各地的雨季来临时间虽有迟有早，但这时正值高温期，种子遇连续降雨即迅速发芽生长。雨季造林宜早不宜迟，以夏末秋初为佳，过迟幼苗当年木质化程度低，影响越冬。沙蒿、油蒿、籽蒿、花棒、杨柴、柠条、山竹子、梭梭、胡枝子等植物都适于雨季直播造林。

4.4.3.5 整地

营造乔木林，在北方的中度、轻度风蚀区和杂草丛生的草滩地、质地较硬的丘间地和固定沙丘等，应于前一年秋末冬初整地，次年春季造林。沙丘迎风坡中下部、流动沙丘和半流动沙丘不提前整地，随挖穴随栽植。

营造纯灌木林时，可随整地随造林；营造乔灌混交林与乔木林整地时间相同。

丘间低地造林采用带状整地。带向与主风方向垂直，整地带宽0.6～1.0 m，保留带宽1 m，整地深度20～25 cm，在其上再挖穴栽树。

4.4.3.6 造林方法

(1)植苗造林

①*穴植法*。穴的大小和深浅应根据苗木大小和湿沙层情况而定，深度要达到湿沙层、大于苗木主根长度，宽度大于根幅，一般穴深不小于50 cm，穴宽40 cm左右。栽时要作到“深栽、踏实、根舒展”。

②*小坑垂壁栽植法*(图4-16)。一般顺坡刨坑，坑深40～50 cm，上口宽30～40 cm，底宽15 cm左右，栽时将苗木根系靠垂直壁放正，然后填土踏实。是沙区栽植针叶树和灌木常用的方法。

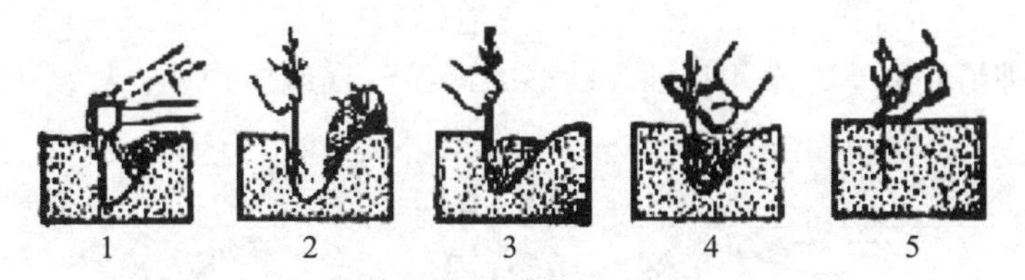

图4-16 小坑垂壁栽植法

③*缝植法*。适于干沙层比较薄的沙地造林，比穴植法省力省工，苗木根系不太大的均可用此法造林。

(2)分殖造林

在土壤水分条件好，地下水位浅或有灌溉条件的沙区。可采用插条造林、压条造林或插干造林。

①*插条造林*。春季，插穗多与地面平齐，不露头；秋季可略深于地面以下3～5 cm。

插条应从生长健壮无病虫害的优良母树树冠下部或基部采集，长度要根据树种和沙地水分状况确定，乔木一般40～50 cm，灌木20～30 cm，粗度一般为1～2 cm。在水分条件较差的沙地上，插穗可长至60～70 cm。上端剪成平口，下端剪成斜口。造林前浸水5～

7 昼夜，每天换水 1 ~ 2 次，使其充分吸水，若使用保水剂则效果更好。在河西走廊沙区，用沙拐枣扦插造林时，在插穴内紧贴插穗放置 2 节(每节长约 6 cm)用清水浸透的玉米秸秆，这样不仅能促进苗木成活生长。而且成本低。

②插干造林。适用于流动沙丘背风坡或平缓沙地的固沙造林。主要采用萌发力强的旱柳或杨树。枝干一般用 3 ~ 4 年生的粗壮枝，长 2 ~ 4 m，粗 4 ~ 6 cm，插干长度决定于沙丘的高度，以造林后不被沙埋过多为度。为了提高抗旱和造林成活率，在清明前 10 ~ 15 d 砍下，将枝干基部 15 ~ 20 cm 浸在水中，每天换水 1 次，等到清明后，天气转暖，水的温度升高时，再把枝条全部浸入深 30 ~ 60 cm 的水中泡 10 ~ 15 d，每天换水 1 次，待树皮出现白色或浅黄色凸起后，取出栽植。地下水位不到 2 m 的沙地深栽 0. 8 ~ 1 m；地下水深度大于 2 m 的沙地，深栽 1 ~ 1. 2 m，随挖坑随栽，用湿土分层填埋，再用锹把捣实，为防止沙埋后再出现风蚀，每隔 10 多米再栽 2 行沙柳灌木带，以提高固沙作用。

(3) 直播造林

适用于平缓沙地和种子萌发力强的树种如沙蒿、白刺、柠条、花棒、沙拐枣等。播种前对种子进行处理，如沙蒿的种子太小，将种子与 5 ~ 6 倍的沙子拌匀后撒播，可提高播种的均匀度。柠条、花棒等鼠、兔喜欢吃的种子播前必须拌农药。沙拐枣的种子又大又轻，容易被风刮走，播种前最好用稀泥浆搅拌，然后再播。干旱沙区直播造林一般在雨季进行。

4. 4. 4 流动沙丘固沙造林模式

4. 4. 4. 1 丘间低地造林

选择沙丘背风坡的丘间低地，留出一段空地(春季造林离沙丘 3 ~ 4 m，秋季造林离沙丘 7 ~ 10 m)后种植乔灌草，次年在沙丘前移的退沙畔再造林种草，连续 3 ~ 4 次，将沙丘拉平(图 4-17)。

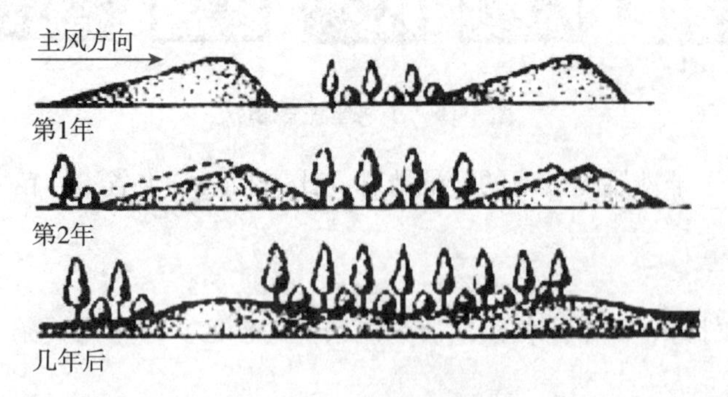

图 4-17 丘间低地造林

乔、灌、草结合是丘间低地造林治沙的关键。甘肃河西走廊沙区的经验是第 1 年在丘间低地，春秋两季趁墒深栽乔灌木，造林前后都不浇水，林地上由于陆续有从沙丘吹来的流沙覆盖，保住墒情，林木生长良好。2 ~ 3 年后，在沙丘前移的退沙畔和迎风坡下部的坡面上趁墒用大苗深栽造林，这样，沙丘逐渐变低，坡面平缓，再在沙面趁墒深栽耐旱灌木，流沙被彻底固定。造林树种根据丘间低地地下水位的高低和土壤盐渍化程度而定。如地下水位较高，选用白榆、沙枣、柽柳等树种营造乔灌混交林；若地下水位低，土壤水分条件差，选用花棒、柠条、白刺等耐旱灌木；若土壤盐碱严重，选用胡杨、柽柳、白刺等耐盐树种。

4.4.4.2 前挡后拉

前挡即指在沙丘背风坡后的丘间低地栽植10～20行乔、灌木林带以阻挡沙丘前移；后拉即在沙丘迎风坡下部栽植30～50行灌木，固定该部位流沙，并在灌木作用下削平沙丘顶部，起到固定流沙作用(图4-18)。

图4-18 前挡后拉固沙造林

4.4.4.3 固身削顶

在治理6～7 m以下的中、小型流动沙丘时，常采用固身削顶的方法，即先在沙丘迎风坡2/3～3/4以下坡面上设置行列式粘土沙障。通常粘土沙障的间距为2～4 m，埂高15～25 cm，埂底宽45～75 cm。在沙丘上部或坡陡处应适当缩小间距或采用高大的障埂。在平缓沙地或流动性小的沙丘，可采用低小的障埂规格。在沙障内营造梭梭、沙拐枣、沙木蓼等灌木混交林，固定沙丘下部(固身)，风越过林带后，将沙丘中上部逐渐拉平变低，再进行顺风推进造林，直至占领整个迎风坡。在沙丘迎风坡固沙造林的同时，在丘间低地距背风坡脚留出一段空地，留作沙丘顶部下削前伸的缓冲地段，并在丘间低地选用沙枣、旱柳、榆树、花棒、柠条、柽柳等乔灌木树种，营造阻沙林带，使流沙平摊在林内，将流沙固定(图4-19)。这是甘肃河西走廊沙区广泛采用的一种固沙技术。

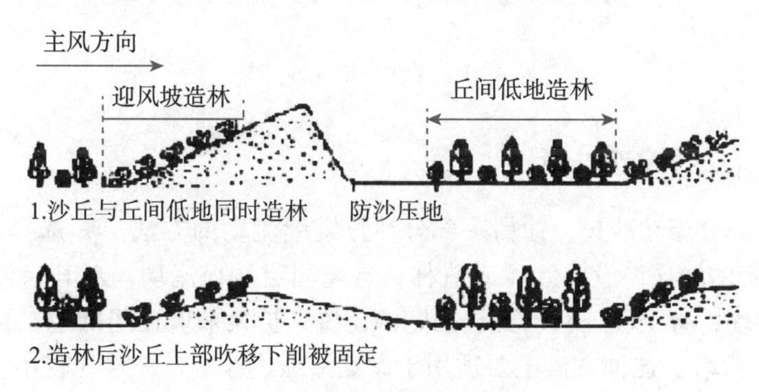

图4-19 固身削顶固沙造林

4.4.4.4　截腰分段，分期造林，固定流沙

在治理8 m以上高大连绵的沙丘，一次不能固定时，采用截腰分段，分期造林的办法，把沙丘化大为小，变高为低，最终彻底固定流沙。这种方法是先在沙层水分条件较好的迎风坡中下部设置粘土沙障，障内营造灌木林(梭梭、沙拐枣等)，固身削顶。经过几年后沙丘顶部不断前移，逐渐演变成较低的另一沙丘形态，原来的高大沙丘一分为二，再如前法进行第2次或第3次的固身削顶，直至完全固定(图4-20)。

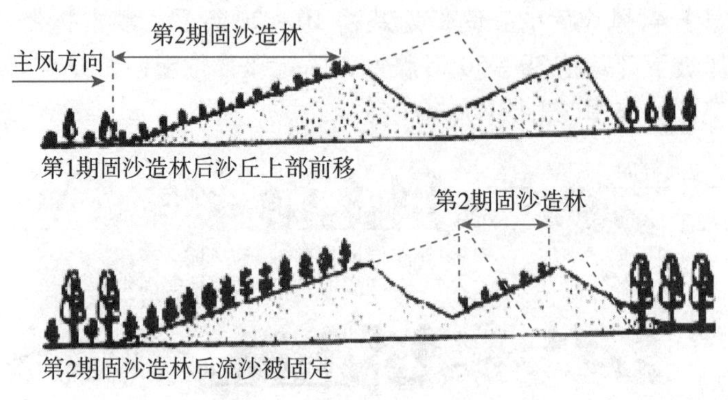

图4-20　截腰分段，固沙造林

4.4.4.5　撵沙腾地固沙造林

对高不足7 m，水分条件好的沙丘，在迎风坡基部犁耕促进风蚀，使沙丘矮化后造林种草。是内蒙古巴彦淖尔地区采用的一种造林方法(图4-21)。

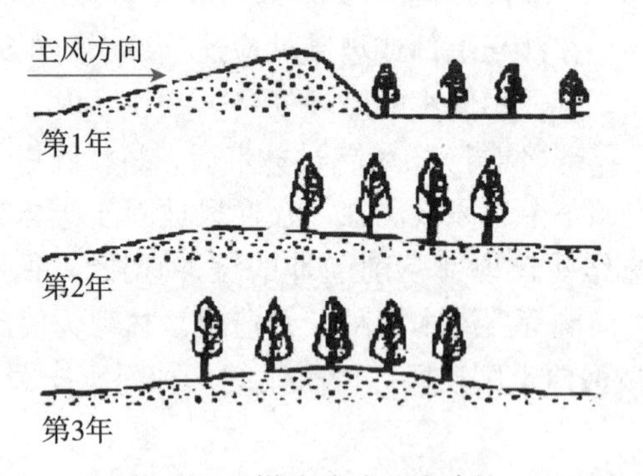

图4-21　撵沙腾地固沙造林

4.4.4.6　又固又放固沙造林

采用固定一部分流动沙丘，让另一部分沙丘继续流动的方法。即选择奇数排(或偶数排)作为需要固定的沙丘，设立沙障或造林，迅速固定沙丘流动，对其余沙丘不加固定措施，使其迅速移动，直至沙丘移动到被固定的位置，扩大平坦丘间低地，再行造林或开辟农田、果园(图4-22)。这种方法主要适用于湖盆滩地边缘地带，沙丘较小，移动较快的新月形沙丘或新月形沙丘链。

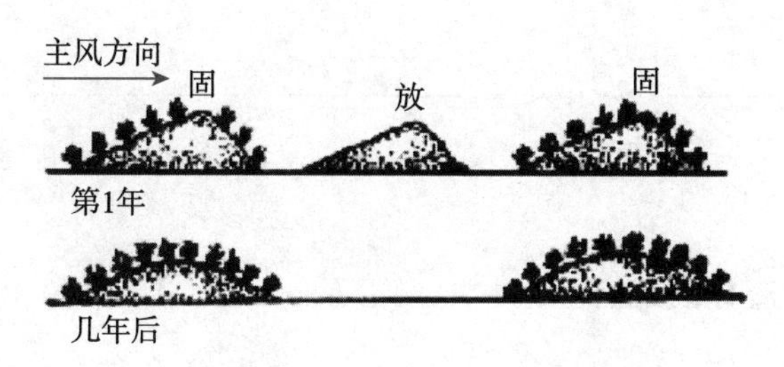

图 4-22 又固又放，固沙造林

4.4.4.7 环丘造林，固定流沙

在年降水量低于100 mm，流动沙丘上几乎没有湿沙层的地区，可以采用环丘造林的方法固定流沙。根据河西走廊金塔县的经验，其主要技术要点为：对零星散布的流动沙丘，先采用土埋沙丘办法完全固定，然后紧靠沙丘基部周围密植沙拐枣、骆驼刺等耐旱灌木，外围栽植沙枣、杨树等乔木或栽植沙枣、杨树、柳、沙柳、柠条、花棒等乔灌混交林，将沙丘包围于林中，即使沙障失效后，流沙也只能散布积聚在林地内，而不会外移危害。

对固沙和造林均不适宜的小片分散起伏沙地，可以采用"聚而歼之"的办法。在下风向的适当位置，插设高立式挡沙沙障，把分散的流沙逐渐拦蓄积量聚成大沙丘，再土埋沙丘，全部固定，然后环丘造林。

单元小结

防风固沙林营造任务小结如图4-23所示。

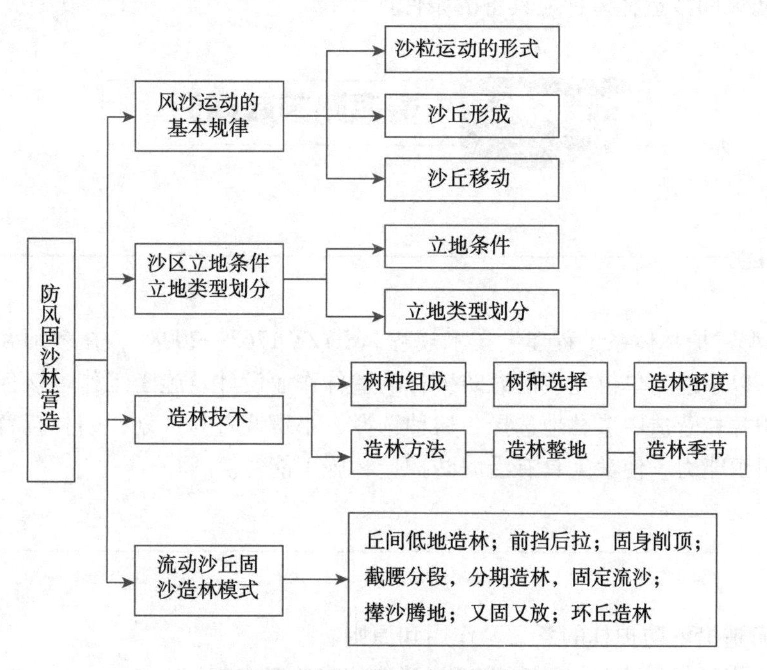

图 4-23 防风固沙林营造任务小结

自测题

一、填空题

1. 流动沙丘固沙造林模式有（　　　　）、（　　　　）、（　　　　）、（　　　　）、（　　　　）、（　　　　）。

2. 沙丘的运动形式主要有（　　　　）、（　　　　）、（　　　　）3 种。

3. 营造防风固沙林必须做到（　　　　）、（　　　　）、（　　　　），才有可能获得成功。

二、选择题（单项）

1. 在干旱缺水的沙区，营造防风固沙林要避免树种单一，应营造以（　　）为主，乔灌结合的混交林。

A. 乔木　　B. 灌木　　C. 草本　　D. 伴生树种

2. 沙区造林最关键的限制性因子是（　　）。

A. 水　　B. 风　　C. 肥　　D 光

3. 在年降水量低于 100 mm，流动沙丘上几乎没有湿沙层的地区，可以采用（　　）的方法固定流沙。

A. 分殖造林　　B. 环丘造林　　C. 固身削顶　　D. 截腰分段

三、简答题

1. 简述沙区的立地条件。

2. 阐述防风固沙林的营造技术要点。

3. 简述防风固沙造林树种应具备的条件。

任务 4.5　沿海防护林营造

任务描述

依据《沿海防护林体系工程建设技术规程》（LY/T 1763—2008），在教师和工程技术人员的指导下，以小组为单位完成沿海防护林的造林作业设计及施工工作。该任务主要训练学生沿海防护林林营造中造林地选择、树种选择、小班调查与区划，幼林抚育的技术方法和造林施工组织能力，使学生具有沿海防护造林施工能力。

任务目标

1. 了解营造沿海防护林的意义、作用和原则。

2. 熟悉沿海防护林类型、树种选择、营造技术等基本知识。

3. 掌握沿海防护林营造主要技术要点。

4. 能依据生产任务要求，完成该项目的工程实施。

我国海域宽广辽阔，海岸线长，沿海防护林是我国生态建设的重要内容，是海啸和风暴潮等自然灾害防御体系的重要组成部分。加强沿海防护林体系建设，全力推动沿海防护林体系快速健康发展，为我国万里海疆构筑起结构合理、功能完善的绿色屏障，是我国生态安全的迫切需要。

4.5.1 营造沿海防护林的必要性

我国海域宽广辽阔，面积有 3.9×10^6 km，大陆海岸线长达 1.8×10^4 km。海疆纵跨温带、亚热带和热带 3 个气候带，分布着我国 70% 以上的大中城市和 1.25 亿人口，是我国经济发展的龙头。但我国沿海地区由于陆海交替、气候多变，导致各种自然灾害频繁发生，每年均造成数百亿元的经济损失。据统计，2019 年，我国沿海共发生风暴潮过程 11 次，直接经济损失高达 116.38 亿元，同时，随着经济社会的快速发展和全球气候的变暖，沿海地区自然灾害发生的频率越来越高，造成的损失也越来越大，为抗御各种自然灾害，全面加强沿海防护林体系建设，建立良好的自然生态环境，已成当务之急。

4.5.2 沿海防护林体系工程建设分区

4.5.2.1 工程建设区域

全国沿海防护林体系工程建设区域包括辽宁、天津、河北、山东、江苏、上海、浙江、福建、广东、广西、海南 11 个省(自治区、直辖市)的 261 个县(市、区)。

4.5.2.2 类型区划分

根据我国沿海地带的地貌特征、土壤类型和气候条件，将我国沿海防护林体系建设区域划分为沙质海岸为主的台地丘陵防风固沙、水土保持治理类型区、淤泥质海岸为主的平原风、潮、旱、涝、盐、碱治理类型区以及基岩海岸为主的山地丘陵水土保持、水源涵养治理类型等 3 个类型区和 12 个自然区，详见《沿海防护林体系工程建设技术规程》(LY/T 1763－2008)。

4.5.3 沿海防护林体系构成与配置

4.5.3.1 沿海防护林体系构成

以海岸基干林带、海岸消浪林带为主，与纵深防护林等有机配合，共同构成沿海防护林体系。

4.5.3.2 沿海防护林体系类型

(1)泥质海岸防护林体系

海岸带适宜造林的地方起向内陆延伸，形成以海岸消浪林带、海岸基干林带为主，与纵深防护林等相结合的综合防护林体系。

(2)沙质海岸防护林体系

从海滩适宜造林的地方起向内陆延伸，形成以海岸基干林带为主，与纵深防护林等相结合的综合防护林体系。

(3)岩质海岸防护林体系

从最高潮位线起向内陆延伸，形成以海岸基干林带为主，与纵深防护林等相结合的综合防护林体系。

4.5.3.3 沿海防护林体系功能配置

根据"全面规划、因地制宜、因害设防、生态优先"的原则，在划分类型区的基础上，突出各区域的主体防护功能，合理布局，优化林种、树种结构，增强综合防护功能，提高抵御灾害的能力。

(1)海岸基干林带

泥质海岸选择耐盐碱、抗风折、耐涝、易繁殖的树种；沙质海岸选择抗风沙、耐瘠薄、根系发达、固土能力强的树种；岩质海岸选择抗干旱、耐瘠薄、固土护坡能力强的树种。

(2)海岸消浪林带

红树林选择抗污染、根系发达、自我更新能力强，防浪促淤、固岸护堤能力强的乔灌木红树植物种。柳林以乡土种为主，适当引进耐水浸、耐盐碱、抵御风暴和固岸护堤能力强的其他树种。

(3)纵深防护林

造林树种选择执行 GB/T 18337.3—2001 和 GB/T 15776—2016 中的有关规定。其中，农田林网选择抗海风海雾、抗病虫、耐盐碱、树体高大、生长快、冠幅小、不易风倒风折的树种；村镇绿化选择抗污降噪能力强，具有较高观赏价值或经济价值的树种或优先选用乡土树种。

4.5.4 林带配置与结构

4.5.4.1 海岸基干林带

沿海基干林带的走向应与海岸线一致。沿海基干林带宽度视地形地貌、土壤类型和潜在危害程度而定。在泥质岸段，沿海基干林带宽度不少于200 m，如一条林带宽度达不到要求，可营造2~3条林带。在沙质岸段，沿海基干林带宽度不少于300 m，具备条件地段可加宽到500 m。在岩质岸段，自临海第一座山的山脊以下，向海坡面的宜林地段应全部植树造林。

4.5.4.2　海岸消浪林带

配置方式：可采用篱式、丛状、团块状或行状等配置形式。

按照“因害设防、因地制宜、适地适树”的原则，应根据造林地的立地条件和树种特性营造树种混交林带，形成合理的林带结构。

4.5.5　造林密度选择

4.5.5.1　海岸基干林带

根据树种特性、立地条件、防护功能和经营水平确定适宜造林密度

4.5.5.2　海岸消浪林带

例如，柽柳林植苗造林密度为10 000～20 000 丛/hm^2；又如，插条造林密度为20 000～30 000 丛/hm^2。

4.5.6　整地

4.5.6.1　泥质海岸整地

应在雨季前完成。一般可采用全面整地、开沟整地、大穴整地、小畦整地，对低洼盐碱地和重盐碱地宜采用台、条田整地。低洼盐碱地修筑台(条)田面宽50 m～100 m，沟深1.5 m～2.0 m，台(条)田长度与沟宽要便于排涝洗盐；然后再按设计进行穴状或带状整地。重盐碱地应先设立防潮堤，开挖主干河道，修建排水系统；然后修筑台(条)田。一般条田宽50 m，长100 m左右；条田沟深1.5 m以上，支沟深3 m以上。面积较小地块宜采用台田起垄(垄高30 cm～50 cm)或修筑窄幅台田整地(一般排水沟深1.5 m，台田面宽15 m～20 m)。

4.5.6.2　沙质海岸整地

(1)穴状整地

整地规格可据造林苗木大小确定。一般为(0.5～1.0)m×(0.5～1.0)m×(0.5～1.0)m。

(2)带状整地

带宽1.0 m，深0.6～1.0 m，带长因地而宜。

(3)条田整地

对地势较低、地下水位较高的沿海风沙地，应实行条田整地。一般条田面宽50 m，长100 m左右；条田沟深1.5 m以上，支沟深3 m以上。

4.5.6.3　岩质海岸整地

禁止采用全面整地方法。具体视立地、树种等情况确定是否整地或适宜的局部整地方式。

4.5.7　造林方法

(1)裸根苗造林

造林苗木使用Ⅰ、Ⅱ级苗木。

(2)容器苗造林

沿海瘠薄荒山、风沙地造林宜采用容器苗造林。

(3)播种造林

在土层浅薄、坡度陡峭、岩石裸露的宜林地可采用播种造林。

(4)栽植技术

①植苗造林。在秋季或春季栽植截干苗。栽后踏实，保墒。雨季应及时排涝。

②插条造林。在土壤湿润的地方可以冬、春或雨季扦插。选一年生健壮萌条，径粗1 cm左右，截成30 cm长的插穗，竖直插入整好的穴中，每穴“品”字形或正方形插条3～4根，株距30 cm左右。

③播种造林。在春季或夏季均可，宜在大雨过后1～2 d内播种。播种量每公顷7.0～8.0 kg(带果壳)。出苗前如遇大雨冲埋，应进行补播。

4.5.8　抚育保护

4.5.8.1　培土扶正

在造林后1～2年内(特别是当年)，每次台风大雨后对栽植幼树应及时进行培土扶正等工作，以防幼树歪斜倒伏，促进其正常生长。

4.5.8.2　封禁管理

造林初期，植被稀少，幼树扎根浅，林地要实行封禁管理。一般在造林前3年，应严禁人畜进入林间，严禁割草、扒叶、挖草根、锄草、玩火、放牧等活动，以促进杂草植被繁茂与幼林共生，保护幼树健康生长。

4.5.8.3　适时抚育间伐

幼林郁闭后直至成林前，对栽植密度大的幼林一般应进行3～4次的抚育间伐，以防主干徒长纤细、枝下高过长和树冠狭小。通过适时间伐，既可促使幼林高、径的正常增长，又能防止风害倒木现象发生，改善幼林生长条件。

4.5.8.4　更新采伐

海岸基干林带等沿海防护林出现衰老迹象，失去防护作用时，应先规划，然后采取带状皆伐更新、隔带皆伐更新、逐带皆伐更新等方法及时抚育。带状皆伐方法，即先在基干林带的内侧营造新的林带，至新林带郁闭并长到一定高度和具备防风固沙作用时，再伐去前沿林带。

隔带皆伐更新：即按林带排列顺序，进行隔带采伐，至砍去的地方新造幼林郁闭并达到一定高度时，再伐去留下的各条林带进行更新。这种方法适合于小网格林带的更新。

逐带皆伐更新：即每条林带都先砍去一半进行更新，至新林郁闭并长到一定高度时，再伐去留下一半进行更新。这种方法适合于宽度较大林带的更新。

单元小结

沿海防护林营造任务小结如图 4-24 所示。

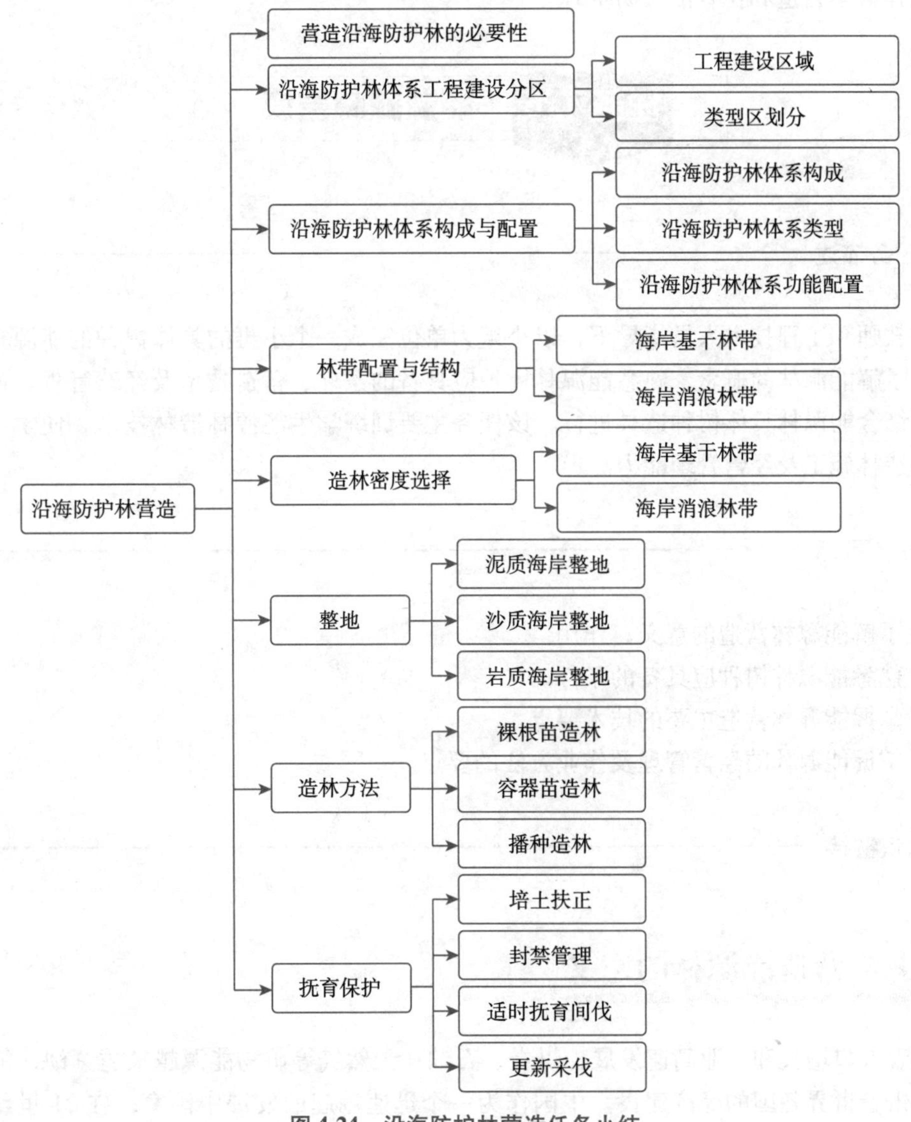

图 4-24　沿海防护林营造任务小结

自测题

一、填空题

1. 以(　　　　)、(　　　　)、(　　　　)等有机配合，共同构成沿海防护林体系。

2. 营造沿海防护林应遵循(　　　　)、(　　　　)、(　　　　)、(　　　　)的原则。

3. 沿海防护林营造应坚持(　　　　)、(　　　　)和(　　　　)3 大效益相结合的原则。

二、简答题

怎样科学营造和抚育沿海防护林？

任务 4.6　能源林林营造

任务描述

在教师和工程技术人员指导下，以小组为单位完成一个小班的具体树种的能源林营造任务。了解能源林的概念，熟悉能源林树种应具备的条件、营造技术及经营管理。该部分内容可结合能源林具体树种造林进行。该任务主要训练学生能源林造林技术，使学生具有能源林造林施工及经营管理能力。

任务目标

1. 了解能源林营造的意义、作用。
2. 熟悉能源林树种应具备的条件。
3. 掌握能源林营造主要的技术要点。
4. 掌握能源林的经营管理及作业方法的要点。

知识链接

4.6.1　营造能源林的意义

随着人口增长和工业高速发展，煤炭、石油、天然气等矿物能源越来越紧缺，能源危机已冲击着世界各国的经济建设。中国作为一个迅速崛起的发展中国家，在 21 世纪，面临着经济增长和环境保护的双重压力。为了在不牺牲环境质量的条件下实现经济的持续增

长，改变能源的生产和消费方式，开发利用可再生的清洁的能源资源是必然的选择，发展生物质能源已引起国际上的广泛关注。发展能源林，不仅关系着我国林业建设成效，也是缓解我国薪材供求矛盾和农村能源短缺的重要措施，对于改善林种树种结构、增强森林适应社会和抗御自然灾害能力、维护和改善生态环境和大气自然环境，促进秸秆、畜粪还田和农村发展都具有重大战略作用，也是为农村地区提供生活和生产用能源，帮助这些地区脱贫致富，实现小康目标的一项重要任务。能源林与其他能源相比，有以下许多优点：①能源林是可再生的清洁能源资源；②能源林具有多种功能，既是能源，又是饲料、肥料、小规格用材，还具有一定的防护作用；③能源林是由乔木或灌木组成的森林类型，生产潜力巨大；④能源林繁殖快，利用易，分布广，燃烧利用率高。

4.6.2 能源林林的作用

4.6.2.1 缓解农村能源短缺状况

我国广大农村，由于交通条件、运输工具、资金等限制，煤、电能、风能、太阳能很难在近期内成为主要生活能源，薪材依然是其不可替代的主要用能，且由于人们环保意识不断增强，讲究食品卫生，提倡用薪材作为生活能源，因此在我国广大农村地区有计划地发展能源林很有必要。据测算，中国新发展的能源林，年生物量可达到 $2.00\times10^{10}\sim2.50\times10^{10}$ kg，相当于 $1.14\times10^{10}\sim1.43\times10^{10}$ kg 标煤，大大缓解了部分群众烧柴紧缺状况。

4.6.2.2 改善了森林林种树种结构，保护了生态环境

合理规划能源林种，可减少对森林的乱樵滥采，减轻对森林资源的压力，有效地保护其他林种，提高森林质量，更好地发挥森林的多种效益，保护了生态环境。

4.6.2.3 保障天然林资源保护工程的顺利实施

天然林资源保护工程的实施，将江河干流两侧、湖泊水库周围、高山陡坡、森林植被破坏后难以恢复等生态环境脆弱的地区确定为禁伐地带，作为保护区管理，严禁一切天然林和人工林采伐，这势必造成广大农村人口生活能源紧缺，因此，从长远来看，要保障天然林资源保护工程顺利实施，必须有计划地大力发展能源林资源。

4.6.2.4 加快了国土治理与绿化

由于薪炭能源林适应性强，可利用其他林种不适宜的立地条件较差的宜林地造林，且生长效果较好，实现了国土绿化和培育能源林的双重目的，加快了国土治理与绿化。

4.6.2.5 促进群众脱贫致富奔小康和社会进步

能源林不仅是生活燃料，也是农村发展副业的资源，发家致富的本钱。如紫穗槐能源林，既可做燃料，又可做绿肥，还可编织篓筐等，据统计，每公顷收入高达 1 万元。刺槐叶柔软无味，含蛋白质和氮素，是很好的饲料，也可做化工原料等。麻栎叶可养蚕，果壳

可提取单宁，种仁制酒和酒精，可做饲料，树干可培育食用菌等。总之，能源林的多用途开发，将成为农村经济的新增长点，成为促进群众脱贫致富奔小康的新产业。

4.6.3 能源林营造的原则

能源林营造应采取以下原则：

①与国家林业重点生态建设工程有机结合的原则。

②因地制宜、统一规划、合理布局、多能互补、科学经营的原则。

③突出重点、先急后缓的原则。

④实行“造、封、改、转”多途并举，“造、管、用”结合的原则。

⑤分类经营的原则。

4.6.4 能源林的营造技术

4.6.4.1 确定能源林的能耗标准

能源是实现国民经济建设和提高人民物质生活水平的基础，能源总耗量和人口平均耗量是衡量一个国家经济发展水平的重要标志。2019 年我国一次能源生产量 39.7×10^8 t 标准煤，能源消费总量 48.6×10^8 t 标准煤，居于世界首位，折合人均能源消耗 3471 kg，远低于发达国家。2019 年能源生产结构中，原煤占比 68.8%，原油占比 6.9%，天然气占比 5.9%，水电、核电、风电等清洁能源占比 18.4%。2019 年原油进口 $50\,572\times10^4$ t，同比增长 9.5%，原油出口 81×10^4 t，同比减少 69.2%；成品油进口 3056×10^4 t，同比减少 8.7%，石油对外依存度 70.8%。随着中国经济的快速发展和人民生活水平的不断提高，中国年人均能源消费量将逐年增加，从近 10 年能源消费增速来看，2019 年达到了 3.3%。因此，营造能源林，大力发展可再生能源资源势在必行，为了有计划、有目的地安排造林面积，应据不同时期、不同地区能耗标准对生产薪柴需要量做出基本计算。

能源林林造林面积的计算，可参考下列计算公式：

$$A = \frac{N \times P}{F} \tag{4-1}$$

式中：A——需营造能源林面积，hm^2；

N——每人每年最低需柴量指标，kg/年；

P——能源林生产周期，年；

F——能源林稳定期单位面积产柴量，kg/hm^2。

4.6.4.2 确定能源林的类型

以生产生物质能源为主要宗旨，并具有一定生态功能的树木，包括油料能源林和木质能源林。利用林木及林产品中含有的油脂，使用一定方法使其转化成生物能源或者转化成其他化工替代产品的能源树木被称为油料能源林；以利用树木木质为主，并使用一定方法将其转化为各种形态燃料的能源林称为薪炭林。能源林的类型目前生产上主要有下列几种，应根据具体情况选定：

(1)乔、薪结合型

该类型是采用乔木用材树种与生物质能源林树种相结合，符合多种效益，是能源林发展的方向之一，主产品是用材，但首先生产的是薪材。

(2)乔木矮化型

该类型是采用速生乔木树种，进行矮林作业，其优点是伐期短，可生产最多的生物量，易于机械化和集约经营。

(3)乔木混交型

此类型是利用树种不同特性，如针叶与阔叶、慢生与速生、喜光与耐阴、深根与浅根等来进行混交造林，形成两层林冠，充分利用光能与土壤养分，使经济－生态－社会3项效益结合成为一个整体，这是最有发展前途的一种类型。

(4)石油林型

主要是利用含烃类和油脂类的“柴油树种”，用其木材或种子的内含物来提炼石油。

4.6.4.3 选好能源林树种

(1)能源林造林树种应具备条件

①火力强、热值高、易点燃、发烟少、燃烧性能好。

②适应性强，生长快，耐修剪和砍伐，萌芽力强。

③种子多，或无性繁殖容易，造林成活率高，成林快，容易天然下种更新成新的林分。

④可劈性好，易运输。

⑤兼有提供“五料”、防护、美化环境等功能。

我国主要薪炭(生物质能源)林树种有：松树类、槐树类、栎树类、杨树类、桉树类、相思树类、柳树、构树、桤木、枫杨、柠条、沙棘、木麻黄、苦楝、枫香、胡枝子等。

(2)能源林树种的选择原则

①选择适合本地气候和土质的树种。

②选择适应性强的树种；

③选择用途广、价值高的树种。

④选择造林材料丰富，育苗造林技术简单易掌握的树种。

⑤选择寿命长，易更新的树种。

根据上述5个原则，结合能源林树种应具备条件，科学选择各地区能源林树种。

4.6.4.4 选用良种壮苗

选用良种壮苗造林，成活率高，生长快，能很快成林。截干造林苗木应注意选择根系质量。

4.6.4.5 选好造林地

能源林树种虽然适应性强，对立地要求不严，但在条件差立地，其产量水平低，收益率低。因此，应根据不同树种和能源林培育目的的不同，选择合适的造林立地。对于高产和多功能能源林，应选择较好立地。

4.6.4.6 细致整地

因为营造能源林的立地多为干旱、瘠薄、土层较浅，或是质地较粗，结构不良等，因此应通过细致整地来改良土壤，提高土壤肥力，确保能源林成活、成林、成材。

4.6.4.7 合理密植

能源林的造林目的是，在短期内单位面积上生产出最大量的薪材，因此，要使林木既能充分利用阳光，又要充分利用土地，做到合理密植，一般株行距 2 m×1 m、1 m×1 m、0.5 m×1 m，5×10^3 ~ 2×10^4 株/hm^2。当林木出现互相挤压、生长受阻时，可通过砍伐或修枝，既获得大量薪材，又调整了密度。

4.6.4.8 精心栽植

据各地气候及树种特性，正确选择造林时间，一般以春季为佳。造林方法有植苗造林、播种造林、插条造林、插干造林等。

4.6.5 能源林经营管理措施

4.6.5.1 幼林抚育管理

造林后要提高保存率和促进生长，幼林抚育至关重要。因为新栽幼树根系生长和吸收力均很差，不能抵抗恶劣的环境条件，也容易遭到人畜破坏。

能源林幼林抚育管理应做好松土除草、补植、间苗、平茬、扶正清淤、间作农作物等工作。

4.6.5.2 选择合适的作业方法

据树种的发枝特性和萌芽能力，能源林的作业方法分为灌丛作业法、头木作业法、鹿角桩作业法、乔林作业法、中林作业法等。

(1)灌丛作业法

根据各能源林树种(包括大多数灌木和萌蘖性强的乔木如刺槐、杨树、柳树等)最佳采薪周期一般4年左右，进行平茬作业，分年收获，因此，又称短轮伐期矮林作业。

具体做法是：造林成活后在当年的秋末冬初贴地面平茬，第一年不留枝桩，同时，在根茬上培土。第二年秋季平茬时要保留 3 ~5 cm 高的枝桩，促使枝桩上多发萌条。如需要刈割枝叶作饲料和肥料，可在雨季前即6月平茬1次，还可萌发新条。初植密度一般为 1×104 株/hm^2，株行距 1 m×1 m，适时间伐。为了保持生态效益和年年采薪的需要，有计划地进行轮流平茬，如4年为1个采薪周期，1年采伐林子1/4。秋后平茬，翌年春天萌发更新，1株萌条1丛，夏秋又郁闭成林，生物量增加。1次造林，多次平茬，多年利用，形成稳定的生物能源资源。在一般情况下，灌丛的更新期是15～20年，土质瘠薄的地方还要缩短。凡是根桩衰老，病虫害多，萌芽少而不旺盛的灌丛都要适时刨掉，重新整地，营造新的林分。

初植密度较大的灌丛，要适时刨出一部分根茬供造林用，使保留的植株有足够的营养面积和光照，否则，过于稠密，将降低产量。例如，株行距1 m×1 m的紫穗槐，第3年的每亩产条量350～400 kg，第4年400～550 kg，第5年400 kg，第6年即下降为250 kg，而株行距2m×3 m的紫穗槐，每亩产条量逐年上升。凡是初植密度$3.33\times10^3\sim1\times10^4$株/$hm^2$的灌丛，在第4年或5年应进行间伐(刨出一部分根茬)，保留6660～4950株/hm^2；初植密度为6660～4950株/hm^2的灌丛，间伐后保留2490～3330株/hm^2。

(2)头木作业法

在树干一定高度处把树干截断，使断面附近萌生枝条，长到预定的规格时，砍伐利用。由于每年或定期砍伐，此处不断增大而成瘤状，形似人头，树桩又较高，所以称为头木作业。

具体做法是：造林2～3年后，从距地2～2.5 m高处截干，当年萌发丛生枝条，生长1年，间去弱条，在主干顶以下0.5～0.8 m的范围内，选留均匀分布5～8根健壮侧枝，培养为椽材等。第一次砍伐时留枝桩0.3～0.5 m作为二级基桩，再在此基桩上选留2～3个或更多的健壮枝条培养为需要规格的用材，如此砍伐和留养，可以同时产生薪材、饲料、肥料和小规格材。

头木作业株行距要大，株距5～6 m，行距7～8 m，可结合林粮间作或行道树、庭院绿化、牧场造林等进行。陕西、河南等地柳树头木育薪已有几百年历史。我国适于头木作业的树种有柳、杨、榆、桑、刺槐、合欢、银合欢、桉树、铁刀木等。

(3)鹿角桩作业法

作为我国江苏、浙江、安徽、福建一带常用的能源林经营方法。具体做法是：在松树造林后主干1.0 m以上的高处选留一盘粗壮枝条，锯去树冠，再在此盘枝上选留一对粗枝，砍去其他侧枝，此为一级枝，然后在这一对一级枝上各选留一对二级枝，形如鹿角，故称作“鹿角桩”。

(4)乔林作业法

乔林作业法是指能源林以培育小、中径级材的一般用材林的经营方法，既有实生苗养成的乔林(如松树)，也有无性繁殖形成的矮林(如刺槐、杨树、柳树等)。薪炭材的收获是通过修枝、间伐和主伐，培育期较长。

修枝时应根据树种生长的快慢及树龄确定合适的树冠长度与树干高度的比例。据山东省的经验，针叶树(松树等)及生长慢的阔叶树(栎类、槐树、黄连木等)10年生以下，修枝后的冠干比为3∶1至2∶1，11年生以上为1∶1。生长较快的树种(杨、柳、刺槐等)2～5年生，修枝后的冠干比为3∶1，5～10年生为2∶1，11～20年生为1∶2。

修枝时间一般秋末至早春，要用嫩枝叶作肥料和饲料的，要在5～6月修枝。一般每隔3～4年修一次枝，以获得较多的烧柴。

间伐大都在4～7年(阔叶树)或10～15年(针叶树)后开始。薪炭(生物质能源)林大都是同龄的单层林，一般多采用隔株或隔行间伐法，第1次间伐强度按株数计不能超过40%，按蓄积量计算，应伐去全林分总蓄积量的15%左右。以后隔3～5年再间伐，间伐选木应遵循“采小留大、采劣留好、采弱留强、采密留稀”，确保林分健康生长。

阔叶林的培育期一般是15～20年，针叶林的培育期一般是20～30年，间伐均为2～3次。萌芽性强的阔叶树如刺槐、杨树、柳树、栎树、桉树、铁刀木、沙枣等主伐后可采用萌芽更新。

（5）中林作业法

能源林经营一般多采用纯林，实行矮林作业，但也可采用高矮结合、材薪兼顾、复层混交林结构的中林作业，即上层木进行乔林作业，生产用材或发挥防护效益、下层木采取矮林作业，生产薪材或兼备经营经济林。如杨树×紫穗槐，窿缘桉×大叶相思，马尾松×枫香等混交林。中林作业有利于形成垂直树冠，提高光能利用率，增加林分生物产量和质能源林的稳定性，同时也更好地发挥能源林的多种效益。

单元小结

能源林营造任务小结如图4-25所示。

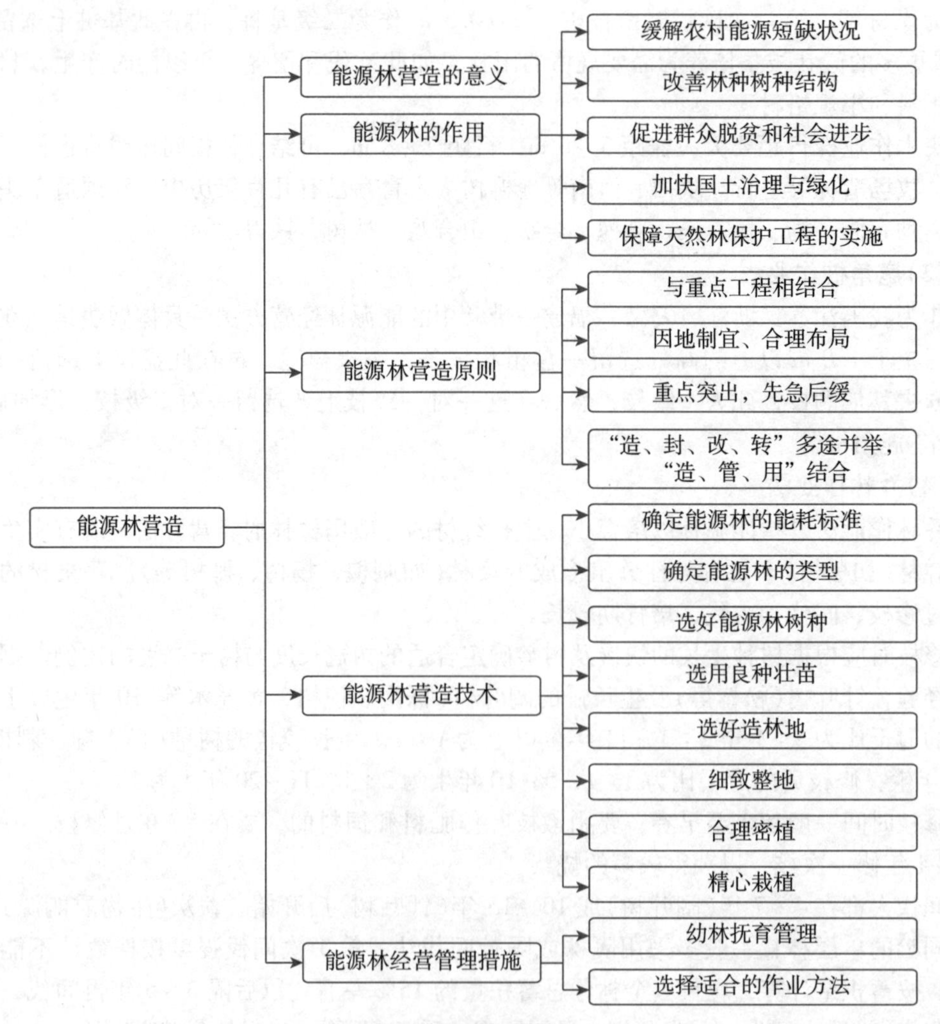

图4-25 能源林营造任务小结

项目5 主要树种造林技术

本项目内容以数字化资源形式表现，其内容既可以与其他项目的知识相辅相成，又可以指导苗木生产实践。具体树种种类如下所示。

名　称	名　称
桉树（*Eucalyptus* spp.）	杉木（*Cunninghamia lanceolata*）
板栗（*Castanea mollissima*）	湿地松（*Pinus elliottii*）
侧柏（*Platycladus orientalis*）	水曲柳（*Fraxinus mandshurica*）
刺槐（*Robinia pseudoacacia*）	水杉（*Metasequoia glyptostroboides*）
核桃（*Juglans regia*）	文冠果（*Xanthoceras sorbifolia*）
红松（*Pinus koraiensis*）	乌桕（*Sapium sebiferum*）
红松（*Pinus koraiensis*）	杨树（*Populus* spp.）
黄连木（*Pistacia chinensis*）	银杏（*Ginkgo biloba*）
火炬松（*Pinus taeda*）	油茶（*Camellia oleifera*）
加勒比松（*Pinus caribaea*）	油松（*Pinus tabuliformis*）
栎类（*Quercus* spp.）	油桐（*Vernicia fordii*）
落叶松（*Larix* spp.）	樟树（*Cinnamomum camphora*）
马尾松（*Pinus massoniana*）	樟子松（*Pinus sylvestris*）
毛竹（*Phyllostachys pubescens*）	紫穗槐（*Amorpha fruticosa*）
泡桐（*Paulownia fortunei*）	

注：①按树种名称的首字母排序；②我国南方引种栽培成功的湿地松、火炬松和加勒比松，统称国外松。

模块3

森林营造项目实例

项目6 造林作业设计说明书

知识目标

1. 进一步熟悉森林营造基本理论知识和技术方法。
2. 掌握造林作业设计说明书的基本组成和编制要求。
3. 进一步熟悉和掌握营造林作业设计的基本技术要求和技术方法。

技能目标

1. 能结合当地造林实际编制《造林作业设计说明书》。
2. 能够根据《造林作业设计说明书》绘制相关造林作业设计图。
3. 能够结合当地造林实际独立完成造林作业设计成果的编制。
4. 通过方案实施培养学生自主学习、组织协调和团队协作能力，独立分析和解决造林施工的生产实际问题能力。

任务6 造林作业设计说明书编制

任务描述

森林营造是森林经营活动的主要组成部分，是森林培育不可缺少的基础环节，在扩大森林资源、提高森林质量、加强生态环境建设和保护等方面发挥着关键作用。为了保证造林质量，提高造林成效，扩大森林资源面积，改善生态环境，使造林经营建立在科学的基础上，必须在造林前进行造林作业设计。

任务目标

知识目标

1. 进一步熟悉森林营造基本理论知识和技术方法。
2. 掌握造林作业设计说明书的基本组成和编制要求。
3. 进一步熟悉和掌握营造林作业设计的基本技术要求和技术方法。

技能目标

1. 能结合当地造林实际编制《造林作业设计说明书》。
2. 能够根据《造林作业设计说明书》绘制相关造林作业设计图。
3. 能够结合当地造林实际独立完成造林作业设计成果的编制。

任务分析

为了巩固森林营造理论知识，培养学生独立分析、解决林业生产实际问题能力，根据本课程实践教学大纲要求，并结合林业生产实际，安排造林作业设计综合实训项目，让学生掌握造林作业区选择、作业区测绘和调查、造林作业设计、造林作业设计成果编制、造林施工的基本技能，提高同学实践动手能力，为顶岗位实习奠定基础。

本次综合实训从2019年11月12日到11月16日历时5天，由×××老师进行技术指导，学生每6～10人划分一个实习组，对一个具体造林作业区进行全过程的造林作业设计实践。具体安排为：11月12日进行工具仪器材料准备和技术培训；11月13日进行造林作业区的外业调查、测绘工作；11月14～16日进行造林作业设计说明书的编制工作：包括内业资料统计整理、图面材料绘制、面积求算、造林作业技术设计、编制造林作业设计成果等。

任务实施

一、造林作业区概况

1. 地理位置

福建省南平市市郊林场建于1958年5月，场址几经搬迁，现设在南平市延平区西芹镇长沙自然村(南平市西溪路66号)，位于南平市的西南郊区，离市区7 km。富屯溪、鹰福铁路、2005国道、316国道、京福高速公路横穿而过，公交汽车往频繁，公路、铁路、河流形成了相互交织的运输网络，水陆交通十分便利，具有优越的地理环境，有利于各种运输和林业生产。南平市市郊林场杨真堂工区19林班，1(4)小班为采伐迹地，地处316国道和鹰福铁路附近，交通方便，有利于林业生产和运输。

2. 地形、地势情况

市郊教学林场属于武夷山脉东南延伸的低山丘陵地带，海拔多数为100～650 m，最高达726 m，坡度15°～30°。南平市市郊林场杨真堂工区19林班，1(4)小班海拔628 m，坡度26°，东南坡向，坡位中部。

3. 气候、水文

南平市郊教学林场气候温和、雨量充沛，年降水量1720 mm左右。4～6月为雨季，7～9月为旱季，无霜期300 d以上。

4. 土壤

土壤以山地红壤为主，土层中厚层居多，土壤多呈酸性，土壤肥力中等以上居多。成土母质主要为页岩、砾岩等。南平市市郊林场杨真堂工区19林班，1(4)小班母岩为砾岩，土层厚度120 cm，腐殖质层厚度21 cm，土壤质地砂壤至中壤，PH值6.3，微酸性红壤。

5. 植被

林下植被多为小檵木、小刚竹、五节芒、芒箕骨。据调查，全场Ⅰ、Ⅱ类立地条件类型面积占38.55%，Ⅲ类地占51.3%。南平市市郊林场杨真堂工区19林班，1(4)小班植被为软杂灌、蕨类、五节芒等，灌木层盖度50%，草本层盖度60%。

综上所述，南平市郊林场自然条件较好，气候温和，雨量充沛，土壤中等肥沃以上居多，适宜培育杉木、马尾松、阔叶树等多种用采木，适合发展毛竹和多种名特优经济林。经调查分析得知，南平市郊林场杨真堂工区19林班，1(4)小班面积115亩，自然条件优越，立地质量等级评价为肥沃级（Ⅰ），适宜营造杉木速生丰产用材林。造林作业区现状见表6-1。

6. 社会经济情况

南平市地处闽北山区，社会经济发展相对较落后，林业是闽北的支柱产业之一。林场下设长沙、火车站、杨真堂、九潭等4个工区。场部设有党支部、工会、共青团、妇联等组织及综合科、计财科、生产科、森林公安派出所等职能部门。

二、立地条件类型划分

立地条件类型划分是造林规划设计、造林调查设计和造林作业设计的基础工作。要做到因地制宜、正确选择树种、设计科学的营造林技术措施，首先应充分了解造林地特性和树种特性。本次综合实训，我们以组为单位，对南平市市郊林场杨真堂工区19林班，1(4)小班首先进行地形、土壤、植被等立地因子调查，根据二类调查的森林资源调查簿、作业区路线调查和4个土壤全剖面、10个样方的补充调查，进行资料整理分析，并按福建森林《立地分类系统》标准进行该作业区立地类型划分和立地质量评价。具体划分结果为：南方亚热带立地区域、武夷山山地立地区、武夷山戴云山山间立地亚区、山地立地类型小区、低山带长坡中部立地类型组、低山带长坡中部中厚土中厚腐立地类型，立地条件类型代码为：Ⅶ41D(A)f(21)。查找武夷山戴云山山间立地亚区立地质量等级表，南平市市郊林场杨真堂工区19林班，1(4)小班立地质量等级评价为肥沃级（Ⅰ）。

三、造林技术设计

1. 造林设计

（1）林种、树种的选择

南平市是福建省木材重点产区，也是福建省速生丰产林建设重点区域。根据“因地置宜、地尽其力、合理利用土地资源”的原则，根据南平市市郊林场的自然条件和社会经济特点，南平市市郊林场杨真堂工区19林班，1(4)小班林种设计为速生丰产用材林。遵循满足造林目的要求、适地适树原则选择造林树种，该作业区目的树种选择杉木，并以木荷作为防火林带树种。

（2）苗木准备

选用福建洋口林场杉木种子园的良种进行苗木培育，育苗按照国标和福建省育苗技术规程进行科学育苗。造林用杉木苗选用1年生，地径≥0.45 cm、苗高≥30 cm、根系长度≥20 cm、>5 cm长Ⅰ级侧根数≥15根的Ⅰ级壮苗；木荷苗选用1年生，地径≥0.60 cm、苗高≥50 cm、根系长度≥25 cm、>5 cm长Ⅰ级侧根数≥8根的Ⅰ级壮苗；从起苗到栽植全过程中，应注意保护苗木，避免损伤和苗木水份损失，适当修剪苗木根系，并进行根系蘸泥浆处理，木荷苗还需适当修剪枝叶。本作业区共需杉木Ⅰ级壮苗23 000株，木荷Ⅰ级壮苗600株。

（3）造林地清理和整地

因为该作业区植被茂密，灌木和草本盖度较大，高度较高，为便于整地和栽植作业，设计劈草炼山清理，时间为2020年7～8月。炼山前应开好防火路，并选择无风、阴天的清晨或傍晚烧炼。炼山后应清杂，烧堆或剩余物堆烧。因该作业区坡度达26°，为保持水土，采用块状整地，于造林前3～6个月进行，穴规格60 cm×40 cm×40 cm，做到挖明穴、回表土。结合整地可每穴施150g的复合肥，注意将肥料与穴底土拌均匀再覆土，避免和苗木根系接触。

（4）栽植配置

该作业区营造杉木纯林，并配置木荷防火林带。造林密度设计以立地条件、树种特性、造林

目的、造林技术、经营条件等为依据，因杉木中性偏喜光，速生，树冠较窄，主干通直圆满，自然整枝能力强；浅根性且根穿透力弱；喜温湿，怕风怕旱，喜肥嫌瘦。速生丰产林造林技术水平高，实行集约经营，且近年杉木小径材销路好，因此造林密度初植密度可设计为每亩200株，株行距1.5 m×2 m，采取长方向配置，行带沿山地等高线方向设置。

（5）造林季节与方法

造林季节选择2021年春季的阴天、小雨天或雨后晴天进行。

造林方法采用植苗造林穴植法。造林时应做到：随起苗、随蘸根、随栽植；栽植时应遵循“三埋两踩一提苗”，将苗木栽正扶直、适当深栽（达地上部分1/3～1/2），并先填表土湿土，后填心土，分层覆土、分层压实，根部培松土；应达到根系舒展、严防窝根、深浅适度（深栽至根际以上10 cm）、根土密接、不反山等技术要求。

2. 幼林抚育设计

采取集约经营方式，连续抚育3年，每年抚育1～2次。造林当年4月扩穴培土1次（70～80 cm），8～9月全面锄草松土1次（深7 cm）。第2年全面翻土1次，深20 cm，并劈除萌芽条。第3年4～5月及8～9月各全面锄草松土1次。幼林施肥结合第二年松土除草每株施碳酸氢铵0.1 kg。

3. 种苗需求量计算

根据该作业区杉木初植密度设计和小班造林面积，可计算出该作业区需要杉木Ⅰ级壮苗：200×115，共23 000株，木荷Ⅰ级壮苗600株。种苗来源和苗木具体标准详见苗木准备部分。

4. 工程量、用工量和投资概算

根据造林作业设计中各造林和营林工序的劳动定额（参考福建省国有林业单位现行劳动定额），概算营造林工程量，包括林地清理、整地挖穴、施基肥、造林栽植、幼林抚育、追肥的工程量，肥料、农药等造林所需物资数量，相应物资、材料的需求量等；并根据造林地面积、造林作业工程数量及其相关的劳动定额，计算用工量，结合施工安排测算所需人员与劳力；根据用工量和日工资测算造林作业各工序投资额。经概算得知：南平市市郊林场杨真堂工区19林班，1(4)小班营造速生丰产用材林共需投工1909工，用工投资190 900元，其中林地准备投工1092.5工，投资109 250元；造林投工172.5工，投资17 250元；幼林抚育投工644工，投资64 400元；肥料费投资16 330元；种苗费投资4780元。具体详见造林作业设计表（表6-2），2021年造林工程量、用工量及投资概算一览表（表6-4）。

5. 施工进度安排

根据季节、种苗、劳力、组织状况做出施工进度安排，详见说明书和表6-2。

6. 经费预算

分苗木、物资、劳力和其他4大类计算。种苗费用按需苗量、苗木市场价、运输费用测算。物资、劳力以当地市场平均价计算。计算表详见表6-2、表6-4。

四、造林作业设计图和设计表

造林作业设计各种图表详见表6-1至表6-5。

表6-1 造林作业区现状调查表（正面）

<table>
<tr><td colspan="2">编号：</td><td colspan="2">日期：2019年11月13日</td><td colspan="2">调查者：</td></tr>
<tr><td colspan="6">位置：　南平　县（市、区）　市郊　乡（镇场）　杨真堂　村（工区）　19　林班（小班）1(4)</td></tr>
<tr><td colspan="2">地形图图幅号：</td><td>比例尺：1∶100 000</td><td colspan="3">千米网范围：东　西　南　北</td></tr>
<tr><td colspan="6">作业区面积：7.67hm²　（精确到0.01），相当于　115　亩（精确到0.1）</td></tr>
<tr><td colspan="6">地貌类型：(1)中山✓　(2)低山　(3)高丘　(4)低丘　(5)台地　(6)平原　(7)其他（具体说明）</td></tr>
<tr><td>海拔：628m</td><td>坡度：26　度</td><td>坡向：东南</td><td>坡位：中</td><td colspan="2">立地质量等级：Ⅰ</td></tr>
</table>

（续）

地类：(1)宜林荒山荒地✓ (2)采伐迹地 (3)火烧迹地 (4)宜林沙荒地 (5)可封育成林的荒山荒地 (6)林中林缘空地 (7)暂未利用的荒山荒地 (8)疏林地 (9)低质低效林林地 (10)其他(沼泽地、滩涂、农地等或具体说明)			
母岩类型： (1)流纹岩 (2)花岗岩 (3)片麻岩 (4)粗面岩 (5)正长岩 (6)安山岩 (7)闪长岩 (8)玄武岩 (9)辉绿岩 (10)辉长岩 (11)泥质岩 (12)页岩✓ (13)板岩 (14)千枚岩 (15)片岩 (16)凝灰岩 (17)砂岩 (18)砾岩✓ (19)角砾岩 (20)石英岩 (21)石灰岩 (22)大理石 (23)第四纪红色或黄色黏土类			
土壤名称：黄红壤		土层厚度(cm)：120	腐殖层土层(cm)：21
石砾含量(%)：	pH：6.3	质地：①砂土 ②砂壤土 ③轻壤土✓ ④中壤土 ⑤重壤土 ⑥黏土	
植被类型： 总盖度(%)：		盖度(%)： 乔木层 灌木层 50 草本层 60	
		高度(cm)： 乔木层 灌木层 150 草本层 60	
需要保护的对象：山脊线上的林木及阔叶树。			
前茬树种、生长状况及拟营造树种选择建议：前茬树种为杉木，生长良好。因此，地土壤肥沃，立地条件良好，拟营造杉木速生丰产用材林。			
备注： 评价(立地条件好坏、利用现状、造林难易程度、有无水土流失风险、有无需要保护的对象、权属是否清楚、交通是否方便、光照、湿度、风害、寒害、适宜的树种、整地方式、栽植配置等)。 经调查，该作业区立地质量等级为肥沃级，条件好，可营造速生丰产林；现为皆伐迹地，造林条件好，坡度为25°以上，有一定的水土流失风险，整地应采用局部整地法，配置宜采用长方形或三角形配置；有部分阔叶树需要保护；山权和林权均属市郊教学林场；交通方便，光照充足、气候为温暖湿润气候，降水丰富，湿度条件较好，冬季有短期低温，适宜选择喜温暖湿润气候的树种。			

表 6-1 造林作业区现状调查表(反面)

面积测量野账与略图

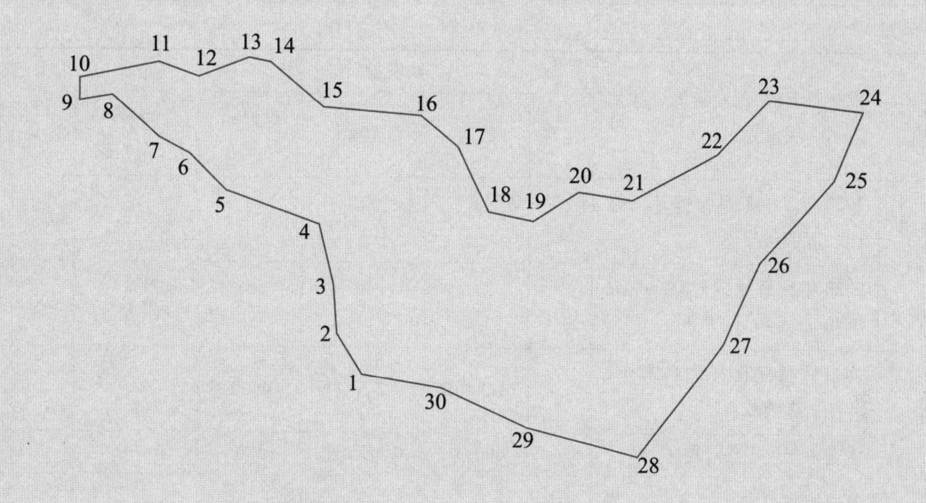

作业区面积：115(亩)
测量方法：导线测量法
闭合差：1/221
比例：1∶2500
测量人：×××
测量时间：2019. 11. 13

填表说明：

造林作业区立地特征中地貌类型、地类、母岩、土壤质地等项用选择法填写，选择其一，将前面的号码涂黑。其他各项填写实际数。

表 6-2　造林作业设计表

编号______乡(镇、场) 南平市市郊林场 村(工区) 杨真堂 林班 19 林班(小班) 1(4)
地名 后洋 小班面积 115 亩 造林面积 115 亩 培育目标 大径材 林种 用材林 树种 杉木 更新改造方式 人工更新 山权 林场 经营权 国有 设计单位 南平市市郊国有林场 资质______设计负责人______职称 高级工程师
作业设计参加人员______工日单价 100 元/d

内容	设计要求(年度、季节、次数方式、规格等)	物资量				用工量		
		定额	数量	单位价格	投资额(元)	定额(工日/亩)	数量	投资额(元)
林地清理	2020 年 7 ~ 8 月，劈草、炼山、清杂					3.5	402.5	40 250
整地与挖穴	2020 年秋季挖穴规格 60 cm×40 cm×40 cm					6.0	690	69 000
种苗	洋口林场优良杉木种源，1 年生，Ⅰ级壮苗		23 000 株	0.2 元/株	4600			
	木荷 1 年生Ⅰ级壮苗		600 株	0.3 元/株	180			
施基肥	复合肥，每穴 0.15 kg，于苗木栽植时施入		3450 kg	3.4 元/kg	11730	0.3	34.5	3450
造林时间、方法	2021 年 1 月植苗造林穴植法(打紧、不窝根、高培土)					1.5	172.5	17 250
造林密度及株行距	初植密度 200 株/亩，株行距 1.5 m×2 m							
混交方式、比例	杉木纯林，周界为木荷防火林带							
幼林抚育	当年 4 月扩穴培土一次(70 ~ 80 cm)，8 ~ 9 月全面锄草松土一次(深 7 cm)					1.0	230	23 000
	第二年全面翻土一次，深 20 cm，并劈除萌条					1.0	115	11 500
	第三年 4 ~ 5 月及 8 ~ 9 月各全面锄草松土一次					1.0	230	23 000
追肥	离苗 15 ~ 20 cm 上方每穴施碳酸氢铵 0.1 kg，并覆土		2300 kg	2 元/kg	4600	0.3	34.5	3450
病虫害防治措施								
防火设施设计								
辅助工程								

（续）

内容	设计要求（年度、季节、次数方式、规格等）	物资量				用工量		
		定额	数量	单位价格	投资额（元）	定额（工日/亩）	数量	投资额（元）
林带宽度或行数	造林地边缘种6排木荷作防火林带							
其他								
合计					21 110		1909	190 900

表6-3 造林作业设计平面图

作业设计平面图

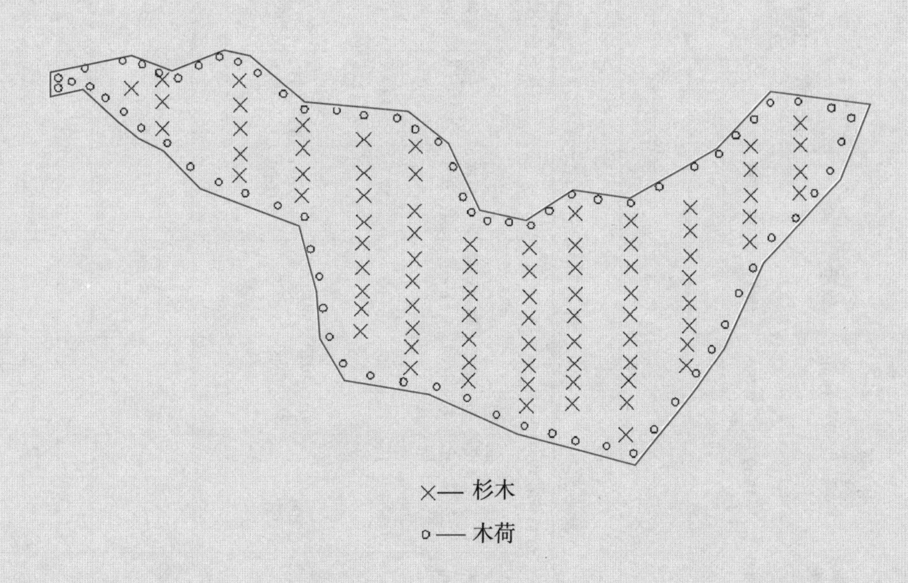

栽植配置平面图

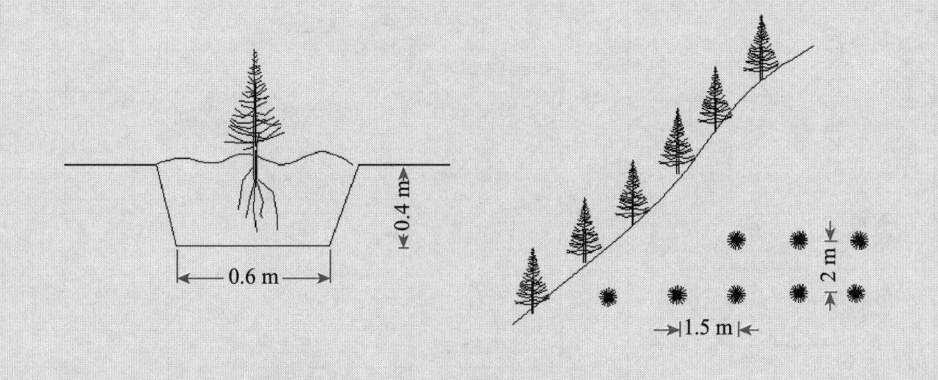

表 6-4　2021 年 造林工程量、用工量及投资概算一览表

统计单位	小班面积（hm^2）	造林面积（hm^2）	种苗（株或 kg）		物质（kg）		用工量（日）	投资概算（元）								
			杉木苗	木荷苗	复合肥	碳酸氢铵		种苗	物质	劳力	其他					合计
											设计费	管理费	管护费	科研培训费	不可预见费	
市郊林场	7.67	7.67	23 000	600	3450	2300	1909	4780	16 330	190 900						212 010

表 6-5 ＿＿＿＿营造林作业设计一览表

实施单位	林班或村	小班	小班面积（hm^2）	权属	造林地类别	立地质量等级	造林作业设计									抚育设计				种苗			用工量（日）	投资（元）
							林种	树种	营造方式	造林时间	初植密度（株/亩）	混交比例	整地方式	整地时间	整地规格（cm）	抚育次数（次）	抚育时间	施肥种类	施肥数量（kg）	需种量（kg）	需苗量（株）	苗木规格		
1	2	3	4	5	6	7	8	9	10	11	12	13	14	15	16	17	18	19	20	21	22	23	24	25
杨真堂工区	19	1（4）	7.67	山权集体，经营权国有	采伐迹地	Ⅰ	用材林	杉木	植苗穴植	2021.2	200		块状	2020秋季	60×40×40	前3年，每年1~2次	每年4～5月、8～9月	复合肥和碳铵	基肥0.075kg/穴，追肥0.05kg/穴		杉木23 000株，木荷600株	省定Ⅰ级苗	1909	212 010

注：此表以乡（工区）为单位，按林班（村民组）、小班、农户的顺序填写，保留 1 位小数。　　填表人：　　填表日期：2019.11

项目7 落叶松速生丰产林营造工程

知识目标

1. 进一步熟悉营造速生丰产林的的标准和应具备的条件。
2. 进一步熟悉和掌握速生丰产林营造施工技术要点。
3. 进一步熟悉和掌握《造林技术规程》和《速生丰产用材林检查方法》等技术规范。

技能目标

1. 能依据生产任务要求，结合实例完成本地区主要树种速生丰产林营造作业设计。
2. 能依据造林作业设计，完成该项目营造林施工作业。
3. 能依据相关造林检查验收技术要求，完成该项目的造林检查验收。
4. 通过任务实施培养学生自主学习、组织协调和团队协作能力，独立分析和解决速生丰产林造林中的生产实际问题能力。

任务7.1 落叶松速生丰产林造林作业设计

任务描述

依据相关标准，在教师和工程技术人员的指导下，以小组为单位完成一个小班的落叶松速生丰产林营造工程造林作业设计。该任务主要训练学生落叶松速生丰产林营造工程造林作业区选择、外业调查、作业区测量与区划、作业区内业设计及作业设计书编制的方法，最终使学生具备速生丰产林营造工程作业设计的能力。

任务目标

1. 了解营造速生丰产林的意义。
2. 熟悉速生丰产林的标准和速生丰产林应具备的条件。
3. 掌握速生丰产林造林作业设计规程知识。
4. 能依据生产任务要求，完成该项目的工程实施方案设计和造林作业设计。

任务分析

完成落叶松速生丰产林营造工程设计任务，首先要熟悉内容和要求及速生丰产林的标准和营造技术；然后依据造林作业设计小班条件，进行造林作业区调查、造林地面积测定、设计造林方式方法、作业要求、苗木规格、树种的栽植配置（结构、密度、株行距、行带的走向等）、整地方式与规格、整地与栽植的时间等，统计种苗需求量、用工量和资金需求；最后形成日本落叶松速生丰产林造林作业设计。该任务的重点是落叶松速生丰产林造林作业技术设计，难点是造林技术设计书的编写。

任务实施

一、器具材料

1. 器具

罗盘仪、视距尺、花杆、皮尺、钢卷尺、工具包、锄头、铲、洋镐、劈刀、土壤袋、指示剂、比色板、记录板、绘图工具、方格纸、笔等。

2. 材料

造林作业设计调查记录用表、1∶10 000（或1∶25 000）的地形图或林业基本图、山林定权图册、森林资源调查簿、森林资源建档变化登记表、林业生产作业定额参考表、各项工资标准、造林作业设计规程、造林技术规程等有关技术规程和管理办法等；造林作业区的气象、水文、土壤、植被等资料；造林作业区的劳力、土地、人口居民点分布、交通运输情况、农林业生产情况等资料。

二、任务流程

造林作业区选择—造林作业区外业调查—面积实测（平面图绘制）—造林内业设计—造林作业设计书编制。

三、操作步骤

1. 造林作业区选择

（1）选定造林作业区

依据总体设计图及附表、年度计划选择造林作业区，将任务落实到各个地区造林作业区。造林作业区可在宜林地、无立木地、退耕还林地以及其他适宜造林的小班中选择。造林作业区的布置要相对集中以便于管理和施工。造林作业区总面积与年度计划应尽量吻合，误差最大不超过10%。

造林作业区先在室内按总体设计图选择，再到现地踏查。造林作业区由组织者负责选择，由设计人员进行指导，共同查看、核实。

在核实现场将造林作业区位置，用铅笔勾绘在总体设计图或地形图上。如使用地形图，地形图的比例尺与总体设计图要一致，最小作业区的成图面积≥2 mm×2 mm。同时，逐年的作业区要标注在同一份地形图上。

（2）现场踏查

明确调查区的范围、境界，明确测量工作的顺序、步骤、方法并勾绘草图。

选择有代表性的1个或2个小班，复查小班的地类或小班界线是否变更、总体设计的设计内容是否合理。

2. 造林作业区外业调查

①根据林班图查找要调查的造林小班，确定小班所属单位、工区、林班名称，填写小班权属、作业区编号、调查日期、调查者、作业区位置等。

②实地调查造林小班的地类、地貌、坡向、坡度。

③土壤调查。在典型地段挖取有代表性的剖面，深至母岩或1 m，宽50～80 cm。调查土层厚度、表土层厚度、土壤质地、土壤结构、酸碱度、母岩等对造林有关的各项因子，填写土壤调查记录表。

④植被调查。采用典型样方调查，样方面积10 m×10 m或2 m×50 m。调查主要灌木和草本的种类和高度、植被总盖度、灌木总盖度、草本总盖度、植物群落形成原因等，填写植被调查表。

3. 面积实测(平面图绘制)

（1）确定作业区

根据作业单位经营管理和近年造林规划，确定作业小班。

（2）小班边界测量

造林作业区的面积以实测为准。作业区形状规则时可用测绳测量，当边界不规则时要用带镜罗盘仪、经纬仪或经过差分纠正的全球定位系统接收机测量。测量闭合差不大于1/200。测量数据记录于《造林作业区现状调查表》(参见表5－1)。

顺序法测量是按沿一个方向，如以A为起点，A，B，C，D…为测站(仪器安置点，从B开始也是标尺安置点)，按顺序一站一站地测量，中间不允许有分导线(放射站点)，方位角读北针，按测量站点顺序，分别记载方位角、倾斜角和视间距。

（3）造林作业区位置图清绘

根据作业设计平面图修正作业区位置图边界，并用彩色墨水清绘，加注作业区编号。同一作业年度的作业区采用同一种颜色的墨水绘制。作业区编号仅注记作业区本身的序号，不同年度的序号用不同颜色表示。

（4）平面图绘制

选比例尺：参照以上内容选定比例尺。

选图纸规格：根据图形选择大小适中的图纸。

确定北向：厘米方格纸的上方为北向，画指北针。

展点：野外记录用平均方位角和平均展点画图，根据草图确定起点位置，根据1点到第2点的方向用量角器确定第2点的方向，根据距商确定第2点位置，依此类推，直至最后一点。如果最后一点与起始点重合，完成造林平面图边界绘制。如果不闭合，则继续量取和平差操作。

（5）量取和计算闭合差。

平差：按一定比例把各边总长画在水平线上依次排点，在最后一点上向上作水平线的垂线，垂线长度等于闭合差长度，顶点与水平线起点连线成三角形，在图上，通过各个点作平行于半合差的平行线，量取分段垂线长度，按图形与闭合差反向进行平差。

绘制地物标：把明显的地物标如道路、河道溪流、沟渠、桥梁、涵洞、独立屋、孤立木等标注在总平面图上成图：标注图面名称、图例、图框、指北针、比例尺、制图时间、制图人等，使图面清晰整洁、直观。

栽植配置平面图：参照相关知识内容绘制栽植配置。

4. 造林内业设计

（1）设计造林密度和配置

综合考虑造林树种特性、经营目的、立地条件、造林技术和经济因素，结合当地造林经验设计造林密度和种植点配置方式。日本落叶松速生丰产兼水源涵养林模式造林密度为1.5 m×1.5 m，种植点配置为规则式行状配置。

（2）设计造林季节和方法

首先，根据树种的特点、自然条件和当地造林经验设计造林方法。其次，根据当地的气候特点、造林方法和拟采用苗木的种类，确定造林季节。最后，考虑树种的生长特性和对光照的要求。

确定造林的时间。北方造林季节为春季植苗造林。

（3）设计种苗规格

根据当地的自然条件，依据国家或当地制定的种子质量标准和苗木质量标准，确定种源、种子等级及苗木种类、苗木年龄、苗木的高度和地径规格要求。一般为 1-1 的移植苗，一级或特级苗。

（4）设计造林地清理和整地技术

依据保护生态环境和尽可能改善造林地环境顾的原则及经营目的、造林投资多少和当地的习惯。确定造林地清理、造林地整地的方法和整地技术规格。一般为穴状整地 50 cm×50 cm。

（5）设计幼林抚育技术

依据保护生态环境和尽可能改善造林地环境兼顾的原则及树种特性、经营目的、造林投资多少，确定松土除草方式及施肥的方法、肥料的种类、肥料的用量、次数、年限和是否需要间苗定株、除聚等。另外，分析树种间关系的发展趋势，设计抚育调控种间关系的措施。

一般连续抚育 3 年，各年抚育次数分别为 3、2、1。

5. 造林作业设计书编制

（1）编写造林作业设计说明书

造林任务概述：包括位置与范围（所在的行政区域、林班、小班，四至界限，面积）、施工单位（单位名称、法人。如系个人应注明姓名、性别、年龄、职业与住址）等。

造林作业区现状：包括立地条件（海拔、地形地貌、土壤、母岩、小气候等及其对造林的影响）、植被现状（群落名称，主要植物即优势种与建群种，种类及其多度、盖度、高度、分布状况、对造林整地的影响等，如为农田要说明近期耕作制度、作物种类、收成、退耕的理由）。

（2）造林依据、指导思想与原则

造林设计：林种、树种（草种）、种苗规格，整地方式方法、规格，造林季节、造林方式方法、更新改造方式，结构配置（树种及混交方式、造林密度、林带宽度或行数）、整地方式方法。

幼林抚育设计：抚育次数、时间与具体要求等。

工程设计：林道、灌漫渠等辅助工程的结构、规格、材料、数量与位置；防护林带、沙障的数量、形状、规格、走向、设置方法及施工进度（整地、造林的年度、季节）。

经费预算：工程量统计即各树种草种种苗量、整地穴的数量、肥料、农药等物资数量，辅助工程的数量（个、座、kg、hm^2、km、m、m^2、m^3 等）、用工量测算即分别造林种草和辅助工程计算所需用工量，按造林季节长短折算劳力、经费预算即苗木、物资、劳力和其他 4 大类计算。

（3）造林作业设计表格填写

①填写附表。

②造林作业设计文件一览表。

②以乡镇或相当于乡镇级单位（林场、农场等）为单元将作业设计文件汇总后填写《造林作业设计一览表》（表 7-1）。每作业区占 1 行，内容包括：作业区编号、位置、面积、种苗数量物资、用工量、经费等项，最后 1 行为种苗、物资、用工量、经费合计数。

表 7-1　造林作业设计一览表

作业区	村屯	面积		苗木（株）			种子（kg）			化肥农药（kg）			其他			用工量（工日）	经费（万元）

（4）造林作业平面图整理

平面图包括造林平面图绘制、造林图示、位置清绘。

单元小结

落叶松速生丰产林造林作业设计任务小结如图 7-1 所示。

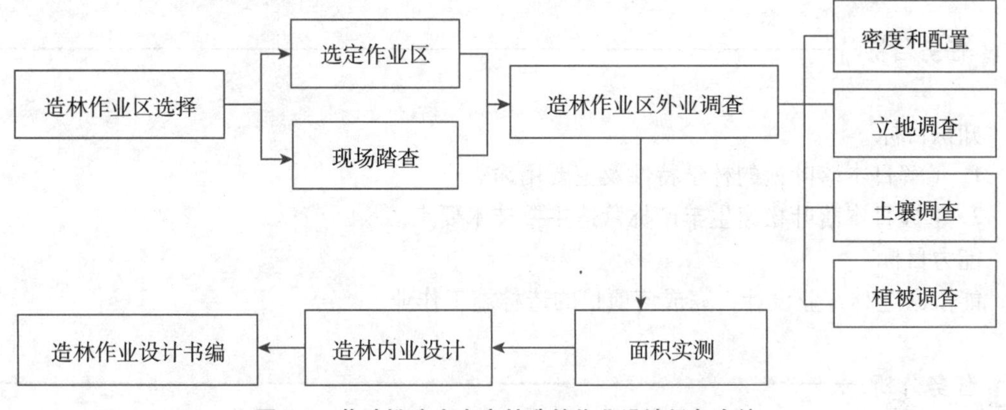

图 7-1 落叶松速生丰产林造林作业设计任务小结

自测题

一、填空题

1. 造林作业区先在室内(　　　　)，再到现地(　　　　)。
2. 造林作业区总面积与年度计划应尽量吻合，误差最大不超过(　　　　)。
3. 造林作业区立地调查的主要因子是(　　　　)、(　　　　)、(　　　　)、(　　　　)。
4. 造林作业区植被调查采用典型样方调查，样方面积(　　　　)或(　　　　)。
5. 日本落叶松速生丰产兼水源涵养林模式造林密度为(　　　　)。

二、简答题

1. 简述面积实测的小班边界测量方法
2. 平面图绘制量怎样进行展点?

三、论述题

试详细说明落叶松速生丰产林造林技术设计的方法。

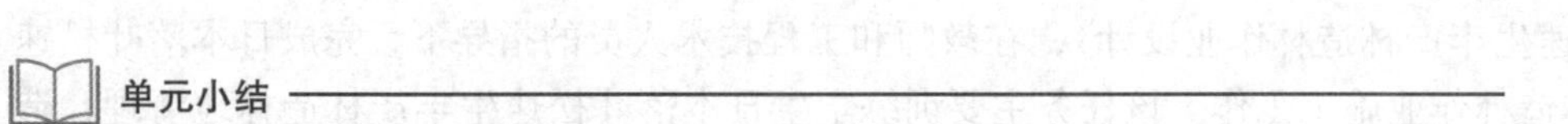

任务7.2 落叶松速生丰产林造林施工

任务描述

根据《日本、长白落叶松速生丰产大径木林培育技术规程》(DB21/T 1724—2009)和

《落叶松速生丰产林造林作业设计》，在教师和工程技术人员的指导下，完成日本落叶松速生丰产林造林作业施工工作。该任务主要训练学生日本落叶松速生丰产林造林地清理、造林地整地、植苗造林、幼林抚育的技术方法和造林施工组织能力，最终使学生具备速生丰产林造林施工能力。

任务目标

知识目标

1. 了解日本落叶松的林学特性及主要用途。
2. 掌握日本落叶松速生丰产林营造主要技术要点。

能力目标

能依据造林作业设计，完成该项目的造林施工作业。

任务分析

《落叶松速生丰产林造林作业设计》经上级主管部门批复后，要根据设计组织和实施造林施工作业。完成此任务要熟悉落叶松的林学特性、栽培技术及造林施工组织程序和要求。该任务的重点是落叶松速生丰产林造林地清理、造林地整地、植苗造林和幼林抚育等造林施工工作；难点是保证落叶松速生丰产林造林施工质量。

详见数字资源中的落叶松造林技术。

任务实施

一、器具材料

整地机械、洋稿、铁锹、锄、植苗罐、测绳等。

二、任务流程

苗木准备－造林地清理－造林地整地－造林栽植－幼林抚育。

三、操作步骤

1. 立地条件选择

辽东海拔 400.00 m，坡度 25°以下的阴坡、半阴坡、半阳坡或阳坡 15°以下的壤土或粉壤。

2. 苗木准备

选择 2 年移植苗，执行 GB/T 15776－2016 规程的 I 级苗进行造林。

3. 栽植密度

2.0 m×2.0 m，2500 株/hm^2。

4. 种植点配置

种植点呈正方形配置。

5. 整地

①场地清理。整地前进行全面清场、割灌、割草，顺山摆龙堆放；在非防火期进行火烧场地清理。

②整地时间。在造林前一年秋季 9～10 月。

③整地规格。穴状整地，穴长、宽各深 30 cm～50 cm，顺山里低外高，捡出树根、石块、表土返底层。

6. 造林

①栽植前准备。栽植前在造林地进行选苗，劈裂、多头、病腐黄，及未达到等级的小苗不用于造林。在选苗的同时，将选出的合格苗根系挂满泥浆，以备造林。

②栽植。栽植实行栽植穴中央植苗法，将苗木置于穴中央后覆土，提苗，使苗木根系舒展，然后踩实，再覆土，再踩实再覆土。

7. 幼林抚育

连续抚育3年5次，按“2-2-1”进行。第1年2次，第2年每年2次，第3年1次。幼林抚育时间为6下旬至8月下旬，两次抚育间隔期在20 d以上。

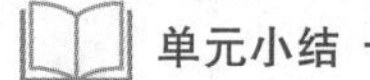

单元小结

落叶松速生丰产林造林施工任务小结如图7-2所示。

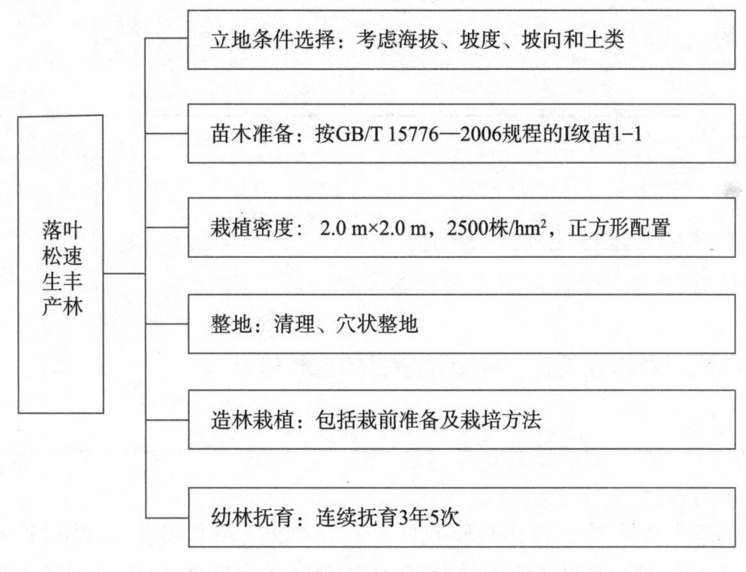

图7-2　落叶松速生丰产林造林施工任务小结

自测题

一、填空题

1. 落叶松速生丰产林造林立地的选择条件是(　　　　)。
2. 落叶松速生丰产林的栽植密度是(　　　　)。
3. 落叶松速生丰产林造林苗木的规格是(　　　　)。
4. 落叶松速生丰产林造林种植点配置的方式是(　　　　)。
5. 落叶松速生丰产林整地的时间是(　　　　)。

二、简答题

1. 简述落叶松速生丰产林造林栽植的方法
2. 简述落叶松速生丰产林幼林抚育的方法。

任务7.3 落叶松速生丰产林造林检查验收

任务描述

根据《造林技术规程》（GB/T 15776—2016）和《速生丰产用材林检查方法》（LY/T 1078—1992），在教师和工程技术人员指导下，对落叶松速生丰产林进行造林检查验收。核实造林面积，调查造林成活率，检查造林质量及未成林林业有害生物发生情况并进行检查验收成果评价。

任务目标

知识目标：

1. 了解落叶松的林学特性及主要用途。
2. 掌握落叶松速生丰产林营造主要技术要点。

能力目标：

能依据造林规程及作业设计，完成该项目的造林检查验收。

任务分析

完成落叶松速生丰产林造林检查验收任务，要熟悉《造林技术规程》《造林质量管理办法》和《速生丰产用材林检查方法》中的相关规定和要求；明确检查验收的内容和程序；具有造林检查验收技术和造林检查验收结果评价的能力。该任务的重点是落叶松速生丰产林造林面积核实，造林成活率调查和造林作业质量检查；难点是未成林有害生物发生情况检查及造林检查验收结果评价。

任务实施

一、器具材料

1. 器具

全站仪（或GPS）、皮尺、铁敏、卷尺、游尺、计算器、各种记录表、笔等。

2. 材料

《造林技术规程》（GB/T 15776—2006），《造林质量管理办法》《造林作业设计说明书》等技术文件。

二、任务流程

造林面积核实－造林成活率检查－检查造林是否按照作业设计进行施工－未成林林业有害生物发生情况检查－检查验收结果评价。

三、操作步骤

1. 造林面积核算

按作业设计图逐块核实，或用仪器实测。造林面积按水平面积计算。

凡造林面积连续成片在1亩以上的，按片林统计，其他按四旁造林统计。两行及两行以上的林带，按片林统计。缺口长度不超过宽度3倍的林带按一条林带计算，否则应视为两条林带。单行林带按四旁造林统计。

当造林小班检查面积与作业设计面积差异(以检查面积为分母)在5%(含)以内，以作业设计为准。当检查面积与作业设计面积差异在5%(不含)以上，以检查面积为准。

2. 造林成活率检查

确定标准行，然后在标准行内调查。以小班为单位，采用随机抽样方法检查造林成活率。成片造林面积在10 hm^2以下、11～20 hm^2、21 hm^2以上的，抽样强度分别为造林面积的3%、2%、1%；防护林带抽样强度为10%；对于坡地，抽样包括不同部位和坡度。

以下具体内容见本教材“任务3.1 造林检查验收”中“造林质量检查验收”部分内容。

单元小结

落叶松速生丰产林造林检查验收任务小结如图7-3所示。

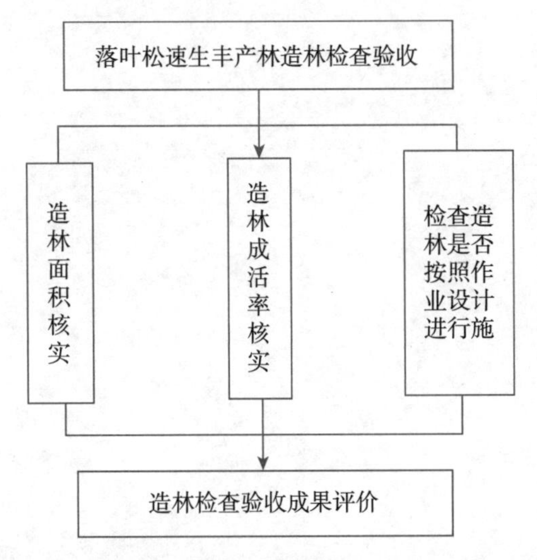

图7-3　落叶松速生丰产林造林检查验收任务小结

自测题

一、填空题

1. 落叶松速生丰产林造林检查验收的内容是(　　　　)、(　　　　)、(　　　　)。
2. 落叶松速生丰产林凡造林面积连续成片在(　　　　)以上的，按片林统计。
3. 落叶松速生丰产林独立的单行林带按(　　　　)造林统计。
4. 落叶松速生丰产林当造林小班检查面积与作业设计面积差异(以检查面积为分母)在(　　　　)以内，以作业设计为准。
5. 落叶松速生丰产林当检查面积与作业设计面积差异在(　　　　)以上，以检查面积为准。

二、简答题

1. 简述落叶松速生丰产林造林造林成活率检查方法。
2. 怎样进行造林施工作业检查？

项目8 杨树-刺槐人工混交林营造

任务描述

《全国森林经营规划(2015—2050)》提出，合理配置造林树种，培育混交林，到2050年，混交林比例达到65%以上。作为当代林业工作者，本节积极探讨混交林营造的技术措施，主要介绍以杨树为主要树种的人工混交林营造(以杨树－刺槐人工林营造为例)。

学习目标

1. 了解杨树、刺槐的林学特性及主要用途。
2. 学会杨树、刺槐人工混交林营造技术措施。
3. 能够因地制宜结合造林目的和立地条件，选择合理的人工林营造方式进行造林。

知识链接

8.1 杨树纯林经营存在的问题

杨树具有生长快、成材早、产量高、易于繁殖、更新容易等特点。在我国，无论是在国土绿化、农田防护林建设还是工业用材林建设方面，杨树都占据着非常重要的地位。在我国实施的六大林业重点工程，特别是速生丰产林工程中，杨树产业迅猛发展。在过去很长一段时间，我国人工林营造存在着“南方‘杉家浜’、北方‘杨家将’”的现象，伴随杨树面积的巨增，部分地区如鄱阳湖关于杨树纯林的生态问题显露。

由于杨树纯林尤其是采用高强度集约经营的林分，长期受到一定强度的轮伐、皆伐作业，林地强度恳复和施用化肥等，对林分土壤的理化性质、生物性状产生严重影响，长期立地生产力显著下降，难以实现可持续的发展。

8.2 杨树－刺槐混交林的生态作用

杨树－刺槐混交林是我国北方沙荒地造林实践中形成的一种成功的固氮树种与非固氮树种混交林，该混交模式对于促进主要树种（杨树）的生长，改善林地小气候，提高树木抗病抗虫能力，改善林地养分和水分情况等具有多方面作用。通过杨树－刺槐混交林模式，打破“一杨独大”，森林质量明显提升，为国家木材战略储备提供充足的大径级木材。

多项调查与研究表明，混交林中杨树的单株材积生长量显著提高。吴景现（2009）在商丘民权林场的研究表明，17年生的杨树、刺槐混交林每公顷的蓄积量为253.23 m^2，杨树纯林每公顷的蓄积量为138.96 m^2，混交林是纯林的1.8倍，且混交林中杨树的平均胸径为纯林的2倍；周长瑞等（1989）对加杨、刺槐混交林研究表明，加杨混交林单位面积的生物量是加杨纯林的1.83倍，这些数据充分说明了混交林效果更佳。当然，全国杨树科技协作组指出，受到刺槐怕低温、怕风、怕涝、怕不通气的限制，这种混交类型应谨慎使用于低洼地、积水地、黏土、严寒区和风口。

任务实施

一、器具材料

铁锹、洋镐、测绳、皮尺、钢卷尺、水桶、植苗罐，造林作业区气象、水文、土壤、植被等资料，造林作业区现状资料等。

二、任务流程

树种选择—混交方式及比例—造林密度—林分抚育—项目预算

三、操作步骤

1. 树种选择

混交林树种选择要按照培育目标要求及适地适树原则，充分考虑混交树种与主要树种直接的种间关系性质及演变规律，优先选择萌芽力强、耐火、抗病虫害、可辅助主要树种达到培育目的的树种。充分考虑本地乡土树种及有代表性的树种造林。

表8-1　杨树－刺槐混交林树种特性分析

树种特性	杨树	刺槐
根型	深根树种	浅根树种
耐阴性	喜光	喜光，稍耐阴
生长速度	速生树种	慢生树种
嗜肥性	喜氮	有根瘤菌，可固氮

由表8-1可知，杨树与刺槐在根型、耐阴性、生长速度、嗜肥性等方面都有着特性互补。刺槐作为豆科树种之一，伴生大量的根瘤菌，适应性强，能把空气中的氮转化为土壤养分，除供本身需要外，还有一部分可供杨树吸收利用。同时，两个树种的根系错落分层，杨树为深根性（主根发达）树种，刺槐为浅根性（侧根发达）树种，充分利用地下空间资源。

2. 混交方法

根据杨树和刺槐的生物学特性，一般推荐采用带状混交方法，在沙荒地杨树低效林改造中也采用带行株间混交改造“小老杨”的不良生长。一般杨树间行距6～10 m，两行杨树之间栽植 2～4 行刺槐，杨树株距 3～6 m，刺槐行距 2～3 m、株距 2 m。栽植杨树 165～555 株/hm^2，刺槐 1650～1950 株为宜，杨树呈散生分布，杨树与刺槐混交株数以(3～10)：1 为宜(图 8-1)。

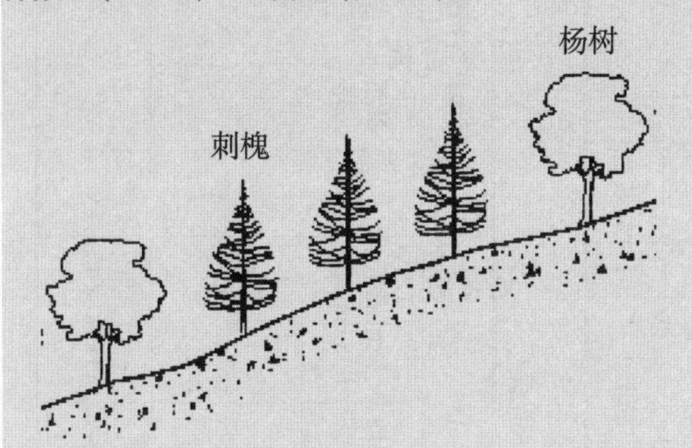

图 8-1　种植立面设计

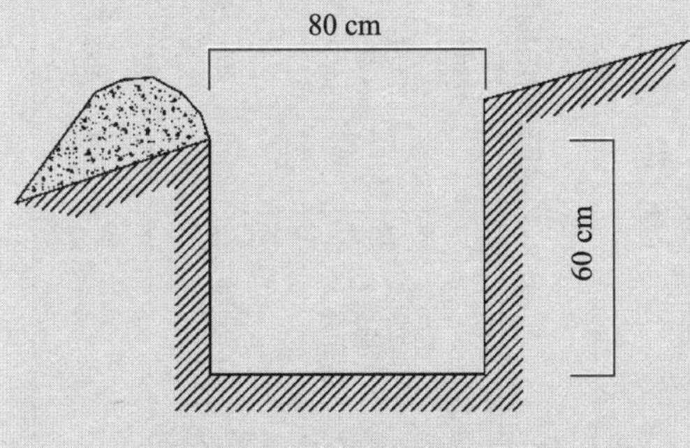

图 8-2　杨树种植穴剖面图

3. 栽植技术

杨树树体高，刺槐树体小，在林相结构上，优先保障主要树种的生长优势，使杨树处于第 1 林层，形成“立体受光”结构，发挥混交林改善小气候等优势。

栽植可用同步和分期 2 种造林方法。同步造林是将杨树和刺槐在相同时间栽植，杨树(主要树种)采用 2～3 年生以上的大苗(地径 3.0 cm、高 4.0 m 以上)，刺槐(伴生树种)采用当年生的苗木；若杨树苗木较小，可对当年栽植的刺槐进行截干或平茬处理。分期造林则是将杨树先期栽植，刺槐次年栽植(图 8-2)。

4. 林分抚育

在混交林生长的不同时期，通过不同的技术手段，不断调整主要树种(杨树)和伴生树种(刺槐)之间的种间竞争关系，使主要树种(杨树)一直处于较好的生长状态，而伴生树种(刺槐)则为主要树种更好地生长提供支持。具体方法有：平茬、修枝、打顶、断根、化学药剂等抑制伴生树种(刺槐)的过快生长；施肥、灌溉、松土、间作等调整两个树种对水肥、养分的竞争。

5. 种间调节与管理

当任何两个树种混交时，其种间关系表现为有利(正相互作用，也就是互助、促进)和有害(负相互作用，也就是竞争、抑制)两种情况。种间关系冲突的调整是提高混交林培育效果的有力保证，更有利发挥混交林的小气候效应、改良地力功效和提高林地生产力。

杨树－刺槐种间关系的调整应该从造林设计开始，选择合适的混交模式、最佳的种苗规格和造林方法、幼龄前期进行松土除草、幼龄中后期林分郁闭后进行透光伐、中龄期进行疏伐，调整不断变化的种间关系冲突，使种间关系趋于缓和。

在幼龄期、幼龄前期和中龄期，杨树和刺槐的种间作用不明显，二者表现出有利的种间关系，二者在物理空间及各种资源空间(光、热、水、气、养分)的竞争不占主导地位。在沙地，壤土，粘土等多种立地类型上，刺槐的树冠可抑制杂草的生长，改善植物营养，为杨树的生长提供更良好的条件(表 8-2、表 8-3)。

表 8-2　混交人工林造林模型设计一览表

营造林模型号	造林模型	树种配置	株距（m）	行距（m）	初植密度（株/hm²）	混交		配置方式	林地清理			整地			造林（补植）		苗木规格					幼林抚育			备注
						方式	比例		方式	规格（m）	时间	方式	规格（cm）	时间	方式	时间	等级	类型	干径（>cm）	苗高（>cm）	地径（>cm）	方式	次数（年）	时间	
1	柏木+麻栎	柏木	2	2	1250	带状	3	正方形	块状	1×1	秋、冬	穴状	50×50×40	秋、冬	植苗	春、秋冬	I	袋装苗		>100	1.5	穴抚	1-2-2	夏初、秋	
		麻栎	2	2	1250		3	正方形					50×50×40		植苗		I	袋装苗		>100	2				
2	刺槐+麻栎	刺槐	2	2	1250	带状	3	正方形	块状	1×1	秋、冬	穴状	50×50×40	秋、冬	植苗	春、秋冬	I	裸根苗	2	>150		穴抚	1-2-2	夏初、秋	
		麻栎	2	2	1250		3	正方形					50×50×40		植苗		I	袋装苗		>100	2				
3	枫香+湿地松	枫香	2	3	833	株间	1	长方形	带状	1.5	秋、冬	穴状	60×60×50	秋、冬	植苗	春、秋冬	I	裸根苗	2	>200		穴抚	1-2-2	夏初、秋	
		湿地松	2	3	833		1	长方形					60×60×50		植苗		I	袋装苗		>80	1.5				
4	枫香+杉木	枫香	2	3	833	行间	1	长方形	带状	1.5	秋、冬	穴状	60×60×50	秋、冬	植苗	春、秋冬	I	裸根苗	2	>200		穴抚	1-2-2	夏初、秋	
		杉木	2	3	833		1	长方形					60×60×50		植苗		I	袋装苗		>30	0.2				

表 8-3　抚育改培模型设计一览表

模型号	模型号	适用林分	间伐			补植补造 / 林冠下造林						其他抚育措施				幼林抚育			备注
			对象	间伐方式	间伐强度（株数/蓄积量）	树种	株行距（m）	密度（株/hm²）	林地清理	整地方式	整地规格（cm）	修枝	割灌除草	施肥	其他	方式	次数（年、次）	时间	
杨树林抚育改培组	3	郁闭度 0.7（含 0.7）以上的杨树林	采伐干扰树、生长衰退、无培育前途的林	透光伐、生长	20%/20%	刺槐	2×3	200	块状	穴状	50×50×40	√		√		中耕除草	1-2-2	夏初、秋	
	4	郁闭度 0.4~0.6 的杨树林				刺槐	2×3	400	块状	穴状	50×50×40	√		√		中耕除草	1-2-2	夏初、秋	

6. 项目预算

表 8-4 单位面积项目概算表 单位：亩、株、个、Kg

造林			抚育		
项目	数量	用工	项目	数量	用工
种苗			除草		
整地			追肥		
施肥			病虫害防治		
栽植			浇水		
合计					

单元小结

1. 在人工林造林设计中应重视其长期生态效益，而不能过分强调其短期的经济效益。

2. 在实际工作中，混交的株行距不能照搬经验，应充分考虑土地承载力，确定一个合适的株行距。

3. 混交只是促进林木生长、维持生态平衡的一种措施，要根据实际情况，与其他措施结合进行，因地制宜进行推广。

4. 在纯林营造中应防止过于集中连片的弊端，在混交林营造中充分考虑那些缓生而耐用的优良乡土树种与速生树种的搭配互补，充分发挥森林生态系统应有的功能(图8-3)。

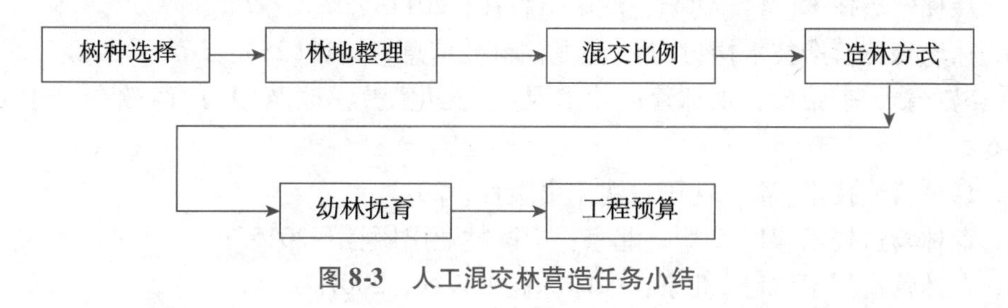

图 8-3 人工混交林营造任务小结

自测题

一、单项选择题

1. 混交林营造成败的关键是(　　)。

A. 树种选择　　B. 立地选择　　C. 混交比例　　D. 幼林抚育

2. 混交林主要树种的比例一般要等于伴生树种(　　)。

A. 对　　B. 错

二、简答题

简述混交林和纯林的优缺点。

参 考 文 献

冯立新，苏付保，李荣珍，等.《森林营造技术》课程“产学一体、工学结合”实践教学开展[J]教育教学论坛，2013(39)：199-200.

国家林业局. 红松针阔混交林培育技术规程：LY/T 2473—2015[S]. 北京：中国标准出版社，2015.

国家林业局. 华北落叶松人工林经营技术规程：LY/T 1897—2016[S]. 北京：中国标准出版社，2010.

国家林业局. 黄土丘陵沟壑区水土保持林营造技术规程：LY/T 2595—2016[S]. 北京：中国标准出版社，2016.

国家林业局. 马尾松抚育经营技术规程：LY/T 2697—2016[S]. 北京：中国标准出版社，2016.

国家林业局. 抑螺防病林营造技术规程：LY/T 1625—2015[S]. 北京：中国标准出版社，2015.

国家林业局. 营造林总体设计规程：GB/T 15782—2009[S]. 北京：中国标准出版社，2009.

国家质量技术监督局. 主要造林树种苗木分级：GB 6000—1999[S]. 北京：中国标准出版社，2004.

雷庆锋. 森林营造技术[M]. 沈阳：沈阳出版社，2011.

满国栋. 林场森林营造技术探讨[J]. 黑龙江科技信息，2015(25)：262.

苏付保，冯立新，李荣珍. 森林营造技术课程“五化”教学改革[J]广西教育，2013(35)：63-64.

张梅春. 森林营造技术[M]. 沈阳：沈阳出版社，2011.

张余田. 森林营造技术[M]. 2版. 北京：中国林业出版社，2015.

张余田. 森林营造技术[M]. 北京：中国林业出版社，2007.

张玉芹.“森林营造技术”教学内容体系结构的研究[J]. 中国林业教育，2010，28(02)：46-49.

张玉芹. 森林营造技术[M]. 咸阳：西北农林科技大学出版社，2010.

中华人民共和国国家质量监督检验检疫总局，中国国家标准化管理委员会. 造林技术规程：GB/T 15776—2016[S]. 北京：中国标准出版社，2016.

附　录

本附录内容以数字化资源形式表现，主要包括附表1《我国造林分区及主要造林树种》，附表2《我国主要造林树种适生条件表》。